U0148167

徽商·徽州·族谱——明清家训研究

明清徽商家训释读

MINGQING HUISHANG JIAXUN SHIDU

王世华◎编著

安徽师范大学出版社
ANHUI NORMAL UNIVERSITY PRESS
·芜湖·

图书在版编目(CIP)数据

明清徽商家训释读 / 王世华编著. —芜湖 ：安徽师范大学出版社，2021.3
(徽商·徽州·族谱 ：明清家训研究)

ISBN 978-7-5676-4990-3

Ⅰ. ①明… Ⅱ. ①王… Ⅲ. ①家庭道德-研究-徽州地区-明清时代 Ⅳ. ①B823.1

中国版本图书馆 CIP 数据核字(2020)第 269090 号

徽商·徽州·族谱——明清家训研究

明清徽商家训释读 王世华◎编著

总 策 划:张奇才 执行策划:孙新文 牛 佳 翟自成
责任编辑:孙新文 翟自成 责任校对:牛 佳
装帧设计:张 玲 责任印制:桑国磊
出版发行:安徽师范大学出版社
芜湖市北京东路 1 号安徽师范大学赭山校区
网 址:http://www.ahnupress.com/
发 行 部:0553-3883578 5910327 5910310(传真)
印 刷:浙江新华数码印务有限公司
版 次:2021 年 3 月第 1 版
印 次:2021 年 3 月第 1 次印刷
规 格:700 mm×1000 mm 1/16
印 张:18.75
字 数:317 千字
书 号:ISBN 978-7-5676-4990-3
定 价:75.00 元

前言

古人说过:“十年树木,百年树人。”一棵树要想成材,必须要经常“树”,即是不断地培育。一个人的成长成才,更不是自然成功的,也要不断地“树”,就是说要有正确的教育和引导。自古以来,家长无不十分重视对后代的教育,这就是家教。家教的形式和手段多种多样,训诫是重要的家教形式。家长对后代的训诫,就是家训。家训又称“家范”“家规”“家仪”“家礼”“家语”“家箴”“家约”“祖训”等,它是家庭教育的重要形式,是长辈家教思想中凝练的精华,也是引导良好家风形成的主要因素。如果从目前可见的第一篇家训——周公的《诫伯禽书》算起,迄今已有几千年的历史了。这一期间诞生了无数的家训,从诸葛亮的《诫子书》到颜之推的《颜氏家训》,从朱柏庐的《朱子家训》到曾国藩的《家书》,无不是中华优秀传统文化中的瑰宝。这些家训,推动着一代代良好家风的形成,培养了一代代具有优良品质的人才,在一定程度上净化了当时的社会风气,今天仍然在社会主义精神文明建设中发挥着不可忽视的重要作用。

徽商作为明清时期的第一商帮,是个相当成功的商帮。就某个具体徽州商人而言,虽然奋斗一生,积累了不少财富,但由于我国崇尚多子的观念和家庭财产诸子均分的传统,诸子从父辈那里能够承继到的财产经过分割以后是很有限的。有的由于家庭变故,徽商子弟甚至面临着家庭衰败或者破产的命运,恐怕只有少数人能从父辈那里继承丰厚的家产。可以说这是一个普遍现象。但这个商帮却能够延续五六百年之久,能够一代一代地传承下去。继承少量财产者能够克绍箕裘,不断充拓旧业;席丰履厚者能够骎骎修益,成为克家肖子;家道中落者能够奋发图强,努力重振家声。这样从总体上看,徽商一代代承续发展,在历史上书写出光辉的篇章。其中的原因是多方面的,但重要原因之一,是与他们秉承良好的家教绝对分不开的。在这样家庭中成长起来的人,基本上具有良好的品德和素质,无论守成还是创业,都能不负家长的期望。而良好家教的形式之一就是家训。徽商的一个重要特点是"贾而好儒",他们从小就通过各种方式接受了儒家思想,长大经商后又继续坚持学习,从而具有较高的文化素质与人生理想,深刻认识到培养下一代的极端重要性,在这方面做了很多深入的思考,从而形成丰富的家训。这些家训涉及面很广,教育意义很强,真是一笔极其宝贵的财富。

这本小书将徽商家训分为孝亲、教子、修身、友爱、睦邻、交友、勤俭、诚信、创业、守法、助人、义行等十二个方面,为了帮助大家更好地阅读理解,有的家训做了适当的注释或译读,有的还附以简短的点评。有的徽商虽然没有家训文字传世,但是他的所作所为正是最好的家训,对下一代产生了强烈的影响,我们就将这些编成故事。虽说是故事,但绝无虚构成分,完全尊重史实。

我们希望广大读者能从这些家训中受到教育,得到启发,如果能够有益于帮助自己树立正确的世界观、人生观、价值观,指导自己的人生道路,那真是编者莫大的欣慰。

目　录

孝　亲

要好儿孙须从尊祖敬宗起　欲光门第还是读书积善来

——徽州楹联

【点评】 要想自己有好儿孙，必须从尊祖敬宗做起；希望光大自家门第，只有从读书积善中求得。这是古人从千百年的事实中总结出来的至理名言，可谓千古不磨。

司马温公曰："诸卑幼事无大小，毋得专行，必咨禀于家长。凡子受父母之命，必籍记而佩之，时省而速行之；或有不可行者，则柔色和声具是非利害而白[①]之，待父母之许然后改之。苟[②]于事无大害当亦曲从，若以父母之命为非而直行己志，虽所直，皆是不顺之子，况未必是乎？"为卑幼，为人子者，要当三复斯语[③]，服膺[④]勿失。

——《绩溪西关章氏家训》

【注释】

①白：告诉。

②苟：如果。

③三复斯语：反复诵读这些话。

④服膺：服从，遵守。

【翻译】 司马光说："凡卑幼的人，无论大事小事，不得专行，必须先报告

家长。凡儿子接受父母之命,必须记在簿本上而带在身边,经常看看而赶快实行。如果有不能做的,就应和颜悦色把是非利害禀告父母,待父母允许后才可改变。如果这于事无大害,则应当委曲顺从;如果认为父母之命错了而非按自己的意图去干,即使对的,也是不孝之子,况且你未必对啊。”为卑幼者、为人子者,都要反复领会此语,真正按照去做,不要有什么过失。

【点评】 徽州绩溪西关章氏家族将司马光的这段话作为家训之一,就是让所有家族成员都要执行。这当然主要是指儿童少年而言。为什么要这样呢?因为父母亲毕竟社会阅历比较丰富,经验多、见识广,凡事能够明辨是非,判断得失,儿童少年遵照父母之命行事一般不会错。

子孙承前人之荫①,袭②前人之业,罔知③所继述④,岂足以为孝乎?夫孝者,天之经⑤也,地之义⑥也。民之行也,果能以孝存心,则饭⑦香黍而思其由,味⑧芳泉而求其本,坐嘉木⑨而蒙其荫,图报之心无一念而不在。

——休宁洪氏《洪氏家谱·继述堂记》

【注释】

①荫:庇护。

②袭:继承。

③罔知:不知。

④继述:继承和遵循。

⑤经:指规范、原则,通常指不可改变或不容置疑的道理。

⑥义:指理所当然的事。

⑦饭:此处作动词用,即吃。

⑧味:此处作动词用,即品尝。

⑨嘉木:指大树。

【翻译】 子孙接受前人的荫庇和产业,而不懂得继承和遵循,这难道是孝吗?孝,是天经地义的事。一个人的行为如果真能心中时时想到孝,则吃饭时就要想到这饭从哪来的,喝水时也要想到这水从哪来的,坐在大树下蒙受其阴凉,图报之念无时无刻不在,这才叫孝啊。

【点评】 这是休宁洪氏宗族《继述堂记》中的一段话。古人说:“百善孝为先”,培养子弟第一就是要培养他的孝心。如果一个人对自己的父母亲都不孝顺,能指望他爱别人吗?一个人如果连感恩图报的思想都没有,还能指望他能为别人、为社会做出什么贡献吗?今天我们很多人缺乏的正是这种“感恩”思想。

凡为吾祖之孙:

敬父兄。父兄尊于我也,出入必随行,有事必代劳,毋凌忽①以犯长上,方为孝顺子弟也。

——《祁门锦营郑氏宗谱·祖训》

【注释】

①凌忽:欺侮、轻慢。

家 规

人子须愉色婉容,切戒唐突①父母。若稍唐突,虽日用三牲②之养,犹为不孝。

——《绩溪仁里程继序堂·家规》

【注释】

①唐突:冒犯。

②三牲,本指三种牲畜,此泛指多种肉类。

【翻译】 做子女的必须和颜悦色,切记不能冒犯父母。如果稍有冒犯,就是每天给父母吃各种肉也是不孝。

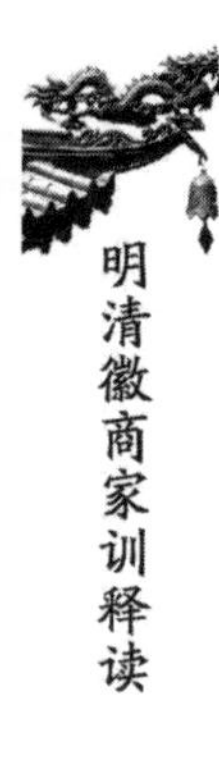

人子切戒任性。温宾忠母夫人云："性急人,一味自张自主气质,使父母难当;性慢人,一副不痛不痒面孔,亦使父母难当。"戒之。

——《绩溪仁里程继序堂·家规》

【翻译】 为人之子,一定不能任性。温宾忠的母亲曾说:"性情急躁的人,凡事一味自作主张,做父母的真受不了;性情慢缓的人,凡事都是不痛不痒的样子,做父母的也受不了。"要引以为戒。

人子须爱父母,而不可爱货财。其代有父①掌家及治生②者,阴图利己,上不可以告父母,下不可以对兄弟,譬如小人,其犹穿窬(yú)之盗③欤。戒之。

——《绩溪仁里程继序堂·家规》

【注释】

①有父:即父亲。此处"有"是词缀,没有实意。

②治生:谋生计。

③穿窬之盗:指翻墙之贼。

【翻译】 为人之子必须爱父母,而不可爱财物。如果代替父亲掌管家政及家庭生意的,暗中谋取私利,上不可告诉父母,下不可面对兄弟,就像小人,甚至是翻墙盗窃之贼。要引以为戒。

人子须出必告,反必面①。冬温而夏清,昏②定而晨省③。

——《绩溪仁里程继序堂·家规》

【注释】

①面:指面见。

②昏:黄昏、天黑。

③省：省视，探望。《礼记·曲礼上》："凡为人子之礼，冬温而夏凊，昏定而晨省。"

【翻译】人子必须做到出去要告诉父母，回来要面见父母。冬天要给父母铺上温暖的被褥，夏天要给父母垫上清凉的席子。每天晚上要服侍父母就寝，早上要向父母请安。

【点评】上述这些事，看起来都是小事，可做好真不容易。现在由于时代的变化和工作的需要，儿女大多和父母不能生活在一起，"昏定晨省"是做不到了，但"常回家看看"，还是应该做到的。可是在这一点上，很多人恰恰非常欠缺。忙，是一个方面，但真正的原因恐怕还是少了那种孝敬父母的情义和精神。

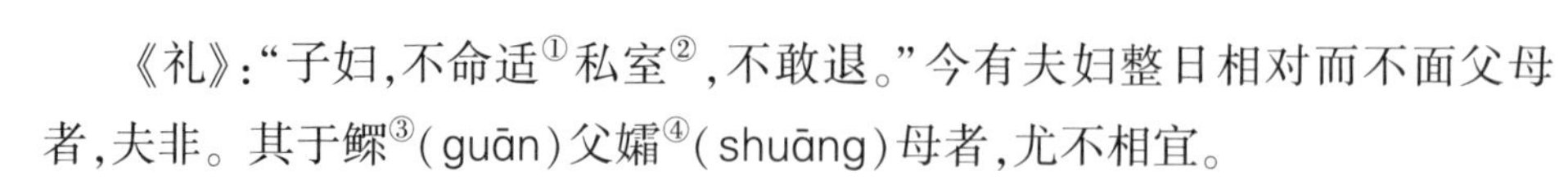

《礼》:“子妇,不命适①私室②,不敢退。”今有夫妇整日相对而不面父母者,夫非。其于鳏③(guān)父孀④(shuāng)母者,尤不相宜。

——《绩溪仁里程继序堂·家规》

【注释】

①适:去。

②私室:指自己的房间。

③鳏:无妻或丧妻的男人。

④孀:指丧偶的妇女。

【翻译】《礼记·内则》篇说:“为人儿媳妇,公婆没有命令你回自己的房间,你就不能退出。”现在有的夫妇整天躲在自己的房间里卿卿我我,而不去见父母,这是不对的,对于那些鳏父(失去妻子)孀母(失去丈夫),子媳这样做就更不应该了。

【点评】《礼记》上的这条规定,现在是没有必要了。但家训所指出的“夫妇整日相对而不面父母”的现象,多着呢。还有的媳妇对公婆视若路人,不闻不问,甚而谩骂、弃养,更说明建设优良家风迫在眉睫!

父母分以田宅,微不有均,能值几何,退有后言者,非。

父母所生之子,不能皆富而无贫,父母或念其贫者薄有周给,诸子当顺从之,退有后言者,非。若子贫而擅售膳田者,大不孝,众共摒之,仍鸣公治罪。

礼父母之所爱,亦爱之。凡子孙及奴婢曾蒙父母怜惜者,在己当倍加怜惜,切戒妄生嫉恶之心。

——《绩溪仁里程继序堂·家规》

曾子①养亲必有酒肉,将撤必请所与。凡为人子者,宜效曾子,不可因父母有所与,而退有后言。

——《绩溪仁里程继序堂·家规》

【注释】

①曾子:本名曾参(前505—前435),字子舆,春秋末期鲁国人。十六岁拜孔子为师,勤奋好学,颇得孔子真传。积极推行儒家主张,传播儒家思想。他的修齐治平的政治观,省身、慎独的修养观,以孝为本的孝道观,影响中国两千多年,至今仍具有极其宝贵的社会意义和实用价值。参编《论语》、著《大学》、写《孝经》、著《曾子十篇》,后世尊奉为"宗圣"。上承孔子之道,下开思孟学派,对孔子的思想一以贯之,在儒学发展史乃至中华文化史上均占有重要的地位。

【翻译】曾子奉养父母亲每天必有酒肉,食毕将撤去时必问父亲,这剩下的给谁?凡是做儿子的,应该学习曾子,不可因为父母要给哪个,背地里叽叽咕咕表示不满。

父母年老,凡床帐、卧褥、饮食、汤药,人子须自点检,不可委之奴婢。

父母年老而有幼弟、幼妹者,一切婚嫁之费量力营办,切戒吝惜消费,致伤父母之心,庶弟庶妹[①]同此。

——《绩溪仁里程继序堂·家规》

【注释】

①庶弟庶妹,指父亲之妾所生的弟妹。

人子须随分[①]尽孝,不必富贵后尽孝,如子路负米[②],曾子采薪[③],何尝不是孝子。

——《绩溪仁里程继序堂·家规》

【注释】

①随分:即根据自己的力量和条件。

②子路负米:子路(孔子学生)家境贫困时,自己吃粗陋的饭菜,而从

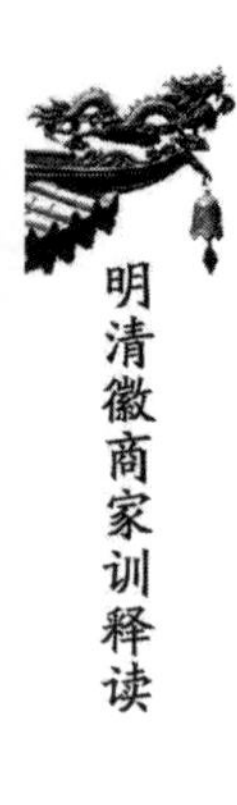

百里外把米背回给父母吃。

③曾子采薪：曾子家境不好，自己上山打柴来供养父母。

人子须及时尽孝，不可待他日而后尽孝。皋(gāo)鱼[1]云："树欲静而风不止，子欲养而亲不在。"岂不永为终天之憾。

——《绩溪仁里程继序堂·家规》

【注释】

①皋鱼：孔子同时代人。

兄弟数人贫富不一，贫者不能养父母，富者当任之，不可互相推诿。

父母有过固宜谏，然宜机谏[1]，不宜直谏[2]。

——《绩溪仁里程继序堂·家规》

【注释】

①机谏：就是乘父母心情好时进行规劝。

②直谏：就是直截了当提出批评。

人子事生父母易，事继母难，然亦别无他法，不过为人子止于孝而已。千古来，善事继母自舜而外，莫如薛包[1]、王祥[2]二人，可为后世事继母者法。

——《绩溪仁里程继序堂·家规》

【注释】

①薛包：东汉人，在朝廷做官。从小好学，品行诚实，以孝闻名。亲生母亲去世，后母憎恨薛包，让薛包离开家庭分居。薛包夜晚哭泣，不

想离开,直至被殴打。不得已在屋外搭了一个棚住下,早晨入家打扫,又被父亲赶出家门。于是薛包只得在里巷搭棚住下,仍然每天早晚向父母请安。过了一年多,终于感动父母,让他回到家中。后来父母去世后,又为父母守了六年丧。此后不久,弟弟们要分财产搬出去住,薛包只愿拿荒废的田地和破烂的物件。

②王祥:三国曹魏及西晋时大臣。侍继母朱氏极孝。一次继母想吃鲜鱼,当时天寒冰冻,王祥脱下衣服,准备砸冰捕鱼(一说卧在冰上),忽然冰块融化,跳出两条鲤鱼,王祥拿着鲤鱼回去孝敬继母。

妇事舅姑与子事父母,其道同,凡古之孝妇,如少君提瓮[①](wèng,古代一种盛水的器具)、庞氏纺织[②]及陈孝妇养姑[③]之类,为人子者时时对妇言之,亦必有感悟处。

——《绩溪仁里程继序堂·家规》

【注释】

①少君提瓮:据《东观汉记》《后汉书补逸》记载:鲍宣之妻,姓桓,字少君。鲍宣自小师从少君父,少君父奇其清苦,就把女儿嫁给他,嫁妆很丰厚。鲍宣不悦,谓妻曰:"少君生而骄富,习美饰,而吾贫贱,不敢当礼。"妻曰:"大人以先生修德守约故,使贱妾侍执巾栉,既奉君子,惟命是从。"妻乃退还所有嫁妆,穿着短布裳,与鲍宣共挽鹿车归乡里。拜姑礼毕,提瓮出去打水,修行妇道,乡邦称之。

②庞氏纺织:庞氏家族非常重视培养劳动美德,在《家训》中规定:一家人的衣服要"亲自纺织,不许雇人纺织。"女子六岁以上,每年给棉花十斤、麻一斤;八岁以上每年给棉花二十斤、麻二斤;十岁以上每年给棉花二十斤、麻五斤,各自以所给棉麻纺织,"丈夫岁月麻布衣服,皆取给其妻。"所以庞氏家族中的女子从小就会纺织,而且养成了勤俭持家的好品质。

③陈孝妇养姑:指的是陈氏孝养婆婆的事。陈氏乃汉代陈州人。从小

淑慎贞静。邻里咸夸其贤。年十六而嫁,至夫家,事姑尽妇职,一言一动,莫不遵礼而行。时值边防吃紧,军书纷驰,征兵警备,军令急如星火。其夫也被征调,当起程赴戍所时,阖家凄惨,自不待言。夫忍泪指母对她说:"我今将长别矣!沙场茫茫,生与死尚不可知。能生还固大幸,万一不还,我母老矣,汝能念夫妻情义,代我养母,我虽在九泉之下,亦当瞑目。"陈氏泣而应道:"媳妇就像儿子,事姑奉养,乃分内事。君请安心行,勿以老母为念。妾已许君,生死不二。"夫至戍所,战殁阵中。凶闻至家,姑妇相向哭。然陈氏自此养姑,仍如夫存时,靠纺绩织纫维持生活。陈氏父母怜其年轻无子,劝令改嫁。陈氏说:"夫去时嘱儿养母,儿已许之矣。既许而不能全终,是失信于吾夫也,即死何颜再相见!"奋欲自杀,父母乃止。遂养姑二十八年,姑八十余,以天年终。陈氏又将田宅财物出售于人,得价以作葬费。淮阳太守奏闻于朝,汉帝嘉叹,使人赐黄金四十斤。妇力辞不受,终身无所乞求于人,其所需用,全出自含蘖茹荼中,世人称其孝妇。

凡族有不孝者,告诸族长,族长当申明家规而委曲诲遵之,再犯即扑之,三犯告诸官而罪之。

——《绩溪仁里程继序堂·家规》

【点评】 以上各条是绩溪程氏家规的一部分,专讲儿子如何孝顺父母,媳妇如何孝顺公婆。其中没有什么高深的道理,全是从点点滴滴的日常小事说起,这些小事看起来很容易,但真正做到却很难。其实,家风的培养正是从这些小事开始的。我们今天的家风建设中值得注意的问题,就是不能只是强调一些大道理,而忽视了这些日常小事。家风建设,必须从我做起,从小事做起。

吾族有孝义实迹，本房长随时报名，宗祠按照核实，著名登簿，或请官长棹楔(zhào xiē)[①]，表扬善行。次则揭其名于两庑(wǔ)，以褒彰之。见则必敬，与敬老同隆。殁则超进入祠，四时享祭，与报功同隆。反是而有不孝、不悌、不义行为，本房长随时告诫，不服则声明本祠，斥责不贷。

——《桂林洪氏宗谱·宗规》

【注释】

①棹楔：门旁表宅树坊的木柱。

子事父母，要在先意承志，就养无方；父母有教，则当敬受佩之勿忘；父母若有命，则当欢承行之勿怠；父母有疾，则朝夕侍侧躬进汤药，毋得妄委他人。父母有过则和悦以谏，倘若不从，愈当无失爱敬，以期感悟，毋得遽恃己是，忿恨以扬亲过；其衣服饮食随办不贵过分，务必使父母之养有厚于己；侍侧毋得戆(gàng)词厉色；凡事毋得径情直行；父母年老或无兄弟，毋得弃亲远游，违者量事轻重议罚。妇事舅姑，孙事祖父母，其礼一也，亦要一体遵守。

——黟县《环山余氏谱·家规》

【翻译】子女服侍父母，最重要的是不等父母开口就能顺着父母的意志去做，不拘常格去奉养父母。父母如有什么教诲，要恭恭敬敬地接受并记下来带在身边，不时看看不要忘记了；父母如有什么吩咐，应当高高兴兴地听从并赶紧去办，不能懈怠；父母如有病，应当早晚在旁边服侍，亲自递上汤药，不能随便委托其他人代劳；父母如果有过错，应当和颜悦色去规劝，如果父母不听，更不能失去敬爱之心，以期望感动父母，使其觉悟，不得坚持己见，而因忿恨以宣扬父母的过错。父母衣服饮食要随缺随办，不要过分昂贵，但一定要使对父母的供养超过自己。在父母身边服侍，不能讲鲁莽话摆脸色。凡事不得一味按照自己的意愿去做。父母年老或自己无兄弟，不能丢弃父母而自己到远方去。如果有违背上述规定的，要根据情节轻重给予处罚。媳妇服侍公婆、孙子服侍祖父母，礼节与上述是一样的，也要一体遵守。

罔极深恩，本难酬报。族内子孙不念父母，辄敢骄傲违逆，此实背亲而不容宽者也，族尊共处之。

——《安徽胡氏经麟堂家训·家规》

【翻译】 父母给我们的无限恩情，是难以报答的。族内如有子孙不念父母之恩，骄傲自大，违逆不顺，这实际上是背叛亲人而不能宽容的。族中尊长应共同处罚他。

为子者必孝以奉亲，为父者必慈以教子，为兄弟者必友爱以尽手足之情，为夫妇者必敬让以尽友宾之礼。毋徇私情以乖大义，毋贪懒惰以荒厥事，毋纵奢侈以干宪章①，毋信妇言以间和气，毋持傲气以乱厥性。有一于兹，既亏尔德，复隳②(huī)尔胤③。眷兹祖训，言须再三，各宜谨省。

——《绩溪东关冯氏存旧家戒·家规》

【注释】

①宪章：泛指法律。

②隳：毁坏。

③胤：后代。

【翻译】作为儿子必须以孝敬奉养双亲，作为父亲必须以慈爱教育儿子，作为兄弟必须以友爱尽手足之情，作为夫妻必须互敬互让以尽友宾之礼。不要为了私情而违背大义，不要贪图享受懒惰而荒废了自己的工作，不要放纵奢侈以冒犯法律，不要听信妇人之言以伤害和气，不要坚持傲气以坏了自己的秉性。上述诸种，只要犯了一项，不但有损于自己的品德，而且也带坏了后代。一定要记住这些祖训，再三强调，每个人都应该记住并时时反省。

为人子者，当念身从何来？无父母则无此身。又当念身从何长？非父母则谁乳之，谁抱之，必不能长此身。故父母有子则谓其身有托，是以子为代老也；子有父母则谓其身有依，是以父母为荫庇也。百行之原莫大于孝，诚以孝本乎天性，自有至爱至敬之真动于其中而不容遏。则虽舜为天子，周公为圣人，皆不能出乎此。

天下谁无父母，谁有恩能如父母，谁父母有如瞽瞍[①](gǔ sǒu)，夫以瞽瞍之父母且事之而底豫[②]，抑何父母之不可事，抑何[③]人子不可事父母。使必丰其衣、美其食而后为事，非事之道也，盖衣食必殷实之家乃可丰美，岂富者得事父母，贫者不得事父母乎。夫孝顺，德也，使徒有衣食而无诚意以将之，亦未必能得父母之心。盖父母之心无刻不在子之身，苟人子之心亦无刻不体父母之心，则心与心固结不可解，虽菽水[④]亦足言欢，虽芦衣[⑤]亦并知暖。斯天性之谊笃，斯天伦之乐真，假人子而忤厥父母，可胜诛乎哉。

——《古歙义成朱氏祖训·祠规》

【注释】

①瞽瞍：瞍同叟。传说上古时期五帝之一的舜，是瞽瞍的儿子。从小

就很孝顺父母。以超常之孝心,感动上天。帝尧听说舜的孝行,特派九位侍者去服侍瞽瞍夫妇,并将女儿娥皇和女英嫁给舜,以表彰他的孝心。后来尧把帝位也“禅让”给舜。人们赞扬说,舜由一个平民成为帝王纯由他的孝心所致。

②底豫:谓得到欢乐。《孟子·离娄上》:“舜尽事亲之道,而瞽瞍底豫。”

③抑何:还有什么。

④菽水:菽,豆类总称。菽水,泛指粗茶淡饭。

⑤芦衣:以芦花代替棉絮的冬衣。

【翻译】作为一个儿子,应当想想自己的身体从何而来?没有父母就没有我们自己的身体;还应想想自己的身体为什么能够长大?没有父母,谁来喂养自己,谁来抱携自己,必然不能长大。所以父母有子,就认为其身有所寄托,老了可以有儿子抚养了,儿子有父母则认为自己有了依靠,父母是自己的荫庇啊。因此人们的所有行为其根本没有大于孝的,因为孝来自人的天性,自然会有最爱最敬的感情活动于其中而不可遏止。即使舜为天子,周公为圣人,都不能超出这一点。

天下谁没有父母?谁的恩情能比父母?谁的父母会像瞽瞍那样?舜能孝顺瞽瞍这样的父母而使他们获得欢乐,还有什么父母不值得孝敬?还有什么儿子不能孝敬父母?非得给父母做很多衣服,提供非常丰美的食物这才叫孝敬,其实这不是孝敬之道,因为只有富裕之家才能做到这一点,难道只有富者才能孝敬父母,穷人就不能孝敬父母吗?孝顺,是一种品德,给父母以丰美的衣食而没有诚意的话,未必能使父母得到欢心。父母之心无时无刻不在儿女身上,如果儿女也能无时无刻体谅父母之心,则两者之心就能紧密结合在一起,谁也解不开。真能这样,那即使是粗茶淡饭,父母也会感到欢心;即使穿着芦花做的棉衣,父母也感到温暖。这是忠实的天性之情,也是真正的天伦之乐。假如儿子违背冒犯父母,真是处死也不为过啊!

【点评】为什么要孝顺父母?此条讲得非常清楚,就是父母生我、养我,没有什么恩情比这还大。怎么孝顺父母?此条认为不在于给父母多少穿的吃的,关键是要真心诚意对待父母。读到这里,我们每个人可以扪心自问:我心中想着父母吗?

夫父母者身之所从出也，顾复[①]鞠育直如昊天[②]罔极，故膝下承欢，问寝视膳，必谨依内则行之，毋少懈怠。至于丧葬祭祀，皆必诚必信，致爱致悫（què，诚实），内尽其心而外尽其礼，或有贫不有备物者，则称其家之力为之，不失为孝。若乃父母爱之，喜而弗忘；父母恶之，惧而无怨；父母有过，谏而不逆；父母既没，必求仁者之粟以祀之。以至不登高，不临深。为善，思贻[③]父母令名；为不善，思贻父母羞辱，皆子道之所宜尽者也。彼夫割股[④]庐墓[⑤]，迹近沽名，盖无取焉。斯天地之经，民之是则，而百行之原得矣。

——《黄山迁源王氏族约家规》

【注释】

①顾复：《诗·小雅·蓼莪》："父兮生我，母兮鞠我。拊我畜我，长我育我，顾我复我，出入腹我。"郑玄笺："顾，旋视；复，反覆也。"孔颖达疏："覆育我，顾视我，反覆我，其出入门户之时常爱厚我，是生我劬劳也。"后因以"顾复"指父母之养育。

②昊天：苍天。

③贻：赠给，留下。

④割股：割下自身大腿上的肉来治疗父母的病。封建社会所认为的孝行。

⑤庐墓：古人于父母或师长死后，服丧期间在墓旁搭盖小屋居住，守护坟墓，谓之庐墓。

【翻译】父母给了我们身体，而且养育之恩像苍天那样无限，故在父母跟前尽心侍奉，以博得父母欢心，关心父母的休息和饮食，一定要谨遵有关规矩，不能有丝毫懈怠。至于父母去世后的丧葬以及以后的祭祀，都要至诚至信，至爱至实，内则尽心，外则尽礼。如果因为家庭贫困，有些物品不能齐备，但只要根据家中情况尽力为之，也不失为尽孝。如果父母爱我，我喜而不忘；父母不爱我，我怕而不怨；父母有过错，及时谏止而不违逆；父母逝世后，一定要求有德行的人的粮食来祭祀。父母在时要不登高处，不临深渊，害怕万一有了闪失，父母就没人奉养了。做好事，要想到给父母留下好名声；做不好的事，要想到会给父母留下耻辱，这些都是作为儿子应尽的为子之道。那种割股庐墓的做法，近似于沽名钓誉，都不值得效法。孝，这是天经地义的道理，

人们能够遵守，任何行为的根据就有了。

新妇孝，家其兴

景（许景）初习儒，念亲老无以养，乃去而为贾。业微不给于食，妻（饶氏）则湆（qì，阴湿）败蔬代餐饭，而以饭饭其舅姑。时复市甘脆以进舅姑，私相谓曰："新妇孝，家其兴乎！"

——清 郑虎文：《吞松阁集》卷31《许母饶安人家传》

【翻译】 许景（清代歙县人）一开始是读书考科举，后考虑到双亲已老，无以为养，只得弃儒经商。由于生意小，利息微，寄给家里的钱连温饱生活都维持不了。妻子饶氏只得偷偷地以阴湿的菜叶为饭，而将米饭省给公婆吃，同时又常常将省下的钱买一些甜脆的食品孝敬公婆。公公和婆婆私下交谈说："新媳妇真孝，我们家一定能兴旺啊！"

【点评】 据史料记载，许景家后来真的"饶"了，也就是发家了。但饶氏仍然勤俭持家，对公益事非常热心，得到人们的一致称赞。

不能一日离此孙也

府君[①]（吴鈵）幼有至性，曾王母[②]患腹疾，府君偕诸叔父侍寝所，躬为抚摩，至以口吮之，为减其痛。曾王母语人曰："吾病非药物所治，殆不能一日离此孙也。"事先王父母尤极为孝养，能先意承志。先王父年高德劭，为一乡祭酒[③]，既笃于行义，乐施予，府君左右其间，凡祠墓之待修者无不治也，姻族之待赒者无不给也。先王父优游里中，人美为"陆地仙"[④]，皆府君孝养之力也。

——清 吴吉祜：《丰南志》卷6下《艺文志·行状》

【注释】

①府君：儿子对逝去父亲的尊称。

②曾王母：曾祖母。

③祭酒：此指乡里领袖。

④陆地仙：陆地上的神仙。

【翻译】父亲幼年就非常孝顺，曾祖母患有腹痛之疾，府君和诸位叔父在寝室侍候，亲自为曾祖母抚摩腹部，甚至以口为之吮吸患处，以减少疼痛。曾祖母曾对别人说："我的病非药物所能治，但一日也离不开这个孙子。"父亲侍候祖父母也极其孝顺，能够揣摩他们的想法，不等他们讲出来就已经做了。祖父德高望重，被乡人推为领袖，他好行义事，乐予施舍，父亲跟随左右，凡祠堂、坟墓需要整修的无不办得妥妥帖帖，姻族之待接济者无不满足需要。祖父能够优游里中，无忧无虑，人们羡慕地称为"陆地仙"，这都是父亲孝养的功劳。

忍饥孝母

韩君仪，字恪斋，黟县奇墅人……少孤贫，两兄皆幼依人。君独与母居，鬻薪为养，雨雪樵苏不继，贷少米仅一人餐。佯言："儿饥已先食矣"，母乃独饱。两兄年长，岁入足供母，君乃贸易江西吴城，业稍裕。购奴邗上，入门而泣，问之，曰："家三世单传，且有母。"君恻然，召其母毁券归之。明年奴言母死，族人给鬻身市家。君又恻然，偿直赎之，别以百金畀其族贤，使为养且婚，后十余年遇男子于途，熟视惊喜，伏地拜曰："小人蒙翁惠，今有子矣，大德没齿不敢忘。"君既好行其德，凡济人利物者，为焉靡不力，始焉靡不终。周旋亲故间，义声闻州里。所居当孔道，筑石路亘数百丈，人呼韩家岭云。

——同治《黟县三志》卷154《艺文·人物类》

【点评】由于家庭困难，韩君仪两个哥哥都在别人家抚养，他独与母居，靠卖柴奉养母亲，有时候借来的米少只够一人吃的，韩君仪就骗母亲说自己

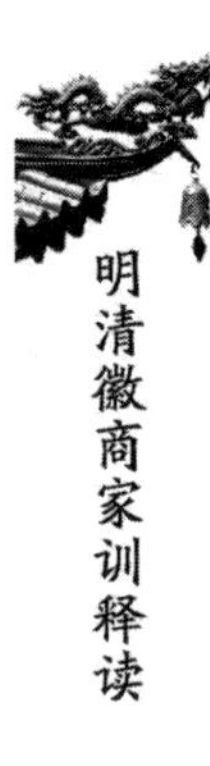

已先吃过了，而让母亲吃饱。而且他能推己及人，当他发家后买了一个奴仆，听说他是三世单传，家中还有母亲，立即召其母将儿子带回，并毁掉当时的卖券。第二年这位母亲死了，儿子又被别人骗卖到人家作奴，君仪知道后立刻将其赎回，并给了一百两银交给他族中可靠之人，作为他生活费和将来结婚费用。想的确实周到。难怪方志编纂者说他："凡济人利物之事，他做起来无不尽力，有了开始无不做到底，决不半途而废。"

乡亲同声称孝

姚联达……年十三随父贾汉口，先意承志，奉养如成人。父患疮疡，侍疾事必躬亲，衣服、溺器皆手自涤。夜卧床侧，衣不解带者数月。疮愈又患咯血疾，侍之愈加敬谨。同治庚午，母得风痺疾，禀父命星夜驰归。遍延医诊，疾始痊。里人同声称孝，欲为请旌，涕泣固辞。父晚年就养家居，得气喘症，冬夜尝少寐。爱听琴则鼓琴以怡父心，待安寝然后屏息退。偶闻嗽声，或欠伸声，即起，数年如一日也。父母先后十日以寿终，丧葬如礼，居外庐不茹荤者三年，忌日荐新扫墓皆致祭尽礼，终身孺慕。

——民国《黟县四志》卷6《人物·孝友》

【翻译】黟县人姚联达，十三岁就跟随父亲去汉口经商，能够做父亲想做而没说出的事，侍奉父亲就像成人一样。父亲患痔疮，他就承担各种事，父亲的衣服和便器，他都亲自去洗。夜里就睡在父亲的床边上，不脱衣服，以便随时起来照应父亲，就这样坚持了几个月。父亲痔疮好了又患咯血症，联达服侍更加恭敬谨慎。同治庚午母亲又患风痺，关节疼痛麻木，联达遵父命星夜赶回家，到处请医诊治，母亲的病终于痊愈。乡亲异口同声称赞联达是孝子，准备向政府汇报，请求给予旌表，联达哭着坚决推辞。父亲晚年在家得了气喘症，冬夜很少能睡觉。父亲很爱听琴，联达就弹琴以愉父心，直等到他睡着了，联达才屏息离开。偶尔听到父亲咳嗽或哈欠声，他立即起身侍候，像这样几年如一日。父母后来都以寿终,前后相差仅十天。治丧下葬皆如礼数,自己住在外面房子并且不吃荤,整整三年。每逢父母忌日,总要去扫墓并供上应时新鲜的食品进行祭祀,终其一生就像小孩一样思念着父母。

【点评】 对父母的孝,一时一事容易做到,几十年如一日就难了。民间有谚语:"久病床前无孝子",说的就是这种情况。姚联达能做到几十年如一日,正是他的可贵之处。

舔翳累月,使母复明

胡光裕,字其友,(婺源)城东监生。幼业儒,以家贫服贾,能养亲志。母病目几盲,裕舔翳[1]累月而痊。友庶母兄甚笃,母督兄过,裕辄引咎,母解颜。居丧毁踰礼。兄没,抚孤侄为经理生涯,咸恤其家。

——道光《徽州府志》卷12《人物·义行》

【注释】

①翳:今称白内障。

【点评】 母亲得了白内障,眼睛看不见,过去又没有手术,只知道一种土办法,用舌头舔翳,光裕为了让母亲眼睛复明,就天天用舌舔翳,终于成功。没有对母亲的深爱,这是做不到的。

竭力事亲,尽爱尽敬

孝子,名琦文,字玉章……惧坐守一经不足以尽孝养,乃牵车服贾,营什一之利,朝夕奉食,饮必备旨甘,黾勉有亡,不使父母觉其艰苦也。父病滞下[1],孝子重趼[2],肤皮尽裂血淋漓,走数百里求名医。医辞以远,孝子叩首流血,终不应,为之悬拟数方以归,弗效。吁天请代卒,不能起,孝子一恸几绝。欲以身殉,顾念母在,义不可,爰经营窀穸(zhūn xī,坟墓),力求高燥。顾贫不能致，悉鬻其妻之衣饰，并称贷以益之而后成，于是庐墓[3]三年，情深攀柏。且往来数十里归省其母，母亦以哀哭过甚，双目俱障将失明，医者皆谢不能，孝子日以舌舐之，月余而障尽退。

孝子追痛其父亡，而自咎其不明于医也，乃博览方书，悉心研究。母后以病膈，法在不治，孝子精思密审，自酌方剂，消息进退，历五六年而母病以瘳[4]。……

孝子有二弟，仲曰奇行，季曰奇馥。兄弟怡怡，相为师友，而均有至行，为世所称，皆孝子陶育之所成也。有妹曰莹，性尤淑慧，从孝子受学，学务根本。倍承顺乎其亲，母方病膈时，孝子或外出谋药饵，凡调摄之节，服食之宜，有妹在左右，孝子心乃安。以是母病既痊，悉归功于其妹，而痛其劳瘁成疾，旋至于亡也。因辑其事与言，为之作传记，而自为文以哭之，良有以也。

紫云何先生者，邑之贤士也，孝子敬服之，以师礼事。何卒，无后，孝子经理其丧。族有凶人肆其侵侮，孝子力为捍御，乃得保其坟茔。有孙姓为盗所诬，株连特甚，亲族皆袖手不敢顾，孝子挺身白其冤，事乃得释。贾氏有女年方及笄[5]，邑豪强委禽[6]焉，欲以为妾。其母病且剧，伏枕而泣曰："非吴孝子不能救也。"延之榻前，痛哭以请，孝子毅然而出，卒退其婚。其他排难解纷，捐资以济人之急者，不可更仆数[7]。然每有所为，必禀命于父母，出而语人曰："此吾父吾母意也。"其善则归亲有如此。

——《浙江海宁休宁厚田吴氏宗谱》卷5《吴孝子传》

【注释】

①滞下：即痢疾。

②重趼：脚底被磨成泡，结成茧。

③庐墓：父母去世后，服丧期间在墓旁搭盖小屋居住。

④瘳：病愈。

⑤及笄：女子十五周岁。

⑥委禽：古代结婚礼仪叫"六礼"，其中除纳征外，其他五礼中，男方都要向女方献上大雁（后亦以其他飞禽代替）作为贽礼，称为委禽。此指强迫成婚。

⑦仆数：详加论列。

【**点评**】吴琦文为父求医、为母舔翳、为父庐墓、学医治母、敬服贤士、经理其丧等，都是孝的表现。在他的影响下，其妹妹也非常孝。家风的感召力是很强的。

亲亲之心真

李南桥者，婺之东理田人，讳绍兴……公稍长，裹足赢粮[①]，从父涯海，见始知得咽食疾[②]，相抱哭，闷绝仆地，苏与外父言："此不能寝食安，亟请医。"北固辰吹至风大作，舟人停舟不敢往，公哭促舟曰："吾何惜一生不救吾父生？"从淤泥中号哭跪拜天祝曰："天苟有吾父生，乞息风。"悲动两岸，饭不一炊[③]，天反风而舟绝南岸矣。至江口见医，医曰："幸早见，尚幸及归。"公哭以厚币恳医药，而医人劝以亟归全为幸。不得已顾轻舆，不四五日舆归，只身旦夕左右护，足重茧身重瘁，不顾亦不知。归复请医月余，以至不可奈何而考终，呼外弟嘱曰："狐死首丘[④]，此一大幸。"嗟嗟！始计专奉外父归，不虞有疾，悲哀惊动两市；中计专侍外父疾，不虞有风，悲哀惊动两岸；终计仍望外父生，不虞果没，悲哀惊动两邻。

——安徽《歙县三田李氏重修宗谱》卷39《理田南桥李翁行迹》

【**注释**】

①裹足赢粮：裹上足带上干粮，指出门做生意。

②咽食疾：今天所称食道疾病。

③饭不一炊：不到煮一餐饭的时间。

④狐死首丘：古代传说狐狸如果死在外面，头一定朝着它的洞穴。此指怀念故乡，人终于死在家乡。

【**点评**】李绍兴是明代万历年间婺源人，从父经商，得知父患重病，不顾一切困难，甚至不顾自己生命危险，抬父请医，又抬父而归。这种孝完全出自内心。难怪时人从他的表现以及后来的待人接物情况，评价他两条："一亲亲之心真,一廉耻之心真。”

人子事亲,乃天经地义所当尽职务,若事亲以沽名,吾不忍也。

——《黟县环山余氏宗谱》

【点评】这是清代黟县商人余钺所说的话。他九岁丧父,家贫甚,靠做点小生意奉养母亲。母患痈疾,他朝夕侍奉汤药,不离左右,有呼即应,污垢之衣与其妻争相浣濯,不怕脏,不怕累,如此者三年。乡邻准备将他的事迹上报,以求旌表,余钺坚决辞谢,并说了上面这番话。孝亲在他看来,是人子应尽的义务,此乃天经地义之事。如果以此来沽名钓誉,人子怎么能忍心这样做呢?这才是不含任何条件的真孝。后人评价说:“如斯幽行,足范人伦。”

保儿身而饿损父母之身,何以为人也?

公讳德富,字润身,号艺田,窭人之子也,家窘甚,徒四壁立。……自幼绝无俗气,随父务农,怏怏不乐,读书则色喜,父曰:“痴儿苟有状元宰相命,不当生吾家矣。徒手一卷书,何以为生计,岂能《论语》烧薪、法帖乞米耶?”……只得勉为农夫。……夜则闭户挑灯诵读“四书”古文,日则行佣于外,博资负米。茕然孑立,赖自力为父母养,虽左支右绌而晨夕常得欢心,未尝使二人见其有艰难之态。父母在,不远游,追随左右,定省无间。

年既冠,值父疾而公噬指焚香,祷告天地愿以身代,奉侍汤药,亲尝而后进,衣不解者月余,间时疲倦睡去,梦中时作号泣声,劳力劳心,精神亏耗。无何父痊而公得疾,迫于家计,抱病操作,其母阻之曰:“吾儿何不保身耶?”公曰:“行佣糊口,通工易食,天不两全,不谋为何以为养?木有本,水有源,不有父母之身,焉有儿之身?儿之身从父母之身而来,保儿身而饿损父母之身,何以为人也?”自此愈劳愈病,奄奄一息,床笫弥留,久之绝粮无炊,日不举火,村人涎其住屋基址甚佳,以重金饵之。公厉身拒之曰:“先人遗产,区区数椽,吾岂是鬻屋之流乎？宁可辱身，不可废业。”回顾堂上双亲饥容满面，心为之酸。不得已扶杖求食于邻里，无知者耻笑之，公曰：“吾一身受辱，而使双亲安饱，人以为耻，吾以为荣。大丈夫能屈能伸。韩信受饭于漂母，伍员乞食于吴国，天之将降大任于斯人也，必先饿其体肤，乞何伤乎。”是年疠疫流行，死亡相继，而公之病竟占勿药，人谓：“其孝行格天也。”

——民国 俞隆奎纂修：《泗水俞氏干同公支谱》卷末《德富公传》

【点评】这是一则典型的孝亲事例。俞德富家庭很穷，长兄在外经商，但久久没有消息。他只得务农，或者白天为人佣工，换得些微工钱，买米赡养父母。虽经常捉襟见肘，但在他的精心照料下，父母亲没感到艰难之态。父母在，不远游。德富为了照顾父母，始终没有远出务工或经商，追随父母左右，早晚问候，从不或缺。

最感人的是当他二十岁那年，父亲得了疾病，他奉侍汤药，亲尝而后进。一个多月，夜晚睡觉从不脱衣，有时疲倦睡去，梦中时作号泣声。由于既劳力又劳心，身体很快垮了下来。后来父亲病好了，德富迫于家计，只得抱病操作。母亲阻止说：“我儿怎么不顾惜自己的身体啊？”德富说：“外出佣工糊口，换米养家，天不两全，不去谋生怎么能养活老人？树有根，水有源，没有父母之身，哪有儿子之身？儿子之身从父母之身而来，如果为了保儿身不去佣工而使父母之身受到饥饿损伤，这还是人吗？”自此他越劳越病，已经睡在床上，奄奄一息了。家中绝粮断炊，冰锅冷灶。村中有人很想买他家的房子，于是出重金诱惑德富，德富厉声拒之道：“房子是先人的遗产，区区数椽，我难道是卖祖屋的人吗？宁可辱身，不可出卖祖业。”但他回顾堂上双亲饥容满面，心中非常难受。于是拄着拐杖在村中要饭，无知者在一边耻笑，德富说：“我一身受辱，而使双亲得以安饱，人以为耻，我以为荣。大丈夫能屈能伸，想当初韩信饥饿时，是漂母给了他一些饭，伍子胥也曾经在吴国乞讨呢。天将降大任于这个人，必先饿其体肤，乞讨又有什么关系呢？”这一年当地疫病流行，很多人都染病身亡，而德富竟然没染上病也没吃药，大家都说：“是德富的孝行感动了上天。”

金公著千里寻父骸

一个人刚出生不久就失去父亲,这是人生的大不幸;而父亲又是病死在千里之外的他乡,想祭拜寄表哀思而不能,则是更大的不幸了。清代初期的歙县人金公著,就是这个大不幸者的代表。

金公著刚出生九个月时,父亲金五聚就逝世于经商之地北京。由于当时经济条件所限,灵柩未能返回故乡,就安葬在那里。年幼的金公著依靠着母亲许氏的抚养长大成人。但他看见人家孩子不仅有母亲,而且有父亲,自己却没有,于是孩童时的金公著就询问母亲:我的父亲到哪里去了?他长得什么模样?为什么不来见我们?这样的问题,面对着幼小的孩子,对于一个失去丈夫的妻子来说,是很难回答的。所以刚开始时,许氏只有编一些话语来搪塞儿子。但多次询问后,她也知道孩子逐渐长大了,再瞒也瞒不住了,即把他父亲的情况一五一十地告诉了金公著。少年的金公著听了母亲饱含热泪的哭诉,也禁不住凄然泪下,紧紧地抱住母亲哭了起来。

随着时光的流逝,金公著已到了弱冠之年,长成了一个结结实实的小伙子。在随着时光成长的日子里,金公著的心中一直怀揣着一个梦,即一定要把父亲的遗骨请回家乡来,让自己能够尽一尽每年祭拜的孝道。这一天,一个秋收后的日子,已经长成大人的金公著告别了母亲,带着简单的行装和盘缠,独自一人踏上了进京之路。从皖南的徽州歙县到北方的京城,有数千里之遥,尽管他是一个壮小伙子,但这一路风尘,舟楫劳顿,也是十分辛苦的事情。经过一个多月的跋山涉水,金公著终于到了京城。

当时,在京城中,徽州歙县人设有会馆,这是徽商作为以乡土血缘为核心的商业团体的重要标志之一。在会馆的职能中,联络乡谊是重要目的,既承担徽州人进京的栖宿责任,还购置阡地,设立义阡,使染疾而逝世于京城的清贫穷困者,在遗骨难回故土时有一个异乡安葬之处。所以金公著一到京城,即奔赴歙县会馆以求帮助。其实,当年他父亲的安葬后事就是依靠会馆的帮助而办理的。然而岁月已久,会馆里的人员也更换了不少。不过对从家乡来的人,会馆还是热情接待的,这使年轻的金公著有宾至如归的感受。他从一个故旧老人的口中得知,亡父被安葬在京城之南石榴庄的左侧。石榴庄正是徽州歙县会馆在京城设置的一座义庄,专门收葬客死京城的徽州人。或许是那位老人记忆有错,金公著在石榴义庄左侧并没有发现父亲的墓地,心中不免有些遗憾。但他千里而来,决不能放弃,于是他继续向人打听。后来终于在住义庄僧人的引导下,在义庄的右侧找到了父亲之墓,墓前还立有石碑,碑文中记载得一目了然。金公著一见,真是既喜又悲。喜的是千里寻父骸,终有结果,不负此行;悲的是当年的父亲为了一家人的生活独闯京城,却壮志未酬客死他乡。在悲喜交加之中,金公著将父亲的遗骨掘起包裹好,装到盒子中,谨慎地背着返回家乡了。当时正值凛冽的寒冬,而北京的冬天比南方的徽州要寒冷许多,年轻的金公著手足都被冻得皲裂了。但他一心扑在父亲的事情上,自己丝毫都未曾觉得苦。的确,在他看来,只要实现一片孝心,自己吃多少苦都无所谓了。

金公著把父亲的遗骸带回了家乡,选择了一块墓地,进行隆重的安葬。家乡的亲朋好友也都争相前来慰问。在大家的帮助下,金公著终于完成了多年的夙愿。

徽州土地少,许多人都踏上外出行商谋生之路。年轻的金公著也想走这条路。然而他看到了慈善的母亲苦守贞节,含辛茹苦把自己抚养长大,而自己还没有报答母亲的恩情,所以他不忍心离开母亲而去,选择了守在母亲身边,以努力耕种为业。他对母亲十分孝顺,每天每餐都必定问候母亲的冷暖饥饱,谨慎地依从母亲的吩咐去行事。但是在家乡务农,实在难以维持生计。后来在母亲年老病故之后,他已是一个壮年人了,他毅然离开故土出外经商,往来于苏州、绍兴以及庐州、凤阳之间,并在定远县的垆桥镇商居时间最久,家境也渐渐富裕起来,最后告老还乡,留下一个不忘故园的孝子形象。

(张恺编写)

方如珽寻祖遗骸记

千里寻访先人遗骸回故乡的事情，在徽商中不是少数。这里且表一个千里寻访祖父遗骸经历奇特的故事。

话说主人公方如珽，字子正，是歙县环山人。他的祖父方慕塘，在长江之北的潜山县经商，后来染病逝世于潜山。当时正值明朝末年战乱纷纷的时刻，所以亡故他乡的灵榇不能够运回故乡，便从简安葬在潜山，由于战乱导致人口快速流动，很快就无人知道灵榇安葬于何处了。

转眼间到了清朝初期，少年的方如珽从父亲口中得知祖父客死他乡的事情，便立志要去潜山找到祖父之墓，寻到遗骸归葬家乡。然而他数次前往潜山，皆没有找到祖父的墓地，只好饮泣吞声而归。

时间又过去很久，方如珽询问了嫁给程姓的一位姑妈，因为这位姑妈正是从潜山嫁回徽州的，这时已有七十岁了。当她闻知侄儿方如珽要寻访自己父亲在潜山墓地的事，很是感动，表示愿意同侄子一起前往寻访。方如珽见姑妈年纪大了，怕她经受不住路途的辛苦。姑妈却说，年纪虽大，但身体硬朗，不妨事。于是方如珽又一次踏上了去潜山寻访祖墓之路。他以为这次有姑妈同往，一定不会失望了。谁知他和姑妈到潜山后，年已古稀的姑妈也茫然不知了，因为父亲逝世时，她仅是一个十四岁的少女。

面对茫然无措的老姑妈，方如珽没有放弃。而侄子的孝心和决心也感染了年迈的姑妈，决心陪伴侄子一起继续查访。在查访中，有的人说，当时战乱之后，枯骨无数，被某寺的僧人当作普通的亡者，一起合葬到一个塔中了；有的人说，某个石洞里还藏有一些破败的棺木。听到这些传说，方如珽都陪伴姑妈前去查看，尤其是在那石洞里，果然见到许多破败的棺木，杂乱无章地堆放着，但上面都没有题识和标志，所以很难辨认。

也许是苍天不负孝心人。正当方如珽和姑妈绝望之际，突然，古稀之年的姑妈在一个旧棺木中见到了一团乱发，那团乱发中有一支发髻的银簪还在闪着一丝儿光芒。她连忙用枯老的手，抖颤颤地捡起了那支银簪子，仔细地端详着：这物件是那么的熟悉，又是那么的亲切。她当即老泪纵横起来。方如珽见姑妈如此情状，连忙予以搀扶，并问："姑妈，你怎么了？"老泪纵横的姑妈再也忍不住地大哭着对侄儿说："如珽啊，是它，是这支簪子，当年被作为陪葬品收敛到棺木中，那年我十四岁，亲眼看见的。这回来寻访，还算我没有死，不然真没有人知道了。"方如珽听姑妈这么一说，也顿时悲喜交集起来。他们立即认定这藏有银簪的棺木正是盛殓祖父方慕塘遗骸的，于是他重新买来了棺木，将祖父的遗骸收于新棺之中，并千里迢迢运回家乡，隆重安葬。

安葬了祖父遗骸之后，方如珽更坚定了行孝做善事的人生宗旨，所以他生平中有许多义举。他曾捐资帮助修复了有江南都江堰之称的渔梁坝，还独资整修了歙县城西的古虹桥和龙王山下的五里石栏杆。这些义举，动辄费银数千两。他不仅在故乡行义举，在外地也大做善事。如在镇江的京口，就常设救生船，救助了许多江上遇险遭难的人。他的孝心义举，也积德恩泽于他的后人，子孙登科入仕的有数人。其中第三子方为淮，继承了父亲行善仗义的品德，在乡里的祠社桥梁的兴修中都慷慨行义，孝亲善友的品行在乡党中都享有盛誉，而且被郡守延请为乡饮正宾。（乡饮是古代丰收庆典的活动，在活动中会请地方公认的德高望重的人来参加并主持仪式，正宾是受到最高礼遇者。）

（张恺编写）

程世铎万里寻父归

先人辞世而去，寻觅骨骸返归故里安葬，这是后人孝行的表现。但当长辈活着的时候就尽心尽孝，更是真孝行的表现。这里再说一个时隔二十余年后，将失散在万里之外的父亲寻回故乡，与家人团聚的故事。

话说清朝初期，徽州府歙县褒嘉里有位叫程世铎的，他还在六岁那年，父亲就到外面经商去了，然而自出门以后，音信全无，不知生死。年幼的程世铎只有与慈善的母亲相依为命。母亲含辛茹苦，对他无比慈爱；他对母亲则尽心行孝。在母慈儿孝中，程世铎渐渐长大成人。在与母亲相依为命时，他时刻思念着在外经商未归的父亲，他母亲也总是思念着出远门不知音信的丈夫。母子俩在共同的思念之时，也都总是抱头痛哭，泪水滂滂……

这一年，程世铎已是二十二岁的壮小伙子了，母亲倾尽全力为他娶了妻室，使家庭得到了发展。但身处蜜月中的程世铎，并没有迷恋小夫妻间的甜蜜生活，心中仍有失散在外多年的父亲的影子，立志要把父亲寻回家乡。只不过那时，他的家境本不富裕，娶妻成家又花去不少钱，家境到了无出行盘缠的地步。他一边努力劳作积攒路费，一边不断打听父亲的行踪，后来打听出父亲的踪迹应在祖国的大西南。

大方向有了，二十多岁的程世铎毅然收拾简单的行装，带着不太丰厚的川资，告别了慈爱的母亲和亲爱的妻子，从徽州歙县出发，直向滇、黔、巴蜀即今日的云南、贵州、四川等省而去。然而大西南三省的地盘该有多大啊,可说是无边无际。仅有大方向,而没有具体的小区域,这样的行动肯定是盲目的,这样的寻亲亦无异于大海捞针。所以,程世铎在数年里,寻访了西南三省许多地方,都总是怅怅无半点收获,怏怏不乐。

忽然有一天,有个从云南回来的徽州客商,闻知褒嘉里有个程世铎在寻找失踪的父亲,遂热情地前来告诉他一条确切的信息。他说,你父亲本在云南经商,因为发生了吴三桂反叛清廷的战争,而你叔叔又在战乱中亡故了,你父亲为了寻访你叔叔的遗骸,离开了云南而去了东川;而那时的东川,正陷入吴三桂叛军与朝廷兵马激战之中,因而你父亲也难以从那里走脱了。依我的估计,现在他应该还在东川。

听了这位云南归客的一番话,程世铎很是高兴,当即向客人拜谢,然后又戴着斗笠,穿着草鞋,星夜启程,去深入东川那不毛之地和战火之中。一路之上,既有豺狼虎豹等四脚猛兽逼近的危险,又有魑魅魍魉等两脚凶徒点燃战火的磨难。但程世铎寻父之志不可更移,即使有无穷的凶险也在所不计了。出门在外,路途劳顿那是自然而然的事,没有饭吃没有水喝也是常有的事情,尤其是到了不见人烟之地,常常是几天才寻到一点吃的。饿肚子是很可怕的,但瘴疠之气对他的四肢和骨骼的侵害更可怕,他在瘴疠之气的侵蚀下生病了,而且数次病到濒死的绝境。但这一切困难都没有打消程世铎寻父的意志,他终于从死神手中脱逃而到了东川。

然而当他抵达东川城后,却又得知父亲已到东川的郊外去了。他便又寻访到东川郊外。但到了那里,又闻说父亲去了乌蒙,即云南的昭通。于是程世铎又马不停蹄地去往乌蒙,终于在那里见到了失踪多年的父亲。然而当父子俩相见时,俩人都互不认识,唯有通过交谈,口音相同皆是徽州话,而且细叙籍贯、年岁、姓名等信息,遂互相认知。父子俩自然是一番抱头痛哭。这时候,距父亲离乡外出已是二十一年了,父亲已年过半百,程世铎也已二十七岁。在交谈中,程世铎知晓了父亲在外经商遭受战乱,叔父死于乱中,寻遗骸不得,颠沛流离,毫无成就,无颜见家乡父老的千辛万苦;父亲也知晓了儿子程世铎为寻访自己万里奔波数年不断的万苦千辛。终于父子俩相互扶持着回到了阔别的故乡徽州歙县。

再说程世铎在新婚后不久就离家万里寻父,数年之中,家中全靠年轻而贤惠的妻子徐氏,殷勤耿耿地孝养着他的母亲,使他没有了后顾之忧。所以人们称程世铎与徐氏是双孝。当老少两对夫妻重新聚首时,那真是悲喜交加。

清雍正二年(1724),徽州、歙县两级衙门将程世铎夫妻双孝的事迹呈报朝廷,得到奉恩旌表建牌坊,举行崇祀典礼的荣耀。

(张恺编写)

曹孝子寻父骨传奇

徽州孝子不惜辛苦千万里寻找先人遗骸的故事,要说离奇的当属现在叙述的曹孝子的故事了。

曹孝子,名起凤,字士元,祖上是徽州人,由父亲曹子文迁居江苏昆山。曹子文把家安在昆山之后,却到西边的蜀地经商去了。开始的几年,他都按时寄些钱回来养家。然而过了几年,不仅没有金钱寄回家,而且连音信也没有了,家里人都十分挂念,却总也打听不到他的信息。

这一年,曹起凤已经十六岁了,遇到了一个从蜀地经商回来的人。他就向前问道:“老伯,你在蜀地经商,可认识家父曹子文?”

那客商回答道:“小伙子,我认识啊,我们是同在蜀地经商的,不过不在一处。”

曹起凤继续问道:“那你可知家父近在何处?为何这么些年音信全无?”

那客商见一个十多岁的少年这么一问,不由得眼圈子就红了起来,道:“啊呀,孩子,难道你还不知晓令尊他已亡故多年啦!”

曹起凤听了这个噩耗,泪水即从心中涌起,但他强忍着,即又问道:“那么家父过世在何地?”

那客商说:“孩子啊,实在抱歉,我也是听人说的,具体亡故在何地,老汉我也实在不知详情。”

他的话刚说完,十六岁的曹起凤再也控制不住心中的悲愤,大声痛哭起来,谁知竟一口气上不来而昏厥倒地。幸好周围不仅有那位老客商,而且还有其他人等,立即进行呼唤和抢救,才将这个少年孝子唤醒过来。

苏醒过来的曹起凤便决心要去蜀地,寻找父亲的遗骸归来。他把自己的想法禀告了母亲。母亲说:“孩子,你的孝心是很好的,我也不反对。但只是你,一来年纪尚小,千里迢迢,独自前往,叫为娘如何放心?二来蜀地距此甚远,而我们家境贫困,哪里能够为你筹得许多盘缠?”听了母亲的言语,曹起凤也甚觉有理,无奈只有作罢。

消息传到长洲(即苏州)潘为缙的耳中。这苏州潘氏也是从徽州歙县迁徙去的,也算是徽州人,况且他又是一个慷慨好义之士,闻同乡移民中出如此孝子,且有困难,当即解囊相助,赠给曹起凤一百两银子,派下人送去,作千里寻父的盘缠。

曹起凤得此赠银后,即要动身。但母亲还是担心他年少,难以承当此任。正在此时,曹起凤的叔叔曹尼之得知了,即说:"嫂嫂,既然侄儿年少,那我作为叔叔的,当义不容辞代侄儿前去寻访一番。"曹母说:"既是叔叔有这个心意,那就烦叔叔辛苦一趟吧。"于是,曹尼之即带了潘家所赠盘缠,自告奋勇地出发了。然而过了许多时候,曹尼之千里寻兄,毫无所获,怏怏而归。

无奈地过了几年,曹起凤已长成为二十岁的壮小伙子了。几年中,他每每思念起抛骨在外的父亲,都会悲痛欲绝。他外出寻父之志仍然坚固在心。苏州义士潘为缙闻知后,又一次赠送他银子四十两。

得到资助的曹起凤遂告别母亲和家人,动身由陆路前往蜀地。他先是借道河南省,又历经陕西省,再从陕西西南走到了成都之南。他将寻父的事情详细地写成文牒,贴在硬纸板上,然后负在背上,一路走去,逢人即哭诉询问。然而得到的皆是摇头不知的回答。真是一路走一路问,一路希望变失望。这样,他的双脚走到了四川与云南的交界处,最西还到达大渡河的上游金川。这样,过了整整一年,都没有得到父亲的半点信息。

此时,曹起凤的那点盘缠早已用尽,他一路乞讨着,又返回了成都。在成都,他有幸遇到了在那里的两位徽州和苏州客商。两位客商都为同乡孝子寻父的事迹所感动,不仅款待他数日,让他好好的休养整顿,而且联合赠他二十两银子,助他继续寻觅父亲遗骨。

经过数日休整并得到资助的曹起凤,来到成都诸葛武侯祠内,向诸葛亮的神像进行祷告抽签,请指示寻访方向。神签指示向东,于是曹起凤离开成都向东而行。

川东是层峦叠嶂的山区,道路十分险峻,一路上,曹起凤常常摔得头破血流,匍匐于乱草丛中,无人问津,只好自己慢慢地爬起身来,擦擦血迹,拂去草叶,继续前行。这一天,他来到了川东南与贵州、湖南三省交界的酉阳,时逢隆冬,空中飘起鹅毛大雪,霎时间酉阳一带山区积雪有一尺多深。走在寻父道上的曹起凤，尽管年轻体壮，但奔波了一年多、受尽长途折磨的他，再也无力前行了，他又冻又饿，晕倒在雪地中。这一倒地，竟然一连七日没有他人从此走过。其间，他挣扎着醒过来，爬过积雪，到了一个土洞子中，又晕了过去。

到第八日，有两个当地人，一个姓项，一个姓许，从这里经过，见有一群乌鸦围绕在一个土洞前，嘎嘎鸣叫着，互相间还搧扑着翅膀争斗着。项、许二人连忙走上前去，赶走了乌鸦，只见一具冻僵的“尸体”躺在土洞内。他们即用手指探到其口鼻前试试，感到尚存微微的气息，当即把他扶起。扶起时，却见他背上有一张文牒，从文牒所知此乃万里寻父的人，都交口称赞：“孝子！孝子！”项、许二人轮流把倒在雪洞中失去知觉的曹起凤背回家来。

背到家中，连忙给他饮下一碗热汤，曹起凤这才苏醒过来，浑身也回暖复苏。见被救者稍有精神了，项、许二人才问他一番经历和缘故，都为他的孝心和意志而赞叹不已。当下，项、许二人就收留了曹起凤，安排他住了下来。次日，为了使他能尽快地恢复身体，便以丰盛的酒肉来款待他。然而曹起凤不饮酒、不吃肉，只吃些素菜淡饭。项、许问他何故？曹起凤回答道：“我已立下誓言，寻不见父亲的棺木，决不饮酒食肉！”项、许见他有这番意志，自然遵依他，并更为佩服。

曹起凤住了下来，这一夜他却做了一个离奇的梦。恍惚之间，他觉得自己走进了一片荒原，荒原中有一处树林，一个老翁与几个人正坐在林中谈叙着什么。见曹起凤走进林中，那老翁突然拍着双手，哈哈大笑，道：“月边古蕉中鹿，两壬申可食肉。”这实在是两句令人摸不着头脑的话语，曹起凤也不知是何意思，不过他牢牢地记在脑海里。此时，他一觉醒了过来，便认为这或许是对自己寻父的一种暗示，于是他向项、许二人告辞，要继续踏上寻父骨骸之途。

热情的项、许二人却连忙止住他的行程，真诚地劝告道：“这里正与苗族山寨相邻近，苗人野蛮，生人冒然走近会发生意外的。况且现在正值隆冬，天寒地冻，而你先前奔走已久，身体还很亏虚，倒不如留下来再住些日子，待过了年，开了春，身体康复了再走，不好吗？”曹起凤见他们恳切真诚的态度，而屋外也确是寒风凛冽，雪盖地冻，遂依从他们而住了下来。

时光流逝，很快到了开春之日，这一天，曹起凤出行了。项、许二人还不放心他一人独行，便一起送他一程。行走间，他们经过了一片荒原，这景象正如曹起凤在梦中所见一样，而在一棵白杨树下，有不少棺木累累堆积。曹起凤见此景象，止不住的泪水夺眶而出。一旁的项、许二人见他这副情状，便立即问他何故？曹起凤揩着泪水说："眼前的景象，跟我先前做的一个梦中所梦见的情景一样，莫不是我父亲的遗骸就在这里？"说着，他把自己的梦境细细地告诉了项、许二人。

项、许道："不错，我们想起来了，有一个姓胡的徽州人居住在这里已经有好多年了，我们就去问问他吧。"曹起凤见有徽州人住在这里，自然乐意前去。

说话间，曹起凤随着项、许二人，来到了那胡姓徽州人居住之处。胡生见有徽州故乡人来访，遂即热情接待。当曹起凤问起自己父亲的情况时，胡生想了好一会，说："不错，我记起来了，十年前，是有一个姓曹的同乡人在这里经商，得病亡故，并在此安葬了，下葬时还将他随身所带的一块牙牌放进棺木之中，莫非就是令尊吗？"

曹起凤连忙道："这便正是先父了，我要将他的遗骸带回家乡去安葬。"

胡生道："你有如此孝心，当然令人尊敬。但棺木这么多，究竟是哪一棺呢？岁月已久，我也记不清了。若不通过官府批准，是不能轻易开棺查验的。"

于是，曹起凤在项、许、胡等人的引导下，投诉于酉阳的巡检官。巡检官不敢擅自做主，又呈报到知州白君之处。白知州也为曹起凤的真诚孝心所感动，批准了他的请求，并派出里长带着衙役前去白杨树下，开棺查验。

众人到了白杨树下，把堆垒的众棺分别抬下来。拂去一些灰尘，但见那许多棺木上都署有死主的姓名，然这些姓名中并没有曹父之名，那就不须打开了。唯独有一棺没有署名，遂将这个棺木启开，却见棺中仅存一具骸骨。据说，是直系血亲，血会融入骨骸中。曹起凤当场即刺破自己手指，将血液滴渍于棺中骸骨，但见那血滴很快没入骨中。这便验出棺中骨骸正是曹父所遗。而且在棺中又发现了一块牙牌，牙牌上有"蕉鹿"两个字，正如梦中所指示的，也正如胡生回忆时所讲的。曹起凤又想起了梦中老汉的话，恍然大悟道："是啊，月边古，便是胡也，胡即同乡人胡老伯呀；蕉中鹿，即指牙牌有'蕉鹿’二字。这还有什么可怀疑的呀!”说罢,曹起凤便趴到棺木上大哭起来。项、许、胡等人也觉得有理,确定此棺之骨骸是曹父的了。

在众人的劝慰下,曹起凤止住了哭泣,将棺木中父亲的骨骸小心翼翼地收捡起来并包裹好。然后,项、许二人代曹起凤在白杨树下摆设了祭祀之礼,祭拜土地神灵和众魂灵。祭奠完毕,然后以祭毕之酒肉劝曹起凤食之,项生说:“先前你说不吃酒肉,是没有见到父亲的棺骨,现今已经见到,而且收拾完毕,又祭奠过了,可以食酒肉了。曹孝子,请吧。”许生接着说:“当日我们俩在土洞中遇到冻僵的你时,那天正是壬申之日,到今天已有六十一天了,又是一个壬申之日,你梦中所见所闻,现在都应验了,这难道不是天意吗?”曹起凤听完项、许二人的话,当即感佩在心,这些日子以来,若不是他二人仗义相助我这个无亲无故的他乡人,我何能寻觅到父亲遗骸,于是双膝跪地,再三拜谢二人救助的大恩。项、许二人早为曹起凤的孝心所感,连忙扶起。曹起凤也跪谢了同乡胡生的指示之恩。随后,项、许二人又款待了两日,并都拿出钱来赠给曹起凤作返乡的盘缠。曹起凤遂拜谢二人,带着父亲骨骸回乡了。

这回,曹起凤由长江水路坐船东下,道经湖南,到了洞庭湖口,谁知狂风大作两天,舟船不能前行。同船的人怀疑有不祥之物在船上,便要全船搜索。带着父亲骨骸的曹起凤心中便不由得恐惧起来,当即暗暗地祷告洞庭湖君,看在自己一片孝心上,让狂风停息吧。说来也怪,在他暗中祷告不久,那狂风竟然渐渐平息了。于是舟船安然地过了洞庭湖口。此后,便一路顺风,平安地回到昆山家中。

到了家中,他母亲见到那刻有“蕉鹿”二字的牙牌,当即大哭道:“啊呀!这正是我串锁匙的牌子啊,你父亲出门时,拿了其中一把锁匙和牌子离去的,如今不见他的面,已是二十多年了。”于是,曹起凤重新买棺,将父亲骨骸隆重安葬在昆山城郊的朱提村,那块牙牌依旧放入棺中,陪伴着其父的魂灵一起安息。

这桩事情,发生在清乾隆十四年(1749)。孝子曹起凤为人耿直,谨慎取与,治理家庭很有法度,到老时依然康健,每月都要到父亲坟冢上,给墓边所植之树浇水,割藤除草,与其父之灵相伴许久才离去。乾隆四十九年(1784)十二月,曹起凤卒于家中,享年七十二,有子五人。

而蜀地、昆山、徽州人中,都传说着曹孝子的故事。长洲文士庄君学在任雅州知府时,闻知此事,便撰写了《曹孝子寻父骨纪略》以流传。清人彭绍升也作了《曹孝子传》,收入其《二林居集》卷23中。

(张恺编写)

金节妇慈孝记

清代,在徽州府休宁县,有一位姓胡的女子出嫁了,嫁给一位名为金腾茂的男子。但在俩人成亲生下的孩子刚满周岁时,年轻的金腾茂就一病亡故了,于是刚满二十五岁的胡姓新妇就成了一名金节妇。这时,她上有婆婆徐氏,依然健康无恙居高堂;下有幼儿金明诚,刚满周岁成遗孤。

这金腾茂在世时,只是一位贫寒之士,家无殷实之财。他这么早早一死,留下的家庭就更加贫困了。挑起家庭重担的金节妇胡氏,只有以纺织土布、帮他人缝纫衣衫来取得不多的钱财,然后买来米粟和肉菜,养活婆婆和幼儿,才使得一家生活基本如丈夫在时的水平。

然而祸不单行。年幼在怀的金明诚却早早地患上了风湿痹症,刚刚出牙,即已齿落,到了一般的孩子会走路的时节,他却不能够走路。随着时间的推移,小明诚的病却越来越重,眼看就到了生命的尽头。这对刚失去丈夫不久的节妇胡氏来说,无疑是雪上加霜、灭顶之灾了。但她毫无办法,只有抱着年幼的爱子不停地哭泣,只有向着那空蒙而虚幻的神灵祷告着:"苍天啊,神灵啊,这个孩子可是他金家留下的唯一的血脉啊!可不能让他死啊!要是非要一个人死不可的话,那我愿意以身代他而死,绝无遗憾。"她就常常这样抱着病儿祷告着。或许一个节妇的诚心真能感动神灵,这个夜里,她竟然梦到了有个神人来到她家,授给她一种神药,她即给小明诚服了下去。谁知到了第二天天明后,奇迹出现了,神话产生了,病得已到绝境的小明诚竟然从鬼门关前回来了,那些风湿病症竟然消失了。不到一年,他即成了一个强壮的孩子,比一般的孩子还要健康。金节妇想,这也许是逝于地下的金腾茂于冥中相救吧。

小明诚恢复了健康,该上学读书长知识了。但金家贫穷,不能延请师长前来讲授,也负担不起学费送他入学。节妇胡氏只有以自己在娘家所学的一点东西,亲教儿子,同时将亡夫金腾茂留下的一些书籍,督促儿子识读,这样让小明诚走上了自学之路。不过,小明诚也去乡里塾学去旁听一些学问。如此,金明诚依靠母亲的教养长大了,而且成为一位恂恂有士人品行的商人,受到人们的尊敬。同时,人们也称赞金节妇胡氏教养有方。

节妇胡氏在谆谆教养儿子的同时,也在殷勤地侍养着婆婆徐氏。随着岁月的流逝,婆婆徐氏渐渐老去,而且多病,以致后来只能坐卧在床褥中生活,不能下地。金家本是贫穷之家,哪能雇得起婢女或老妈子,因此日夜起居,全靠胡氏一人承担,从端茶送饭、洗脸擦身、按摩抓痒,到排解大小便等,都是胡氏亲手为之。这样的日子,不是一天两天,也不是一月两月,而是漫长的10年。而胡氏还要操劳纺织缝纫,去换取生活的必需,可谓艰苦备至。然而坚忍不拔的胡氏毫无怨言,也毫无怠惰之色。当人们问她为何甘心如此吃苦时,她只有淡然地回答:“我仅是尽了一个人妇的妇道而已。”

有一天,病入膏肓的婆婆徐氏,知道自己要走到生命的尽头了,就召唤儿媳胡氏到跟前来,与她诀别道:“好媳妇啊,你殷勤地服侍我这么多年,我也没有可报答你了,只愿你也能得到一个好媳妇,将来像你精心侍奉我一样的精心侍奉你,我在九泉之下也得到安慰了。”话还没有说完,便头一歪,气尽而逝。见婆婆如此逝世,节妇胡氏也是痛哭欲绝,就像当年丈夫金腾茂病故时一样。于是宗族乡党中的人们都为节妇胡氏的孝行所感动。

经商后的金明诚依靠诚信和精明,使家境富裕起来。他娶了妻子,妻子也是一个贤惠的人,侍奉婆婆胡氏,果真也像当年胡氏侍奉婆婆徐氏一样孝顺和殷勤,所以当胡氏七十五岁时还强健如常,而且膝下有好几个孙子孙女,子孙们也都遵循礼节法度,使金家成为一个和睦的家庭。因此在休宁县,人们都说,众妇女中可称为节孝者,当首推金节妇胡氏。

(张恺编写)

母慈子孝浴火记

故事发生在清代咸丰年间,那时,太平军和清政府军在徽州进行着拉锯式的战争,你来我往,你退我进,战火不断,纷争不止,虽说是互有伤亡,但受祸害最大的是当地无辜的老百姓。

话说在古老的徽州黟县城东隅住着一位叫王康泰的人,表字阶平,三岁时父亲就亡故了,早早成为一个无父的孤儿,靠着母亲抚养长大。稍长大后,母亲就送他跟从一位名叫姚森的塾师读书,或许是小康泰对读书缺乏兴趣,所以还没有完成学业,他就离开了塾学,离开了老师。不读书,干什么呢?对于徽州人来说,最常见的选择便是学经商。王康泰也做了这种选择,到了江西省凰冈的一商家当学徒,学做生意。学徒的生涯是枯燥无味的,无非是端茶送水倒痰盂,上下门板,睡柜台,吃在人后,干在人前。所以王康泰对学经商也不感兴趣了,相比之下,还是读书好,俗话说,书中自有黄金屋,书中自有颜如玉。于是王康泰感谢了亲朋的推荐,结束了学经商生涯,重新返归塾学读书求学。

吃一堑,长一智。人生的磨砺使王康泰改变了人生态度,遂从此在读书求学中刻苦起来,不分昼夜,努力攻读,成绩大进,被补进了县学,成为一名秀才。王康泰对书法颇感兴趣,悉心操练,大小楷书、行书都很见功夫,在县学内小有名气。

母亲对儿子的变化和长进看在眼里,喜在心中,尽全力去抚养他,好让在九泉之下的丈夫放心。而端正了人生态度的王康泰对母亲也笃行孝心,极尽人子之道。说话间,岁月飞驶,母亲已到九十三岁的高龄,王康泰也成了年过半百的壮年人了,因此他也更加以孝心来侍奉年事已高的母亲。

这一年是咸丰五年(1855),正是春暖花开的好时候,王康泰和九十多岁的母亲,同所有的黟县人一样,正过着安宁平静的生活。没有料到意外发生了,一支太平军闯进了深山中的黟县城。不知是因战败而逃窜,还是缺乏纪律和管理,这支太平军一路闯来,气势汹汹,杀人放火,大行恶事。闻此风声,王康泰也同许多黟县人一样，立即背着老母亲逃出了黟县城，向更深的山区六都躲避而去。然而，他们逃避的脚步没有太平军闯进的脚步快，在半途中，母子俩被乱军擒获了。

一个军中小头目面对被擒的王康泰母子，即用手中的指挥刀指着说："好啊！我们太平军是天国所派的仁义之师，而你们徽州黟县人竟不敞开城门，夹道欢迎我们，却走的走，逃的逃，把我们看作恶魔，这不是在支持一向骑在你们头上欺压你们的清狗子吗？"

听他这么一说，王康泰正要分辩几句，却又见那头目不由分说地吩咐手下道："来人，把这老太婆杀了！看她活了这么一大把年纪，也该活够了。"几个小兵听到命令，立即把王康泰的老母亲拉了出来，绑起了绳索。

王康泰一见，立即跪在那小头目面前，哭泣求道："军爷，恳请你放了我的老母亲吧，她虽然年岁已老，但她身体还康健硬朗，还可以颐养天年啊！请你让我这做儿子的代老母去死吧！"

小头目见了，冷笑了一声，道："噢，看不出你还有这一番孝心！那好，把老太婆放了，就把这位要做孝子的拖去杀了！"

兵士们立即听从命令，放了王家老母亲，把王康泰绑了起来，然后举起闪亮的屠刀。

王家老母见了，立即连扑带爬地倒在小头目跟前，哭求道："官长，你说的对，我老太婆今年已是九十三岁的人了，活在这世上已经看尽了人间冷暖，万千气象，已是活够了，就请杀了我吧。我在这世上已是没有用处白吃饭的了，而我儿子，他是个秀才，还可以为这世上做些事情，你就放了他吧。"说着，紧紧地抱着行刑的兵士不放。

眼见这母子俩互求代死、互救对方的言行，这太平军的小头目也不禁从内心有所触动。他在心中不由想道：我们太平军当年起义，也不就是为了让天下百姓能够过上太平安宁的日子吗？从南方一直打到北方，何曾滥杀过普通百姓？只是近些年，天京城内发生内讧，自家兄弟互相残杀，而凶狠的清军又要将我们太平军赶尽杀绝，才使我们这些军士们心狠手辣起来。这种作为，还是我们当年起义的初衷吗？这对母子，是何等可怜哪！想到此，小头目不禁擦了擦眼睛，向兵士挥挥手道："兵士们，看在他们母子如此慈孝的份

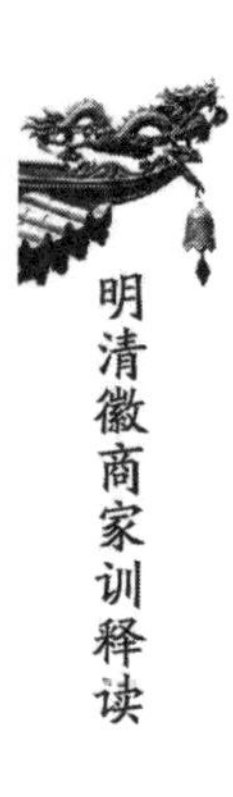

上，就把他们放了！”

兵士们听到命令，立即释放了王康泰和他的母亲。母子俩叩首致谢，尽快地离开了这是非之地。

事情过后，说起这场逢难呈祥的遭遇，人们都以为是他们母慈子孝感化之功。

（张恺编写）

天鉴精诚人钦孝

在歙县全国文物保护单位棠樾牌坊群中，有一座坊额上镌有“天鉴精诚”“人钦真孝”字牌的牌坊，建于清代嘉庆二年（1797）十一月，距离今天已有二百多个春秋岁月。它叙述着一个至诚至孝、天鉴人钦的孝子的故事。

故事的主人公名叫鲍逢昌，他是歙县棠樾村的一个普通的村民，生活在明末清初时期，那是一个改朝换代的多事之秋。鲍逢昌出生不久，他的父亲便为一家人的生计所迫，到外地寻找谋生之路。那时，腐朽的明王朝已近于分崩离析，李自成、张献忠等揭竿而起，高举起义大旗，纵横于中华大地，而关外的满清也已崛起，他们的军马也将夺取江山的锋芒逼向中原，九州赤县烽火连天。在这种混乱的世局中，一介寻谋生存的百姓，哪有安乐的信息传回故乡？然而杳无音信，又使苦守家门的孤儿寡母怀着多少殷切的期盼，一夜夜孤灯如豆，一天天风敲蓬门，年幼的鲍逢昌和母亲心中多少希望变成了失望。

时光在希望与失望的交替中流逝，转眼间到了清顺治三年（1646），鲍逢昌已是一个十四岁的少年了。这是一个初生牛犊不怕虎的年纪，他决意要外出去寻找离家多年而无音信的父亲。母亲看他年纪尚幼，不放心也不愿意让他孤身出门，但几番劝说，儿子都不改主意，也便无奈地嘱咐道：“儿啊，别看你个子已然很高，但年纪还小，外面的世道不像在家中，你可要谨慎小心哪！不要轻易相信他人，也不要怀疑一切人，总要看脸色行事。家里所备盘缠不多，你要节省着用，一路上要放好，要防止歹人。”她殷殷地嘱咐了一遍又一遍，还是把儿子送上了寻父之路。

少年的鲍逢昌离家后即向北而行。他知道自己盘缠有限，于是采取了一边乞食一边行走的办法，过了长江、淮河、黄河，一路上他也不停地打探着，不断地改变着自己的行程。经过三年的艰苦跋涉和寻找，终于在山西省的雁门古寺见到了从未谋面的父亲。同样的乡音，谈起互相知晓的往事，或许还有相通的灵犀，使他们父子相认了。此时，他的父亲虽然还是一个四十来岁的中年人，但看去却形同一个饱经风霜的老人。而鲍逢昌历经一路的沧桑，衣衫褴褛，蓬头垢面，虽是十七岁的少年，乍一看去，却也几乎变成一个小老头。父子相见，抱头痛哭，凄哀的泪水既湿透了父亲的袈裟，也透湿了儿子的衣襟，也感染了寺内众僧。原来，鲍逢昌的父亲外出谋生，到了许多地方，都没有找到适合的营生。几经波折，心灰意冷，遂产生了出世之念，打算在雁门古寺里伴着钟声与佛灯，了却自己的一生，至于家中妻儿，他也顾不得了。然而儿子千里乞食寻父的行为和发妻在故乡对他的期盼的深情，激荡了他那已惨淡多年的心田，使他重新燃起人生奋斗的烈火，于是毅然脱下了袈裟，走出了空门，随年少的儿子一起返回故里。

鲍逢昌奉父亲回归阔别多年的故里，使父母亲得到了团圆。然而，灿烂的阳光照在这个普通百姓的家没有几年，阴云又罩了下来，鲍逢昌的母亲又患上了重病。在请医生诊治后，医生说，需要一味乳香用来调药，服后方能使病情好转。然而遍访诸家药店，都缺乏乳香。在寻药中，鲍逢昌得知浙江桐庐出产乳香，于是他搭乘一只木船，沿新安江而下，去往桐庐。在桐庐，人们指引他说，乳香出在那悬崖之上，很少有人敢去采撷。鲍逢昌赶到悬崖前，只见那山崖高数十丈，悬于江边，形势十分险峻，令人望而生畏。年轻的鲍逢昌见之，也不禁心生几分胆怯。但一想到母亲重病在床，他也只有把自己的安危置之度外。他在当地人的热情帮助下，终于攀上了悬崖，采得了乳香，并安然地返回了家乡。鲍逢昌采集乳香归来，调药给母亲治病，最终使母亲的病情得以痊愈。

人们都说，鲍逢昌不远万里寻父归的孝心，感动了苍天，苍天鉴于他的精诚之心，暗中助他一臂之力，使他得以成正果。一百多年后，经乡里推荐，县和府衙门将他的事迹呈报朝廷，于乾隆三十九年(1774)奉旨建牌坊予以旌

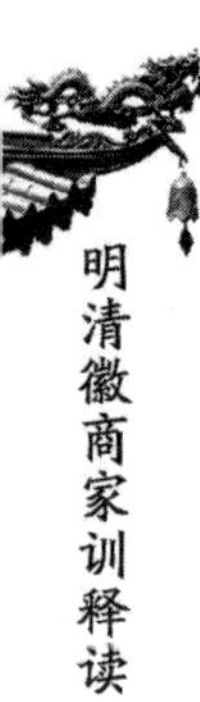

表。不过牌坊建成已是二十多年后的嘉庆二年(1797)了。

(张恺编写)

孝能养志佘善士

清代歙县岩寺镇人佘兆鼎,字扆(yǐ)凝,是一位天性醇厚的人,这从他少年时的品行就可以体现出来。那时,他正在求学之年,却侍奉父亲佘元曜到河南汴梁行商,从早到晚,关怀得无微不至,在旅邸之中表现得毫无阙失。这对一个十多岁的男孩子来说,是很不容易的。不如意的是,那里一连数年发生战乱,搅得百姓很不安宁,也阻碍了他们父子返回家乡的行程,无奈只有继续客居他乡。幸运的是战乱结束之后,父子俩不仅保住了性命,佘兆鼎还随着父亲一起返回了徽州故里。

这时,他的母亲和弟弟佘兆鼐却在家乡过着十分艰苦的生活,家中的瓶瓶罐罐都是空空的,竟没有半点储存的粮食,母子俩吃了上顿没下顿。见到这副惨状,还是未成年的大孩子佘兆鼎,心中十分不忍。他便竭尽自己的能力去找事做,去赚钱,来供养父母和弟弟,以改变家庭拮据的生活状况。不过靠一个这么大的孩子去努力,那情形一定是很艰难的。但艰苦的岁月还是一天天地过去了。

弱冠后,佘兆鼎便随着他人去往与徽州相邻的宣城经商。尽管他做事兢兢业业,勤快肯干,但因为他只是佣工,所以一年下来也没有多大的收入。于是他省吃俭用,尽力积攒得多一些,以便在岁末回乡时,让父母能够见到他一副宽裕的状况,从而获得安慰和快乐。他每隔一年回家省亲一次,每次在父母身边侍奉,也不过一个来月。但在一个来月中,他都竭尽孝顺之心,凡是父母亲心中所需要的,都尽力予以满足,即使委屈自己,也要承受顺从,从早到晚侍奉父母像个小孩一样,因此父母都很快乐,连饭量也大为增加了。

佘兆鼎忠心耿耿地帮主人经商,勤俭节约地生活,殷勤备至地孝顺父母,这使他在社会上获得了很好的声誉,不仅在本县、府、省,而且连乡邻的江苏省都有所闻。所以在康熙己未年,江苏省藩台(主管一省财赋的长官)丁泰岩知道佘兆鼎为人诚信,可当大任,竟选拔他负责赈灾大事,将数万石赈灾的粮食交给他去灾区发放。受到如此重大的信任,佘兆鼎不敢有半点懈怠与马虎。这时,他的弟弟佘兆鼒也已长大成人,并显示出干练的才能。于是他把弟弟招来,同自己一起办理赈灾大事。兄弟俩协力同心,认真谨慎,不但办事有效,而且节省开支,公正无私,赈灾事务办得很好,按例要给他升官和颁发奖金,但是佘兆鼎却坚辞不受。藩台丁泰岩问他道:“佘君,你为何既不愿做官,又不接受奖金?”佘兆鼎回答说:“这是自幼就受父亲教导的。”藩台丁泰岩遂在佘家正门两旁立下木柱,上刻佘兆鼎赈灾事迹的铭文,以表彰他的孝义精神。

佘兆鼎从来不敢在先人灵前报告自己的贤良行为,生平为人处事,都是一副谦虚谨慎的态度,不但孝顺父母,友爱兄弟,而且对亲戚、乡邻、同事、朋友等不分亲疏,都表现得恭敬忠诚,所以人们称他为“佛菩萨”。

康熙壬戌年,徽州太守林公要在岩寺镇中推举乡约的人选,并设立了“旌善”“纪过”两本册子,分别记载被推选人的善行与过错。全岩寺镇人都合力推举佘兆鼎,在“旌善”册上写满了他的事迹,最后大书道:“实行孝友,束愩其身,善人之称,遐迩啧啧。”这是对他很高的评价。徽州府司马刘公书写了“孝能养志”四字匾额以作表彰。歙县县令靳治荆则书写“一乡善士”予以旌表。

(张恺编写)

教　子

勿求珠玉富　但望子孙贤

头上有天须自畏　眼前无事更须防

事能知足心常惬　人到无求品自高

苟有恒何必三更眠五更起　　最无益莫过一日曝十日寒

惜衣惜食非为惜财缘惜福　　求名求利但须求己莫求人

——徽州楹联

蒙养教育，自古重之

豫[①]蒙养[②]教育之道，自古重之。八岁入小学，十五入大学，是以子弟无弃材，罔不成材。然此乃修身养性，道德教也，不在勋名。今者学校林立，亦有大学、中学、小学各校，其进级有差。大同之世，华夷合撰，学究中西，不得株守一家。但成人在始，始基勿坏，驯至学成，乃称完璧。推之为士、为农、为工商，分科造就，无不因教育而成，无不自蒙养而始，此蒙养之所以当豫也。

豫则立，不豫则废。勤职业，士农工商，业虽不同，皆有本职。昔韩昌黎有言曰："业精于勤"。勤则职业修，然所谓勤，非徒尽力，实要尽道。如士首德行，次文艺。勿以读书识字舞文弄法，造谣书状。在家勿以好名干公署，在邦勿以通贿玷官声。农者勿逋租税，工者勿作淫巧，商贾勿纨绔冶游，勿嗜好荡废。并不得于四民外为僧道、为胥隶、为妓馆伶台，有一于此，率非其职，务

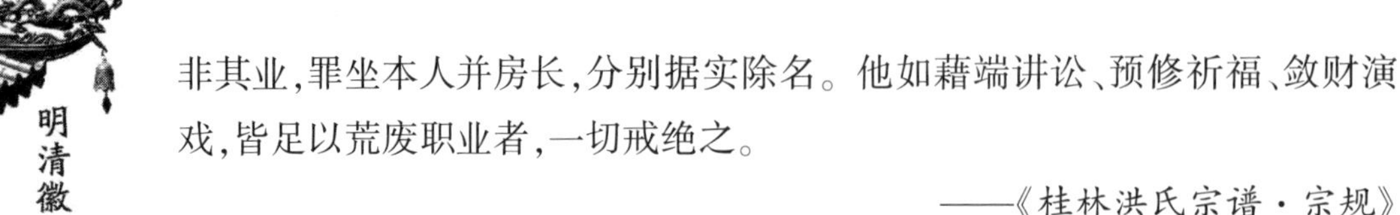

非其业，罪坐本人并房长，分别据实除名。他如藉端讲讼、预修祈福、敛财演戏，皆足以荒废职业者，一切戒绝之。

——《桂林洪氏宗谱·宗规》

【注释】

①豫：通“预”。

②蒙养：是指儿童教育。

【翻译】预先计划儿童教育之道，自古以来都非常重视。现在八岁入小学，十五岁入大学，所以子弟无不成材。然而这里讲的是修身养性，即道德教育，不在功名。今天学校林立，也有大学、中学、小学各类学校，每类都有差别。大同之世，华夷合撰，学贯中西，不能只株守一家。但要成人，在于开始。开始的基础不能坏，这才能渐渐学成，称为完璧。将来再按照为士、为农、为工商的要求，分科造就，无不因教育而成，也无不自蒙养而始，这就是蒙养之所以要预先计划的缘故。

有预先计划则能成功，没有预先计划则失败。士农工商，业虽不同，皆有本职。过去唐代韩愈曾说过“业因为勤而精”的话。勤则职业能干好，然而所谓勤，不是光尽力就行，重要的是尽道。如士，就应首先重德行，其次才是文艺。不要读点书识点字就舞文弄法，造谣生事，在家不要贪名声去公署活动，在官不要收货贿玷污官声。农者不要拖欠赋税，工者不要制作淫巧之器，商贾不要冶游无度，不要淫荡荒废。而且不得于四民之外为僧道、为官府小吏、为妓馆戏子，有一于此，都不是正当职业，一旦查出就要治本人及家长的罪，分别根据事实从宗族除名。其他如借故打官司、预修祈福、敛财唱戏，都是荒废职业的行为，一切都要戒绝。

【点评】洪氏宗族非常重视对子孙的培养。所谓“成人在始，始基勿坏，驯至学成，乃称完璧。”一个人要成人，必须重视一开始打好基础，尤其是道德基础。他们从蒙养开始，就重视道德教育，这是非常值得我们借鉴的。

做人当以孝悌忠信、礼义廉耻为主

做人当以孝悌忠信、礼义廉耻为主，本为臣忠，为子孝，居家俭，处族和，儒勤读，农勤耕，商贾勤货，举动光明，存心正大，谨戒暴怒，做事三思，凡此皆亢宗之事也。能由此者，家道兴隆，吉祥日盛。若卑污苟贱，不耻非为，浮躁狂诞，不自谨饬，逆亲犯上，不顾非议，听信谗言，疏离骨肉，懒惰不学，奢侈败荡，狠戾自用，与众不睦，破巢取卵，结党外人，轻言妄动，起衅生事，此皆辱宗之事也。倘有犯此者，亡身丧室，众所贱恶。一祸一福，皎然明白，稍知自爱者，可不知所决择乎？因书于谱以示鉴戒。

峰罗先生家书云："为人祖宗父兄惟愿有好子弟，所谓好子弟者，非好田宅，好衣服，好官爵，一时夸耀乡里也。谓有好名节，与日月争辉，足以安国家，风四夷，奠苍生，垂后世。若只求饱暖，习势利，则所谓恶子弟也。在家足以辱祖宗，殃子孙，害身家。出而仕也，足以污朝廷，祸天下，负后世。此岂祖宗父兄之所愿哉？吾愿叔父之子侄戒之。共促成我做成天地间一个完人。盖未有治国不由齐家者，不扰官府，不尚奢侈，弟让其兄，侄让其叔，妇敬其夫，奴恭其主，只要得一忍字，一让字，便齐得家也。若使我以区区官势来齐家，不以礼义相告，便成下等人耳。"观此一书，便见人当以天下第一等事业自期待，不可徒羡光荣而饱者矣，且居官齐家之法，备见数语，真有道者之言也，故录于篇以为后之有志者告云。

——《绩溪西关章氏家训》

【点评】绩溪章氏宗族家训中提出做人的标准就是八个字：孝、悌、忠、信、礼、义、廉、耻。做到了这八个字，宗族就会兴旺；违背了这八个字，宗族就会衰败。归根到底就是做人，要做个好人，这对于我们今天来说也是有教育意义的。峰罗先生更是提出了什么叫"好子弟"？他认为"好子弟"就是有"好名节"，而不是有什么"好田宅，好衣服，好官爵，一时夸耀乡里也。"说到底还是做好人才是好子弟。反观我们今天，评价自己的儿女是否成功，有的

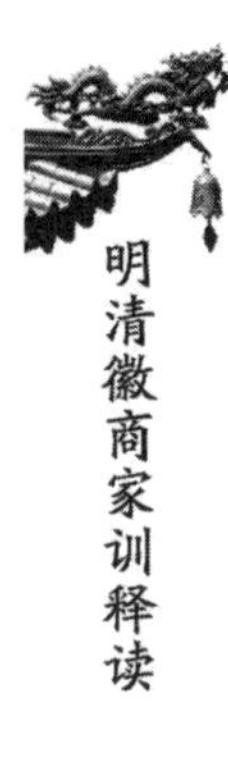

人就看他们是否有豪宅、买豪车,是否做大官、拿高薪,这些人的价值观与古人相比,难道不是天壤之别吗?

人子或因自幼娇纵,养成狠暴;或因娶妻育子,惑于私昵,遂为忤逆不孝,初犯罪该致死,姑从宽规外,倍加议罚,三犯不悛呈官置之典刑,父母姑息容忍者,并罚父母。

——黟县《环山余氏谱·家规》

人所藉以光宗耀祖者,非子孙之贤智乎,然不皆生而贤智,而涵养[①]居多。慨乎爱溺禽犊[②]者,既不能以身诲,金重义轻者,又不能聘人以诲,徒以丰硕之家,付诸不中、不才之子弟,其不殒越荡坏者,倖耳,安望其克振家声哉?故子孙须训。

——《绩溪姚氏家规》

【注释】

①涵养:是指滋润养育,培养。

②禽犊:指鸟兽疼爱幼仔,比喻父母溺爱子女。

【翻译】 人们得以光宗耀祖,难道不是靠子孙的贤明和智慧吗?但是不是所有子孙都是生来就贤明和智慧的,大多是靠培养而成的。令人感慨的是,那些溺爱子弟的父母,既然不能以身作则,教诲子弟,那些重钱轻义的父母又舍不得聘人来教育子弟,只能以丰富的家产,交给那些没用不才的子弟,这样的人能够不败坏家产,已经非常意外了,难道还能指望他们振兴家业吗?所以子孙必须要加以培养。

凡人非上智,未有不由教而善者,如古妊妇有胎教[①]之法,《礼·内则》有始学之教,皆不可不知。即今常情教小子者,能言教之称呼及唱喏[②](rě),务从容和顺,不可教以戏谑诙笑。四五岁教之谦恭逊让,以收其放逸之心,温和安静,以消其刚猛之气,有不识长幼尊卑者,诃(hē)禁之。七岁则入小学,读《蒙童杂字》《孝经》等书,即与训解,教以孝弟忠信礼义廉耻,以养其心;教以洒扫应对进退,以养其身;教以忠孝、诗章、歌咏,以养其性情。稍长而聪明者,出就外傅[3],渐次读《语》《孟》等书,庶几少成若天性,习惯如自然,而大人[4]之本实立矣。

——《黄山岘阳孙氏家规》

【注释】

①胎教:古人认为,胎儿在母体中能够容易被孕妇情绪、言行同化,所以孕妇必需谨守礼仪,给胎儿以良好的影响,名为胎教。

②唱喏:古代男子所行之礼,叉手行礼,同时出声致敬。

③外傅:古代贵族子弟至一定年龄,出外就学,所从之师称外傅。与内傅相对。

④大人:此指德行高尚、志趣高远的人。

【翻译】 常人都不具有上等智慧,没有不经过教育而自觉从善的。如古代怀孕妇女有胎教之法,《礼记·内则》篇有小孩开始学习时的教育,这些都不可不知。今天通常教育小孩,要教其怎么称呼或应答别人,一定要从容和顺,不能教他们随便玩笑。四五岁教育他谦恭逊让,以收敛其放纵逸乐之心;教其温和安静,以消除他的刚猛之气,有分不清长幼尊卑者,大人要禁止他。七岁进小学,识童蒙杂字,读《孝经》等书,并给予解释,教以孝悌忠信礼义廉耻,以培养其心性;教以洒扫应对进退,以培养其身体;教以忠信、诗章、歌咏,以培养其性情。稍长而聪明的人,逐渐读《论语》《孟子》等书,这样或许能够培养其天性,习惯成自然,而德行高尚之人的根本就建立起来了。

天下之本在国,国之本在家,家之本在身。诚意正心,所以修身也。故大学[1]之道[2],必首之以明德。《易》曰:"蒙以养正,圣功也。"[3]所谓养正者,教之以正性也。家塾之师,必择正学端严可为师法者为之。苟非其人,则童稚

之学以先入之言为主,教之不正,适为终身之误。若曰童稚无知,不必求择明师,此不知教者也。

——《新安王氏家范十条》

【注释】

①大学:一指博学;二指"大人之学"。古人八岁入小学,学习"洒扫应对进退、礼乐射御书数"等文化基础知识和礼节;十五岁入大学,学习伦理、政治、哲学等"穷理正心,修己治人"的学问。

②道:本义是道路,引申为规律、原则等。

③"蒙以养正,圣功也":启蒙是为了培养纯正无邪的品质,这是圣人的成功之路。

【翻译】 天下的根本在国家,国家的根本在家庭,家庭的根本在自身。所以有真诚的心意才能端正心思,这就是修身啊。所以大学的规律,首先是使自己的品德光明正大。《易经》说:"启蒙是为了培养纯正无邪的品质,这是圣人的成功之路。"所谓养正者,就是使自己的品性纯正。家塾的教师一定要选择那些学问纯正、品行端正严格可以学习的人来做。如果不是这样的人,则儿童学习,总是先入为主,教其不正确的东西,就要贻误其终身。如果说小孩无知,不必选择好教师,这是不懂教育啊。

居官之要

凡事据理准情,总期无愧于己,有利于物。是在虚心省察,不可偏听,不可轻举。

诫子书

《易》曰节以制度,古人俭以养廉本诸此也。人或昧此,穷而在下,不过仰事俯育，鲜克裕如。达而在上，遂竭民膏、侵库贮，无所不至，皆不节故，岂必声色之缘、饮食之奉，穷泰极奢，即慷慨不量力，罄己有限之资供人无厌之求，所谓节者安在？儿善体母心，即节之一言，终身守之，处己处人两得之矣。

与弟书

人苟洁清自好，固已迈越恒流，然或过情，矫情于义，所当得一介不取，反令后人相继勉强从事，不得不为分外之求，是防弊实以增弊也。又有忠厚长者成就后学一节之长，赞不容口，而薄俗非之，必以直言要誉致起攻讦之端，不予自新之路，是皆好名累之也。

——清 刘毓崧：《通义堂文集》卷6《程母汪太宜人家传（代先君子作）》

【点评】 这是清代后期朝廷工部主事程葆的母亲汪嫈说的三段话。程氏是歙县望族，程葆家早就侨居扬州经商，很可能是从事盐业。

“居官之要”就是在程葆做官后母亲教导他的话。意思是说凡事都要根据情理，一定要做到无愧于心，有利于物。所以必须虚心了解观察，不能偏听偏信，做事不要轻举妄动，三思而后行。

“诫子书”是汪嫈写给儿子的信。意思是说，《周易》这本书中说“节以制度”就是以制度进行节制。古人提倡俭约来培养廉洁的品质，就是根据这个道理。一个人如果不明白这个道理，穷人在社会底层，不过上养父母，下养子女，很少能达到丰裕的程度。但如果发达做了官，那必然吸尽民脂民膏，甚至贪污国家府库钱财，无所不为，这都是不懂“节制”的道理。难道非要享受声色、贪图饮食才这样吗？其实慷慨不量力而行，拿出自己有限的资财供别人无限的欲望，哪里有什么节制呢？希望儿子很好体会母亲的心，即“节制”的道理，一定要终身坚守，这样处人处己都会做得很好。

“与弟书”是汪嫈写给弟弟的信。意思是说，一个人如能洁身自好，就已经超越一般普通人了。然而如果过于矫情，自己应该得的也一个不要，反而让后人不得不跟在后面也勉强这样做，应得的反而不得，那后人只好去从事

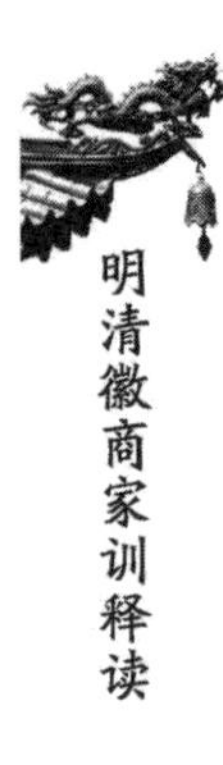

分外之求了。这是本意为防弊，结果反而是增加弊端了。这段话确实含有得与不得的辩证法，值得我们细细体会。

惟廉惟勤，镇之以静，抚之以宽

吾先世奕叶衣冠久替矣，其引之勿替是在汝，勉之哉！毋要名，毋希上官之旨，惟廉惟勤，镇之以静，抚之以宽，其庶几乎！

——歙县《溪南江氏族谱·明赠承德郎南京兵部车驾司署员外郎主事江公暨安人郑氏合葬墓碑》

【点评】这是明中叶歙县溪南里人江珍在科举及第后，被授予江西高安县知县，上任途中顺道回里探亲时，父亲江才对他说的一番话。江才在钱塘经商，是名大商人。他对儿子说，我们家先世世代为官的日子已经很久没有了，继续为官不致衰败就看你的了，要努力啊！不要贪图名誉，不要看上官的脸色行事，一味去迎合上官。一定要做到“廉”和“勤”，以静来管理地方，不要生事，以宽来抚慰民众，做到这些就基本上可以了。江珍牢牢记住了父亲的教诲，所以“高安三载，声称甚著”，显然是位清官。

做好父母官

“若知而父母遇若者乎？而民日夜望令君来，不啻父母。若效而父母，壹以遇若者遇而民，民必依矣。”每出行部，公命之曰：“齐民睹上官威仪，无如御史严甚。彼其绣衣骢马，岂直侘鄙县乎哉！务引国经，操吏治，以佐百姓，此真御史事。”御史君唯唯。居南中，独持大节，有骨鲠之风。

——明 汪道昆：《太函集》卷45《敕封监察御史何公孺人金氏合葬墓志铭》

【点评】这是明中叶休宁万安里人何积夫妇教导儿子的话。儿子科举及第,初授宁远县令,儿子辞行时,父母对他说:你知道父母怎么对你的吗?真是关爱有加啊!而老百姓日夜盼望一个好县令,无异于孩子盼望父母。你要学你的父母,像我们对你那样对百姓,百姓一定会依从你的。儿子上任后就是这样,对百姓关爱有加,因此深得民众爱戴。政绩"以卓异闻",所以提拔为南京御史。儿子也把父亲接到御史舍居住。儿子作为御史出巡时,父亲对他说:"百姓看上官出行威仪,都不如御史庄严威风。御史穿着绣衣,骑着高头大马,简直不把县令放在眼里。你一定要根据国家法律,整顿吏治,以安抚百姓,这才是真御史干的事。"儿子遵循父亲的教导,在南御史台坚持自己的风节,有骨鲠大臣之风。

要让后代成为贤子孙

吾旧有田庐,使子孙若贤,勤力其中足矣,否则必骄且怠,若增置以为赢余,是所以益其骄且怠也,岂若乐于斯乎?

——《历溪琅琊王氏宗谱》

【点评】明代祁门历溪人王泰原靠"植杉力穑"即种植杉树致富,致富后也买了一些土地。晚年财粟有余,别人劝他多置些土地以留给子孙后代。王泰原说:我原有土地和房产,子孙如果贤惠,勤劳其中能丰衣足食,否则必然骄横怠惰。如果增买许多土地,则更加剧了他们的骄横和怠惰,难道让他们乐于其中吗?父母究竟要不要给后代多留财产?王泰原的话对我们是很有启迪的。

宽一分则人受一分赐

利者,义之贼,怨之府也。宽一分则人受一分赐,子孙其罔或严刻贾怨,裕乃利,污乃心。

——《历溪瑯玡王氏宗谱》

【点评】明代前期,祁门历溪王珮也是一名商人。平时与人交往,表里如一。始约坚持"君子爱财,取之有道"的原则。涉及钱财出入,"惟以宽得众心"。上面的话就是他教育后代时讲的。意思是说,"利",是最容易害"义"的,也是招人"怨"的根源。待人一定要宽一分,这样就能受一分之赐。子孙后代千万不要刻薄招怨。因为多了你的利,也就污了你的心。

与人一钱须足十分,与人一两须足十钱。至于取人则钱不计厘两,不计分,毋必取盈以招怨谤。

世态俭方好,人情淡是长。

——《历溪琅琊王氏宗谱》

【点评】上面两段话是明代祁门历溪人王珮的父亲王坤周所说的。坤周虽然是商人,但在钱财上决不斤斤计较。他常对后代说:"与人一钱银子一定要足十分,与人一两银子一定要足十钱。至于售物取人银钱,则不应斤斤计较厘两分,千万不要取满以招人怨谤。"他是这样说的,也是这样做的。凡是穷人有向他贷谷者,多年不能偿还,他遂取夙课尽焚之,唯恐后人凭此追征以厄贫苦,所以他的儿子皆能做到宽以怀众,益有家声。在谈到人情世故方面,他又说:"世态俭方好,人情淡是长。"世间还是以崇尚勤俭为好,人情交往只有淡如水才能长久。确实如此,那些靠金钱维系关系的酒肉朋友,有几个得以长久?

戒子箴

勤以克家,俭以节用,敦孝为急,祀先为重,毋怠而荒,毋骄而纵。

戒孙箴

德为保身之本，善为集福之基。奢为覆家之兆，傲为害己之锥。恒存清苦之操，严绝游宴之私。

——清 黄治安纂修：《休宁古林黄氏重修族谱》卷9《文中懿明公传》

【点评】 以上《戒子箴》和《戒孙箴》是清代休宁黄懿明写的。他虽然是个商人，但对子女教育非常重视。他写的《戒子箴》明白易懂，确实是立身之要。只有勤劳才能使家庭兴旺，只有俭约才能做到节用。对长辈孝顺是当务之急，按时祭祀祖先是重要之事。不要怠惰而荒废自己，不要骄横而放纵自己。他的儿子将此箴书成条幅挂在房间，每天都要温习一遍，时时警醒自己。他写的《戒孙箴》也非常好。良好的道德是保身之本，与人为善是集福之基。生活奢侈是败家的先兆，骄傲专横是害己的利锥。要常存清苦的节操，杜绝游玩吃喝的私好。做到这些，长大后就可以继承父业并光大家声了。诸孙也牢记在心，佩服不忘。黄懿明戒子戒孙的话对我们今天如何做人做事也是很有启发的。

不要做守钱虏

傥来之物，鸠而不分，是守钱虏耳。顾散亦有道，纵意挥霍以为豪举，吾亦无取焉。

——清 方浚颐：《二之轩文存》卷31《朱莲塘封公墓志铭》

【点评】 清代商人朱宗潘，先世从婺源迁到泾县黄田，遂为黄田望族。历游湘、鄂、闽、粤、吴越间，束躬勤俭，遂致饶裕。他对儿子说："傥来之物，鸠而不分，是守钱虏耳。顾散亦有道，纵意挥霍以为豪举，吾亦无取焉。"就是说意外得到的钱财或做生意赚来的钱财,如果攒而不用,就是讨财奴。但用也要用在该用的地方。随意挥霍浪费以为是豪爽,我是不赞成的。朱宗潘就是这样做的。他在致富后"一志为善",干了无数的好事。宗谱记载:他"建义仓,立义学,置义山、义田,见义必为。常若不及于乡邑,修榔桥河、浙溪、涌溪三石桥于长沙,修官道暨长寿街,大路至数百里。于平江修龙门、义口两桥,兼造航以利济。于广东佛山、福建延平、江苏、江西河口等处,置漏泽园,设育婴堂,所至为众善倡。江右兵燹后,岁洊饥,饿莩载途,沟瘠枕藉,爰自湘鄂购运米菽以赈之,并分路资遣流亡,全活无算。先后收瘗骸骼六千有奇。平居施药、舍棺、给衣、散粥无虚日。遇族党艰于婚娶丧葬者,厚佽之,各如其愿。扶持颠危,排解纷难,善言善行,难更仆数矣。"他还为了培养一方人才,独力修建郡学,花了四年时间,耗费四万两银才建成。地方官将其事迹上报,皇帝命地方官给银为他建立牌坊,以示嘉奖,成了当地的殊荣。家谱载谓:"综计生平,善举所费数十万金,无吝色亦无德容。故管财五十余年,时聚时散,而故业不加增。"朱宗潘的言行就是在今天也是值得学习、值得提倡的。

家训

居家毋奢,行义毋吝。

——道光《昆新两县续修合志》卷33《人物·好义》

【点评】这是朱大松的家训。大松是个商人,先祖是婺源人,由于在昆山经商,乃在此入籍,就成了昆山人了。大松继承祖业,成为著名商人。他对后人的训词就是:"居家毋奢,行义毋吝。"意思是说居家过日子不能奢侈,但遵义行善却不能吝啬。方志说他"两世皆好施"。他就是在先人的影响下,做了大量公益之事。道光三年(1823)当地发生水灾,"穷民行乞于路,大松饥者食之,寒者衣之,又捐米数百斛协赈昭文县灾黎。"县志七十多年未修,县里聘邑中耆旧数人设局分纂,"一切薪水、修金独立捐办,费五六千金"。他还"立义庄,建祠其中,拨田千亩有奇济贫族。"此外,"凡修桥、平路、筑闸、浚河,及普济、育婴、敦善堂务不给,皆出赀佽助。”他以自己的行动做出了“行义毋吝”的榜样。

不必为子孙图富贵,当为子孙积阴德

岂穷人不能乐善耶?功德不论大小,善果一耳。不必为子孙图富贵,当为子孙积阴德。不必为家室博荣华,当为家室勖勤俭。

——民国 俞隆奎纂修:《泗水俞氏干同公支谱》卷末《德富公传》

【点评】 这是俞德富所说的一段话。俞德富家中很穷,完全靠他每天在外佣工,换来一些米粮赡养父母。凭自己的劳动稍有积余,见到公益就捐输不吝。当事者看他家中贫困就拒收他的善款。俞德富就说了上面这段话。意思是说,难道穷人就不能以行善为乐了吗?行善功德不论大小,能够获得善果应是一样的。不必为子孙图富贵,应当为子孙积阴德。不必为家室博取什么荣华,应当勉励家室养成勤俭品质。

训儿两则

人不读书,安能识礼义而知廉耻?

虽啜菽饮水,非义之财不取,吾人不能致身通显,守分安命则足承先启后也。

——清 倪愚山等纂修:《祁门倪氏宗谱·崇本堂景云公事状》

【点评】 这是清代祁门人倪见龙说的话。见龙生于商人之家,但并不富裕,而且在太平军占领祁门时,十四岁的他被抓到军中,带到南京,过了几年才乘机逃脱,谁知刚坐上船就被发现,后有太平军的追兵,前又有太平军拦截,见龙呼天无路,只好跃入江中,随水漂泊。幸遇民船救起,历尽千辛万苦,才逃回家中,此时见龙已经六年没与家人见面了。骨肉团圆,悲喜交集。以

后他应聘为别人的家庭教师，所谓以舌耕糊口。他常教育后代：“人不读书，安能识礼义而知廉耻？”所以他在非常困难的情况下，也要让子弟读书。后来年老赋闲家居，常对儿子说：“虽啜菽饮水，非义之财不取，吾人不能致身通显，守分安命则足承先启后也。”意思是一个人虽吃豆羹、喝清水，如此清贫也要做到不义之财不可取。我虽不能科举入仕，致身高官，但坚守本分、安于命运也足以承先启后也。

祁门冯氏家训（摘录）

子弟幼小，且令读书事六艺，勿令逐商贾誉门户。父兄之贤，当延明师以教，毋吝束修贽师之礼。古云“卖金买书读，读书买金易”，诚哉是言也。纵使命运未通，未能成大贤，亦不失为礼义之士，诗书之家也。果若鲁钝，不能成学，方听事田园名户商贾，亦不为迟。然商贾之利有时而尽，学问有成之利无可穷尽，子孙有识者鉴之。

子弟出入居处，必有交游之人，当择端庄之士、尚礼义廉耻者，庶几过失相规，闻善相告，而行己接物之有益也。苟或言行诡谲，心地不庄，快于讲法，勤于逞讼者，敬而远之。

男子家门不和，皆由惑于妇言。男子刚肠几人，古人尚如此，况今人乎？为子孙者当明于烛察，勇于裁断，妇言自不能入矣。妇言见几而从化，渐无言矣。古人刑于寡妻，信哉。

商贾货殖亦治生之一助，古人谓之废举。谓物贱则人皆废而不举，我则举之而停贮之，贵则卖之也，又谓之人弃我取。即废举之义，大要先存心地及于货物之真，勿以水和米、灰插盐、油乱漆、大称小斗、轻出重入，如此则坏了心术，纵然得利，而造物者之不饶人也。

子孙仕宦，不拘职任内外大小，皆当存心于忠君爱民，廉以律身，仁以出治，恕以处事，宽以御众，而辅之以勤谨和缓、公正明决，未有不保终者。设不幸而横灾抚抑，亦安于天命，但思己无所以致之之由，则君子奚愧焉。

——清 冯光岱纂修：《祁门中井河东冯氏宗谱》卷1《家训》

造物生财，当为造物用之

造物生财，当为造物用之。若坐视乡人之颠连，而积所余以为子孙温饱计，吾不忍为也。

——清 黄开簇：《虬川黄氏重修宗谱·义先公老人传》

【点评】这是清代黄利中说的话，利中，歙西虬村人。兄弟四人，利中老三，老大老二相继病故。先世以务农为业，家境贫寒，而且七岁丧父，与母相依为命。力田之暇，学习刻书。先刻些童蒙读物在村中销售。由于他对刻技精益求精，所刻之书深受欢迎。凡经史、古文、诗赋、试艺各种书籍，他无所不刻，事业渐渐发达，家境也转贫为富。虽然他富有了，但是他"益自刻苦，布衣蔬食，淡薄自甘"。家中备有一个小箱子，平时都上了锁。一有积蓄就放进去，年底则拿出他日积月累辛苦积攒的钱来接济乡里穷人。有的因欠官粮交不起，而卖子以偿者，利中立即拿钱赠之将子赎回。其他贫不能娶、丧不能葬者，也慷慨资助之。

康熙五十七年(1718)，大水为灾，米价腾踊数倍，各乡富裕之家皆买粟转输以散其族党。而利中所居之乡无富有之大商人，他就慨然拿出其平时所积蓄的一百余两银子，亦买粟以给诸乡人，乡之中遂无饿死之人。而自己的儿女虽啼饥号寒却不顾也。虬村有聚源桥，岁久倾圮，往来者苦之，利中亦捐赀修造，以便行人。其生平嗜义必为，有如饥渴，而恂恂敛默，晦不求名，无矜容，无德色。有人劝其积所余以造房购产，为子孙计。君慨然曰："造物生财，当为造物用之。若坐视乡人之颠连，而积所余以为子孙温饱计，吾不忍为也。"造物即造物主，此指上天。意思即说上天创造了所有财物，这些财物是给天下人用的。如果对乡人忍饥挨饿而熟视无睹，自己积余的钱财只为了子孙的温饱，我决不忍心这样做。他的行为确实表现了一位徽商的高尚的思想境界。

吴三惜之训

昔人有言,闻一善言,见一善行,行一善事,此日方不虚生尔。尔曹其勉之。

——清 吴公洋纂修:《歙县长林吴氏宗谱·清处士三惜吴公传》

【点评】 吴如庆,别号"三惜居士",是歙县长林人。《明史·周新列传》劝谕世人:"君子有三惜:此生不学,一可惜;此日闲过,二可惜;此身一败,三可惜。""三惜居士"之名就是由此而来。为了养家,他一直在北方甚至塞外做生意。父亲年老后他就回到南方经商,以便于照顾双亲。侨居广陵(扬州)期间,乐善好施,做了大量的公益和助人之事。他待人多恕,但教子极严。诸子学习之暇,辄召之面前,和他们谈论古今成败之事,娓娓不倦。并对他们说:"昔人有言,闻一善言,见一善行,行一善事,此日方不虚生尔。尔曹其勉之。"所以他的几个儿子个个醇谨成人,次子吴金绶在学界颇有名声,很多行为受到大家称赞。人们都认为之所以如此,完全是得自于家庭教育。

李有炳的家训

凡事以勤成以惰败,勤且不给,惰复何为此?

俭朴终有益,虚华不到头。

轻人轻自己,重人重自身。

俭要俭自己,不可悭于人。

——民国 李世禄纂修:《黟县鹤山李氏宗谱》卷末《庆堂公查家岭阡表》

【点评】 这是黟县李有炳说的话。有炳是清代嘉庆年间人,当时家庭贫穷,只得经营于外,逐渐富裕。这些话一代代相传,有炳传给儿子,儿子传给孙子,孙子传给曾孙,以上就是曾孙李宭记录下来的,并镌刻在李有炳的墓表中。

李宭在墓表中写道,当年读书准备参加科举时,稍有懈怠,就必然听到祖父的训责:"你曾祖父一生忧勤惕厉,曾对人说:'凡事以勤成以惰败,勤且不给,惰复何为此?'任勤耐劳是我们的家法,你们一定要牢记在心。"当家中生活逐渐富裕后,我们后人一旦有点奢侈,就必然听到祖父的训责:"你们曾祖父一生节约,俭以成家。他曾说过:'俭朴终有益,虚华不到头。'这种勤俭守朴也是我们的家法,你们一定要遵循勿失。"当我们待人接物,稍有怠慢之处,祖父也必然引用曾祖父之言对我们训责:"你们曾祖父一生庄敬,从不怠慢别人之事。他曾说:'轻人轻自己,重人重自身。'这是你们曾祖父留训后人待人接物之遗规,你们一定要谨遵勿违。"在内外相处中,我们有时对某人或某事,俭的过当,祖父也立刻引用曾祖父之言对我们训责:"你们曾祖父一生仁厚,从没有薄待过别人。他曾说:'俭要俭自己,不可悭于人。'这是你们曾祖父留训后人处世处财之规矩,你们不可违背啊。"其他如乡邻中有为子而不孝,为弟而不悌,为父而不慈,为兄而不友者,亦必闻吾祖引曾祖父之言行,相劝谕曰:"我父亲之言如何如何,我父亲之行如何如何。"在他的劝告下,不少人也认识到自己的错误,加以改正。

李宭在墓表中还写道,曾祖父排行第三,他孝敬父母、友爱兄弟,在地方上都是出了名的,很多人都以他为榜样。在他的教导下,李宭祖父也完全效法他。光绪二十一年(1895),福建大水,灾鸿遍野。正在福建经商的祖父倾囊相助,事后还受到皇帝诰封。后来祖父要将曾祖父母合葬,命李宭给曾祖父母写墓表。李宭初以没有以幼诔长之义请辞,不久就接到祖父长信,谈到了此举的深意:"你来信所说的道理我不是不知道,然我之所以要你写,有深意在也,既然不能竭力以求不朽之文,传仙人不朽之业,又不命你父亲而命你们兄弟者,是我希望汝辈切记先世积累为善之报,当在汝等也。我与你父亲一生混迹市廛,抚衷自问,虽无愧自己一生,然显扬父祖之事则实缺焉,是我与你父亲所切望于你们兄弟者也。我已年近古稀,你父亲亦将半百,惟你们兄弟晚出,既未亲闻曾祖之训诲,吾又当垂老之年,无精力以教尔等。你们父亲又在他乡经商,亦是负担过重,今你们兄弟已渐渐长大,将来事业所食报于

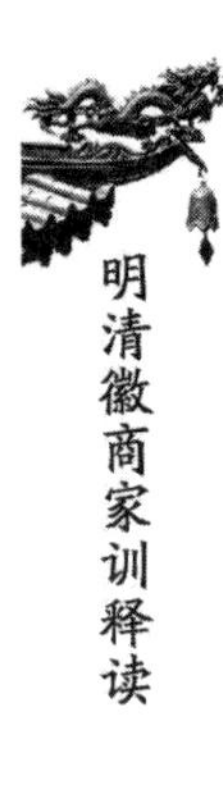

先人者,尚无穷期,我与你们父亲对你们寄予厚望啊。今命你等谨表曾祖父之墓者,就是担心言出于我口与汝父口,你们或有可能忘记,今让你们自己写出来,则汝曾祖之遗训,汝辈当勉而毋忘。”

从上述情况来看,李窘祖父为了教育后代,真是用心良苦啊!

教子应该尊师

欲教子而不知尊师,先失其所以教子之具矣。世俗待师如佣如匠,其有抱负者必不肯受人侮,其受侮而甘就馆者,必无学识而食于人者也。况为父兄者有所挟而慢师,其子弟尤而效之,倨傲之习梏其灵,安能虚以载道?伪饰之念动于中,又安能诚以受教哉?

——《高阳许氏宗谱》

【点评】这是清末徽商许日晭讲的话。本来想走读书科举之路,因家庭困难,不得不舍儒而贾,惨淡经营,始终不懈,家道渐隆。但他乐善好施。每年除夕前,他都打开自己家的粮仓,派人舂米数十石,挨户馈送,无亲疏必遍,其老者、贤者并馈以酒肴米烛等物。邻里族党无不感激万分。

他有感于世间师道不立,故对别人说了这样一番话。意思是教育子弟而又不知尊重老师,这就先失去了教子的前提了。世俗待师如待佣工或匠人,那些有水平有抱负的人必不肯受人侮辱而不来,那些甘愿受侮而来当老师的,肯定是没有学识而只是待食于人者。况且为父兄者如果以为自己有一技之长而怠慢老师,其子弟必然效仿,倨傲之习就禁锢了他的灵性,怎么能虚心学习那些伟大的道理?伪饰之念一旦在心中萌发,又怎么能诚恳地接受老师的教诲呢?

财要积而能施

财者不学而俱欲,能积而不能施,必犯造物之忌。不惟无益于子孙,且足以贾祸。

——《周氏宗谱》

【点评】这是徽商周彩富说的话。周彩富由于继承了父祖之业,家故饶裕。但他深知积财守财的辩证法。他曾对人说:“财者,即使不学习的人都想要,但如果只积财不能施财,必犯造物主的忌讳。不知散财的人不仅对子孙毫无益处,而且足以招来灾祸。”有了这样的认识,所以他振人之急唯恐不及,与人为善惟日不足。而他却自甘淡泊,布衣蔬食,竹杖芒鞋,出入闾巷。走在路上,哪个会知道他家是非常富有的呢。至其赋性温恭,恂恂唯谨,所以宗族乡党对他赞不绝口,皆知有这样的父亲,其后人必定昌盛,可谓一乡之善士。

徽商的教子与嫁女

教子、嫁女,人之常事。但不同的人由于价值观不同,教子与嫁女的做法就会千差万别。近来检阅有关史籍,发现几条徽商教子嫁女的材料,很有意思,读来也颇能发人深思。

清代嘉庆年间的许仁,字静夫,号耕余,徽州歙县人。他从小聪颖好学,因家境贫苦,只得弃儒经商。许仁贾而好儒,经商之余,仍然孜孜不倦地读书,“夜执卷吟哦,每至烛见跋(尾)始休”,著有《丛桂山房诗稿》行世。许仁也做过大量善事。道光十年(1830),芜湖发大水,凤林、麻浦二圩堤溃,圩区一片泽国。许仁正好从汉口来芜,见此情形立即主持救灾,采取“以工代赈”的办法重新修筑圩堤。第二年春天,堤防刚刚竣工,夏季洪水又来袭,漫圩堤丈许。许仁又毅然担起赈灾责任,他雇船“载老弱废疾置之高地”,“设席棚,给饼馒,寒为之衣,病为之药”,还为农民代养耕牛;水退之后又分发麦种,“倡捐巨万,独任其劳,人忘其灾。”许仁曾制定凤林、麻浦《二圩通力合作章程》十六条,让百姓奉行。正因为许仁为芜湖百姓做了这么多好事,所以他去世后,“芜湖人感其德,请于官,立祠于凤林圩之殷家山,祀焉。”一个商人,能够得到百姓如此真心爱戴,真是难能可贵。许仁有四个儿子,第三子许文深曾为海南巡检(从九品官),赴任之际,许仁特意写了一首《示儿》长诗,诗云:

> 昨读尔叔书,云尔赴广东。交亲为尔喜,我心殊忡忡。
> 此邦多宝玉,侈靡成乡风。须知微末吏,服用何可丰。
> 需次在省垣,笔墨闲研攻。懔慎事上官,同侪互寅恭。
> 巡检辖地方,捕盗才著功。锄恶扶善良,振作毋疲癃。
> 用刑慎勿滥,严酷多招凶。勿以尔是官,而敢凌愚蒙。
> 勿以尔官卑,而敢如聩聋。我游湘汉间,声息频相通。
> 闻尔为好官,欢胜列鼎供。况承钜公知,宜副期望衷。
> 勉尔以篇章,言尽心无穷。

这件事及诗文见于《歙事闲谭》卷七。意思是说,昨天接你叔叔来信,得知你将去广东赴任。亲戚都为你高兴,我却为你担心。为什么呢?听说这里盛产宝玉,奢侈靡费已成风气。你要知道你只是一个微末小吏,衣服日用怎能贪图享受呢?你还要到省里等候补缺,一有闲空就应刻苦读书。对待上司要小心谨慎,对待同事要谦逊有礼。你担任巡检一职,稽查捕盗才能立功。你一定要锄恶扶善,不能尸位素餐。用刑一定要谨慎,滥用严刑必然招致祸端。你不要以为你是个官,就敢欺压百姓了,也不要以为巡检只是一个小官,就可以装聋作哑,敷衍了事。我在湘汉经商,信息还是灵通的。听说你是好官,我会非常高兴。况且你被任命,是得到上级的信托,就不能辜负他们的期望。这篇勉励你的文字虽短,但我心里对你的期望是无穷的。

儿子接到这首诗后,自然非常感动,史载许文深“官佛山时,常悬座右,故能廉洁自守,民情爱戴”。显然他是牢牢记住了父亲的教导并努力践行的。《松心文抄》云:“小琴(许文深字)官粤三十余年,九龙司、五斗司、沙湾司三任巡检,勤于缉捕,所至咸得民心。去任之日,士民沿途欢送,去后犹称道不衰。”显然他没有辜负父亲的谆谆教诲,成为一位造福一方、口碑甚佳的好官。

另有一位徽商吴廷枚,歙县人,寓居江苏东台安丰镇,平时经商之余好学耽吟,曾著有《鸥亭诗钞》。女儿出嫁时,他没有大操大办,作为商人,他不是没钱,但他并没有为女儿准备丰厚的嫁妆大摆阔气,而是写了一首《嫁女诗》赠送女儿:

> 年刚十七便从夫,几句衷肠要听吾:
> 只当弟兄和妯娌,譬如父母事翁姑;
> 重重姻娅厚非泛,薄薄妆奁胜似无;
> 一个人家好媳妇,黄金难买此称呼。

这个故事保存于嘉庆《东台县志》卷30《传十一·流寓》。吴廷枚教育女儿到了夫家后,要把妯娌当成自己的兄弟一样和睦相处,对待公婆要像对待父母一样孝敬。夫家的亲戚很多,都要热情相待。我给你的嫁妆虽然不多,但比没有要强吧。你要知道,如果别人夸你是人家的一个好媳妇,这是黄金也买不到的啊。短短八句诗表现了一个商人不跟风摆阔、崇尚孝义的不俗境界。

两个普普通通的商人无论教子还是嫁女,都有一个共同点,就是教育他们如何做人。做官要当一个清官,做媳妇要做一个好媳妇。他们为什么能有这样的境界?不仅是他们有文化,最重要的是明事理。他们知道,这是做人的底线和准则,越过了这个底线,违背了这个准则,绝没有好结果,这是被无数事实证明了的道理。历史是一面镜子,在这个镜子面前,我们今天应得到借鉴。

读书当知做人为本

(胡作霖)闲居喜聚家人谈古今名人嘉言懿行,尝教其子曰:“读书非徒

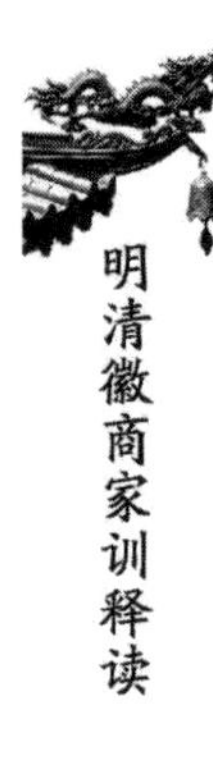

以取科名，当知作人为本。”噫！斯言也，在当时呫哔[①]括帖[②]之士，盖有不知者。而先生醰醰[③]然有味言之，诚杰士也哉！

——民国《黟县四志》卷14《胡在乾先生传》

【注释】

①呫哔：同占毕，泛指诵读。

②括帖：比喻迂腐不切时用之言，泛指科举应试文章。

③醰醰：音“谭”，醇厚有味。

【点评】胡作霖，字在乾，是清代黟县商人。晚年在家闲居时经常与家人谈论古今名人的言论和事迹，以此教育家人。他教育儿子说：“读书不是仅仅为了猎取功名，要学会做人的道理，这才是根本啊！”所以时人评价说，这样的话对于当时那些一心想读书做官的人也是不明白的。而先生能说出这样醇厚有味的话，真是杰出之士啊！作为一个商人，胡作霖有这样的思想境界，真是难能可贵啊。

读书以立品为主

君（许浩，清歙县商人）教子读书作文之法，谆谆曰：“作文以读书为主，读书以立品为主，贪作文而不多读书，犹之莳（shí，栽种）无根之花，虽得一二日妍丽，其萎可立待也。勤读书而不知立品，譬之敝篋败簏亦尝贮典籍其中，人能使敝篋败簏不沦于粪壤芜秽者哉？”

——清 汪惟宪：《积山先生遗集》卷9《许藻园行状》

【点评】许浩关于作文与读书的议论很有道理。他认为，作文以读书为主，读书以立品为主，即读书的目的是为了树立良好的品德。一味去作文，而不去多读书，就像种植无根之花，虽有一二日妍丽，很快就会枯萎。勤读书而不知立品，就像敝篋败簏也曾装过典籍，但并不因此就使敝篋败簏高贵起来，最终敝篋败簏还是要沦为装那些肮脏污秽东西的盛具的。换句话说，人读书不能立品，最终还是会沦为不好的人。许浩的话，真值得我们三思！

读书必体诸身而淑于世

名为读书人，必要宅心忠厚，无坠先传。求古人嘉言嘉行，必体诸身而淑于世，岂特尚文词、博富贵，以夸荣乡里而已哉！

——民国《黟县四志》卷14《汪赠君卓峰家传》

【点评】 这是清代黟县商人许源教子说的一番话。许源平时很注意家风的培养，他"律己綦(qí，极)严，喜阅先贤格言"。他更注意对子弟的教育，要求子弟读书，要心存忠厚，不要丢失祖宗留下的好东西。读古人嘉言嘉行，一定要身体力行，从而有助于社会，而不是为了显示文词、博求富贵以夸耀乡里！有这样的教育、这样的家风，所以他的子孙皆能谦虚谨慎。许源家风受到当地人们的一致称赞。

为何读圣贤书

读圣贤书，非徒学文章掇科名已也。

——《婺源县志稿》

【点评】 这是晚清婺源人程执中教育子弟的话。作为一名商人，他非常服膺宋代理学奠基人程颐提出的"四箴"，即视、听、言、动。他认为读圣贤书，不能仅仅为了学文章、取功名，更重要的是立品做人。所以在他的影响下，子弟"虽营商业者，亦有儒风。"这就是家风的力量。

十二字箴言

我祖宗七世温饱,惟食此心田之报。今遗汝十二字:存好心,行好事,说好话,亲好人。

人生学与年俱进,我觉“厚”之一字,一生学不尽亦做不尽也。

——民国 吴吉祜:《丰南志》卷6《艺文志·显考嵩堂府君行述》

【**点评**】清代康熙、乾隆间歙县盐商吴鈵,平生仁心为质,晚年谆谆教育儿子,讲出了上述这番话,可谓他一辈子的人生体悟。他的儿子们后来虽然中了进士,做了大官,但仍然牢记父亲的教诲,身体力行。这十二字可谓“箴言”,要真正做到可就不容易了。“厚”,就是仁厚、宽厚,待人处事,以“厚”为本,我们的家庭和社会就和谐了。

家风正,儿成人

家风如何,对子弟的成长影响极大。家风就是无形的老师,处处时时都在引导着子弟。家风正,子成人;家风歪,子成灾。无数事实证明了这一点。

这里给大家讲一个家风正、子成人的故事。

清代洪乘章,祖籍是徽州人。大约在明代末年,祖先到宁波经商,看到这里环境不错,也就迁居到这里,到乘章这一代已经传了七世了。

按照徽州的习俗,乘章从小就开始读书,而且读得很不错,老师都认为他如果坚持走下去,蟾宫折桂,定当可期。无奈命运之神并不眷顾他,就在他年轻的时候,连续遭到父亲、母亲、兄弟之丧,家境顿时一落千丈。他只得弃儒服贾,转而为商,挑起大家庭的生活重担。

过去,上有父母、长兄,天大的事由他们顶着,如今只有自己,还有一个有病的弟弟,已去世的兄和弟还丢下了几个孩子,这个大家全靠洪乘章一个人来撑。

乘章感到,这样的大家庭一定要和睦团结,而要做到这一点,自己必须公正无私,要把侄儿当成自己的儿子看待。要培养一个好的家风,这就要从我做起。他一方面经商,一方面照顾大家庭。对已成孤儿的侄子特别优待,衣食婚嫁,一手操办,几十年如一日。

当他第一个儿子出生时,弟弟病情却加重了,拉着乘章的手哭着说:“哥哥肯以此子破例,让他做我的儿子吗?”乘章泪眼汪汪,点头答应。弟弟虽然去世了,但有了这个儿子,总算没有绝后。

乘章自少废儒业,但对读书却有浓厚兴趣,经商之暇,总是捧着书本。很多古文名篇都能背诵。有时和客人喝酒,酒酣之际对客背诵,虽是长篇,但不

错一字,实在令人惊叹。乘章之所以这样做,实际上也是一种身教,是做给儿侄们看的。

正是在乘章无形的带动下,儿侄们也都爱读书。乘章为他们请来了当地有名的教师来教导他们。他自己常和别人说:“我平时自奉俭朴,但为子侄的教育我舍得花钱。花在教育上的钱是不会白花的。”

每当诸子在塾中上学,他都在家中等着他们放学回来,问他们在白天学的内容。孩子们作文,他一定拿来亲自过目,看到他们进步就十分高兴,看到不足,就给他们指出不足之处。他常对子侄们说:“你们读古人书,一定要探究其深意,而且要照着去实行,这对自己才有帮助。”

由于乘章培养了良好的家风,形成了好学上进的正气,所以几个子侄都相继进了县学,成了诸生。后来还相继取得科第功名。虽然此时乘章已经去世了,但乡邻都说,这家孩子如此有出息,都应该归功于洪乘章的教育有方,归功于洪氏家风正啊。

(事见徐时栋:《烟屿楼文集》卷26《赠文林郎山东临淄县知县洪君墓表》)

寡母教子有方

提到历史上母亲教子的故事,恐怕最著名的就是“孟母三迁”和“欧母画荻”的故事了。

所谓“孟母三迁”,指的是战国时孟子母亲为教育孟子三次搬家的故事。孟子小时候,父亲就死了,母亲仉氏守节,决心把孟子培养成人。起初,他家居住的地方离墓地很近,孟子很快就学会了那些出丧时亲人捶胸顿足、痛哭哀号的动作。母亲想:“这个地方不适合孩子居住。”就将家搬到街上,因离杀猪宰羊的地方很近,孟子又学会了做买卖和屠杀的一些动作。母亲又想:“这个地方还是不适合孩子居住。”第三次又将家搬到学宫旁边。夏历每月初一这一天,官员进入文庙,行礼跪拜,揖让进退,孟子见了,一一记住。孟母想:“这才是孩子居住的地方。”就在这里定居下来了。

“欧母画荻”,说的是北宋大文豪欧阳修的母亲教子的故事。欧阳修四岁丧父,母亲郑氏守节自誓,亲自教育欧阳修。由于家庭困难,不能让欧阳修入学,也买不起纸笔,母亲就用芦苇杆(荻)当笔,在沙地上写字教儿子。儿子很快就认识了不少字,母亲又教他诵读许多古人的篇章。启蒙阶段的教育影响了欧阳修的一生,使他终于成为北宋著名的政治家和文学家。

其实像孟母、欧母这样的妇女在徽州商妇中并不少见。很多徽商由于各种原因早逝,商妇就承担起持家育儿的重担,有的取得了相当成功。且看晚清歙县商妇汪嫈(yīng)的故事。

汪嫈出身的汪氏是歙县大族,汪家从祖上就因做盐业生意迁居扬州。盐商富甲一方,而且贾而好儒,所以盐商文化程度都很高。汪嫈父亲还以文学知名于时。汪嫈从小就很聪明伶俐,过目成诵,在父亲的教育下,加上自己的努力,十三四岁就能赋诗,显然她的传统文化功底很深厚。

二十一岁时嫁给了盐商程鼎调,程家也是望族,家中十分富裕。由于程鼎调乐善好施但不善经营,家道逐渐中落。结婚后,初生程葰,不幸夭折。过了三年,继生程葆,夫妇俩视若宝贝,慈爱倍至。但汪氏对儿子管教甚严,每天儿子从塾中下学回家,晚上汪氏就在灯下督促儿子复习白天所学功课,而且还为他讲解课文大意,所以程葆进步很快。

本来这是多么幸福的家庭,谁知有一年程鼎调携子返歙归来扬州时,突然身染疾病,竟一病不起。这一年程葆才十一岁。

家中顶梁柱倒了,盐业生意也做不成了,家境顿时陷入困境。为了维持生计,汪嫛就帮人做针线活。亲戚都劝汪氏,让程葆弃书习贾,汪氏坚决不同意,发誓要把程葆培养成人。好在十一年来,在母亲的教育下和家风的影响下,程葆已养成刻苦读书的习惯,生活也很俭朴,这对他今后一生的发展影响极大。母亲为了更好地培养他,依靠兄长的帮助,使程葆得以继续从师修业。经过若干年的苦读,终于一举成为进士,并且就在京师为官。

儿子终于有了功名,母亲自然非常高兴。当儿子将母亲迎养入京时,母亲仍念念不忘教育儿子如何为官:

> 凡事据理准情,总期无愧于己,有利于物。是在虚心省察,不可偏听,不可轻举。

教育儿子处理事情时,一定要根据情理,要无愧于己,有利于物。因此就要虚心体察,不可偏听偏信,更不能轻举妄动。程葆牢记了母亲的教诲,所以在工作期间,卓然负有清望,受到同事们的好评。

身居官位,首要戒贪。多少官员开始时都很不错,但时间一久,经不住各种诱惑,走上贪婪之路,成为一个千夫所指的大贪官。汪嫛生怕儿子重蹈覆辙,曾在《诫子书》中写道:

《易》曰：节以制度，古人俭以养廉，本诸此也。人或昧此，穷而在下，不过仰事俯育，鲜克裕如。达而在上，遂竭民膏侵库贮，无所不至，皆不节故，岂必声色之缘，饮食之奉？穷奉极奢，即慷慨不量力，罄己有限之资供人无厌之求，所谓节者安在？儿善体母心，即节之一言终身守之，处己处人两得之矣。

意思是说，《易经》中说“节以制度。”古人强调俭以养廉，就是据此而来。但有些人往往不明白其中的道理。当初还是穷困的时候，只不过仰事父母，俯育儿女，很少有富裕的。一旦发迹当官，就搜刮民脂民膏，侵贪国库公藏，无所不至。之所以如此，都是因为不懂得“节”之故，难道都是声色饮食的需要？那些穷侈极奢，罄己有限之资供人无厌之求，所谓“节”又在哪里呢？儿子一定要善于体谅母亲之心，“节”之一言终身守之，处己处人都会有收获的。作为一名商人妇，能说出如此深刻的道理，真是反映了她的远见卓识。程葆自然牢记了母亲的教导，自始至终都注意一个“节”字，一直是一位正直廉洁的官员。

每当程葆回忆起母亲教育自己的情形时，总是感慨万分。他曾请画家友人画了一幅《秋灯课子图》，还请名人在上面题咏，可见母亲的教育在他心目中的地位。所谓“少小植基于慈训者深也。”朝中士大夫都说，程葆以孤儿之身能够自立，真是其母辛勤培养的结果啊。

（事见清　刘毓崧：《通义堂文集》卷6《程母汪太宜人家传》）

父亲的悔过之言

道光年间有一名徽商，八岁时父亲就去世了，他承继了一份家业，由于他不善于做生意，又不知勤俭节约，虽然借出的钱也能收到一些利息，但进少出多，根本没有积蓄，所以到了晚年他的资产并没有增加，反倒有所减少。

如今两个儿子已经先后成婚，分家析产，势在必行。想到当初父亲留给自己的家产，几十年来不但没增加，反而减少了，真是愧对双亲啊。当他把家产分给两个儿子时，在分家阄书中深情地写下了这样的文字：

汝等须念此为祖宗之辛苦所遗,勿以为薄也。又须谅余之不能简淡,致守不加丰也。夫天之以福泽与人,有如卮者,有如钟者,但知爱惜,则一卮之福,用之而不尽;若恣意狼藉,则盈钟之福,一覆立竭。使余当日稍知节省,应不止于此。今则悔已无及矣。疏广曰:贤而多财,则损其志;愚而多财,则益其过。余未敢言损志也,而过则益矣。惟愿汝等醇谨立身,名日美而业日成,勿蹈余之前辙,是则余所深望也。勉之。

意思是说,你们分得的这些家产,要知道这是祖宗辛苦劳动所留下的,不要以为少了。还要请你们原谅我由于不能节俭,使这些财产不能增加。要知道,天降福泽与人,有时是一酒杯,很少;有时是一钟,很多。但知爱惜,那一杯的福也用之不尽;如果恣意浪费,那满钟之福,顷刻立尽。我如果当时稍知节省,那财产会远远不止这些。今天已是后悔莫及了。东汉的疏广告老还乡时,将皇帝赐给的二十斤黄金以及皇太子赠送的五十斤黄金全部散给乡里百姓。他说过,一个贤人如果多财则损其志向,一个愚人而多财,则更加重他的过错。我不敢说损了我的志向,但增加了我的过错则是肯定的。唯愿你们今后要醇谨立身,名声日美而事业日成,千万不能重蹈我的前辙,这是我对你们的厚望。希望能够共勉。

这位不成功的商人用自己的切身教训现身说法,谈了自己对财富的看法,这对两个儿子是有警示作用的。

(事见《道光十九年笃字阄》自序,南京大学历史系资料室藏)

余光徽不为子孙计

(儿子在外从师)先生(余光徽)书以谕之曰:“为学当修养身心,艺术为次。”畀(bì,给予)以《阳明先生[①]全集》,谓读此即知行识、裨世用。潘(文熊)见而叹曰:“若翁具此见解,非读书有得者不能道。”其平居教子义方,犹不止此。有劝广置田产为子孙计者,笑曰:“唯否,予宁倾其所有以济人应世,不愿遗金满籝,留后昆余荫,用养其惰而害之也。”闻者韪之。

——民国《黟县四志》卷14《余光徽传》

【注释】

①阳明先生：即明代著名的思想家、文学家、哲学家和军事家王守仁(1472—1529)，字伯安，别号阳明。浙江绍兴府余姚县(今属宁波余姚)人，因曾筑室于会稽山阳明洞，自号阳明子，学者称之为阳明先生，亦称王阳明。王守仁是陆王心学之集大成者，精通儒家、道家、佛家之学。晚年官至南京兵部尚书、都察院左都御史。因平定宸濠之乱的军功而被封为新建伯，隆庆年间追赠新建侯。其学术思想传至日本、朝鲜半岛以及东南亚，立德、立言于一身，成就冠绝有明一代。谥文成，故后人又称王文成公。

【点评】黟县商人余光徽的儿子余翰元在外跟随著名学者潘文熊学习，余光徽在给他的信中说："为学首先应修身养性，作文艺术倒在其次。"他又给儿子寄去《阳明先生全集》，告诉儿子读此书即知怎么行动，对社会有用。潘文熊知道后感叹道："你的父亲有这样的见解，如果不是读书有得者是说不出来的。"光徽平时教子有方，还不止这些。有人劝光徽广置田产留给子孙后代，光徽笑着说："不行！我宁可倾其所有以帮助别人接济社会，也不愿遗金满筐留给后代，因那样就会培养其懒惰而害了他们。"听到的人无不表示赞同。这是多么高的思想境界！

一位典商的训戒

敦品

窃我新安一府六邑，十室九商，经营四出，俗有"无徽不成市"之语，殆以此欤。况复人情綦厚，乡谊尤敦，因亲带友，培植义笃，蹈规循矩，取信场面。兼之酌定三年一归，平日并无作辍，人之所取，盖因此也。所以学生带出习业，荐亦甚易。用者亦贪喜其幼龄远出，婚娶方归，刻苦勤劳，尽心于事。人因是益见重矣。今者人心不古，半皆游手好闲，不知事重，甘心败事，不顾声名，好者见累于歹人。睹此情形，殊深隐痛。因望诸同人齐心密访，倘遇不肖

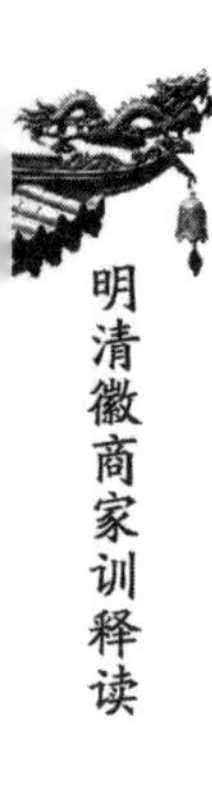

者出，会馆出场驱逐，俾贤愚勿混，一振规模。

保　名

其一

吾乡风俗，学生出门，或隔七八年，或越十数年，待其习业成就，归家婚娶。还思弱岁告别之时，为父母者无限离愁，依依难舍，此情此状，不堪描摹。即至音问传来，枝栖安适，高堂悬念乃得稍舒。父母爱子之心，子可一日忘乎？为子者须时时以亲望子之心为心，守家教，顺师长，睦同班，遇事勤苦稳重，气量宽大。肯吃亏就是便宜，肯巴结就是本事，视一事如己事。是自始至终，清清楚楚，不用人烦心，久之人固加重，自家亦超出本领。父母闻知，且欣且慰，即亲朋戚党，亦极意赞扬。有女之家，托友委冰（媒人），目为佳子弟焉，选择佳偶，亦甚易易。及归家之日，倚闾者欢迎而归，亲友亦来探望，一时各各答拜，恭敬非常，实为父母增光者也。若不肯习好，不安本分，不知谋业之难，得一枝栖非易，自己以为家中衣食丰足，不在乎此，一朝失业归家，父母赧（nǎn，脸红）然不容，势必投奔戚好，究复谁怜？捶胸追悔，有业不学，归来受辱，走出无路，家门难入。或亲族见之不忍，做好做歹，转劝父母收留，若再想习业，荐引无人。能痛改前过者，凑或积资本，开设滚当，架人局开设小押。其次小贩肩挑，强糊其口。甚有改悔，恶习渐长，朽木难雕，家声玷尽矣。呜呼！此皆人子也，落地之时，爱如掌上之珠，望其长大成人，出人之上，谁料至此不肖乎！愿尔后生习业，精益求精，万勿半途而废，免责回乡之名，以玷辱父母也，斯为孝子矣。

其二

吾乡俗语："当铺学生尿壶锡[①]"。谓无他改，乃弃物也。凡在典学生，务概守分，得能一生始终到老，就是真福。若不守典规，竟无出头之日。何也？另改他业，势所不能，只因从初习惯成自然。关门自大惯，一派充壮惯，目看排场惯，耳听阔气惯，吃惯穿惯，懒惯用惯，高楼大厦登惯，粗工打杂使惯，如改他业，嘴头呆钝，全无应酬，不晓场面，不知世故。居处不能遂心，使令不遂心,吃不遂心,穿不遂心。又无本事,不能得大俸金,用不遂心。有多少委曲于心,以致难改他业。若或强而图之,无非东不成、西不就,误此一生。是谁过耶?劝尔后生急早回头多是路,切莫船到江心补漏迟。

【注释】

①当铺学生尿壶锡:已做了尿壶的锡由于一股骚味是再也不能做其他东西了。旧时认为在当铺里学徒如果不好好干而被解雇,出来后也是什么也不能干了。

其三

尔等须知谋一典业,大非容易,真如登天之难,务宜守分,莫负荐者。无故下(不)可出门,倘遇正事要行,必须告诸内席,事毕早归。不可轻入茶坊酒肆,不可结伴同游,尤防物议(众多非议),自坏声名。

凡子弟之贤否,基于勤怠奢俭。晨起先于他人,闲暇无事,检点各件,是谓能勤。惟勤生俭,惟俭愈勤,则衣服一切,自然不嫌朴陋。勤非一味操作也,至日中本分要事于毕,或观正书,或阅阴骘文、典业须知、应酬尺牍等书,或学字临帖,或照医书修炼膏丹,以行方便。不独能渐学出本事,亦修身养性之基也。如自甘懒惰,遇事退后,然习染渐深,将典规失守,致误大端。进典甚难,安知出典之甚易哉!吁!可危也,可畏也,其三思之。

节用

典中学生补用之后就有出息。年幼无知,见来路之易,去路转多,须合人人立簿。登记出入,月终查察。莫使养成骄心,衣食求美,弃旧爱新,种种糟蹋,势所不免,不得不慎。少年之人,不经约束而放者,有几人耶?三年出一状元,三年未必出一经纪。故有好学生,人皆爱如至宝,因难得故也,即以状元观之可也。劝尔后生,人人都要学好,自己多少荣耀,父母多少光辉,荣辱两途,宜早醒悟。

务　实

每见有一种少年人，胸无才识，交运太早，一二事偶尔侥幸早，居然做出得志气象，口出大言，自夸精能无匹，而目中无人矣。然骨格轻佻，毕竟未有不败者。俗云："做到老，学不了。"恁种乡愚，实自不知好歹耳。盖做人之道，须存心忠厚，行事谦和，始可致福。切莫卖乖弄巧，多是多非。或有机密，不可传播于外。书信往来，亦不可豫及大事，可免一生口实。

虚　怀

尔等趁此少年，认真学习本事，替东家出力报效，东伙两皆有益。不可过意高傲，不可自大骄人，不可心存自是，而以他人都非。大凡责人者明，责己者暗，常将责人之心责己，恕己之心恕人，自然心气和平。诸君惟知各典供奉关圣帝君，未知前人忠义二字之意，正要后之人不忘此二字也。食人之禄，忠人之事，同事须明大义。痛痒相关，疾病相顾，亲如昆弟，始终如一，可保永好。则同事聚首一生，可免口角争端，只在各一心中，常存一个忍字。张公九世同居①，只是一个忍字存心耳。

【注释】

①张公九世同居：张公艺（578—676），郓州寿张（今河南台前县）人。据《旧唐书》卷188载，"郓州寿张人张公艺，九代同居。"公艺正德修身，礼让齐家。制典则、设条款以教戒子侄，是以父慈子孝，兄友弟和，夫正妇顺，姑婉媳听。九代同居，合家九百人。每日鸣鼓会食。养犬百只，亦效家同，缺一不食。唐高宗曾慕名过访，问张何能九世同居？公艺答："老夫自幼接受家训，慈爱宽仁，无殊能，仅诚意待人，一'忍'字而已。"遂请来纸笔，书百"忍"字以进。高宗连连称善，并赠绢百端，以彰其事。

防　误

少年初出习业，凡事宜勤，心要细。遇事争先，莫退人后，未知者不防(妨)勤问。晨起洒扫，见字纸，随手捡入字篓。地下拾钱，仍归经手盆上，切莫贪小便宜，不顾名望，贻悔将来。所尤当经心者，凡遇寻包，柜内接进取票，必先登挂号，然后上楼寻包，务先将取票记明字号。万千百号头，某姓当本若干，件数多少，细心对准，方可抽出。切莫粗心大意，倘或舛错，柜上忙中随手发出，例干两造[①]对赔。赔偿之后，柜外来人，犹未满意，吃亏极矣。或柜上留心看出，难免责罚。务必细心对准无讹，卒不吃赔累之苦，此从谨慎来也。且寻包务必用梯，或遇脚跟借力，宜拣粗衣吃得苦者，聊借一踏。切莫不分好歹，糟蹋货物。寻出之货，包洞塞好，恐摊落地。一经摊乱，非但难寻，柜上追货，且受责骂。货觅不着随即通知大者找寻，忙中尤恐前后错误，或误来人正事，赶快两益也。

【注释】

①两造：指有关争讼的双方当事人。

练　技

学生晨起，添砚水，磨墨，整理账桌废纸断绳，扫地帚灰。各事做毕，一要齐在柜内，谨候开门。见票寻货，若起落人后，一事未理，典长见之，必加斥责。再，柜上收下银洋，抹净盖印，必先学看，辨其色面花纹之正否，听其声音之好否，真假之分别，认真习学，自然看出而益精矣。晚上学掏取票结取，总覆当出。但算盘书字银洋，件件要精，五者缺一，吃亏非小。况典业之中，进出之大，人皆谓大行大业。见闻多广，天然出色，事事皆能。若不能如此，被人误议，背后嘲笑。混充场面，摇摆人前，顾影自思，亦知愧否！

细　心

早晨归包，务必认真，不可将就，虚行做事。现今存箱包多，架上务要整齐。铜锡等物，须得摆好，不可损伤。切莫贪懒，勤力惜物，可获延身。倘若贪懒，糟蹋人家货物，天损阴德。包弄有牌落也，务望认真追查挂好。地下小票，随手捡入字篓。每逢包层，概设字篓以便而放。且归回楼，必须看明某字千百号头，归于原处。切勿贪懒，因其顶仓费事，随意乱归，以了门面。收票复到，忘记何处，误事不小。凡挂牌等事，务要细心，认真对准小票号头、当本件数，不可乱挂，一或错误，因错误赔累非轻。

惜　福

凡卷包必须留心，估值看价，为将来升柜地步。衣物上手，务要心存天良，当进之货，视如己物。遇好绸衣，细心翻摺。当衬纸者，用纸衬好。当包纸者，务用纸包，切莫糟蹋。无论取去满出，一无风渍，方见诸君存心厚道。忠恕待人，获福无量。柜上解草索麻皮钱串，均可答（搭）用，莫嫌费手，暗中掷弃。须知物力维艰，在东家虽不计此，而自伤阴德甚大。存箱纸或有极破，而不可再用。遇有包小好包者，将此破纸包之，亦是惜福之道。久存此心，天必顺之。至于刨牌，宜惜刨花。非惜花也，惜字耳，务必细心收拾入炉。各处字篓，朔望扫包楼时，随将字篓带下，捡入字炉。且满货卖客，向有旧章。衣不解带，提衣不让，典规皆同。凡遇器皿铜锡等项，不可损坏。或原来有盘盖千头等物，务必寻齐配好，此亦存心忠厚之道。若遇衣客遗下物件，捡必归还，切莫贪小，致败名节，务宜慎之。再者，栈房之米谷，极易狼藉。职司其事，宜常勤扫，须知一粒之成，亦关农力。

扼　要

凡写账缺，极重之任，非儿戏也。宜于早起，端整当簿。随将付出当，过数明白，并要留心票上年月字号无错，随手添好日子。每逢初一，最宜留心，尤恐误用上月之票。无事切莫走开，耐坐少过，倘遇要事，央人代庖，须知责任非轻。若遇粗心，见账上无人，坐下代写，夹张重出，日子写错，关系非轻，望加意焉。

体　仁

凡升柜缺，初临场面，切宜仔细，可免错误。宽厚待人，且多主顾。见妇女勿轻戏言，遇童儿更要周到。柜上发货，包内小票务概摸出。乡人无知，最多糟蹋，倘能存心，敬惜字纸，胜于求福名山。若是乡间路途遥远，取赎少带钱文，为数无几，红熟紫钱，何方帮用。自留卖物，未见大亏。再或缺少数文，周全处亦是方便。在我所亏无几，省人周折，都是善事。如遇晦金、铜冲当等情，可恕即恕。及至鸣之地保，警其将来，亦一善处之法。柜外闹事，不执意经官。厚道待人，阴德遗与儿孙也。

防　弊

诸君在典，倘遇急需，切莫将自己衣物，当在本典。做相好者，名分攸关，嫌疑宜避。一般认利，不若当于他典，以杜谤言。

择　交

奉劝诸公，切莫滥交。东家将本生利，当不容情，人所共知。情当一端，大痴于己。满下贴包，责有攸归。朋友原在五伦之一，急难通融有之，情当切不可也。我等典业生意，须要谨慎有余，方配典业式样。倘若另换花色，尤恐有始难终。若与人交，须择有道之朋，绝彼无益之友。字义诸字皆正，惟有朋字不正。人在时中往来，无非朋友。尔有我有，此所谓之朋友。今日你东，明日我西，一到时衰运败，昔日热闹浮朋，而今安在哉？所以朋字之不正如此，岂世间不欲结交朋友乎？曰要知人择善而交可也。有能说我之短，教我之

长，急难相扶，始终如一，此所谓是我知心，是我真友。除此以外，皆谓之浮友可也。

贻　福

人到中年，或因子嗣艰难，追怨典业习不得者，往往有之。余曰：有子弟者，宜习典业。前人定有法度，益于子弟处多。或谓典业习不得者，因自未知其得过人处耳。皆由幼年贪懒，糟蹋人家货物，不惜字纸，纵性欺人，自仗门楼高，遇事有东家出场，送官处处治，俱走上属。因此而骄，故意糟蹋，天之报应。而绝其后，或由此乎？如能忠厚存心，爱惜人物，敬重字纸，穿吃各样，种种爱惜。屡见吃当饭者，孙曾数代，谨事一东，亦多也。如金君厚堂太先生之嗣君，字少堂，于咸丰己卯科举人，于浙江商籍。此岂非爱惜人物，存心忠厚，天之报施不爽乎。

达　观

语云："衣落当房，钱落赌场。"不知爱惜，糟蹋最多。在此场中，最易造孽。尔等后生现习典业，身居大厦之中，日在银钱丛里，丰衣足食，谁晓艰难？大凡典业过处，全在包房。踏进包房，尽是孽地。孽根从幼所积，幼小无知故也。凡习典业者，无好收场，无好结果，何故也？只因眼界看大，习以为常。视人家当进货物，如同草芥。轻弃字纸，随心所欲。不知物力维难，不知来路非易。孽根渐积，日久年深。祖德丧尽，根本全弃。以致有夭年者，有终老无子者。迨至醒悟，追悔已迟。惟望后之君子，责在包房。做一日事，尽一日心。见物惜物，见字惜字。不辞劳苦，勤于检点。出了包房，过就无分。所谓衙门里面好修行，是好做福之地。切莫弄巧贪安，自谓得志，糟蹋过甚，天理难容。愿我同人，勤修所职。现在之福，不可不惜。将来之福，不可不培。惜福延年，家门吉庆。太上曰："祸福无门，惟人自召。"能如是存心，天必赐汝以福耳。

知　足

凡人处得意之境，就要想到失意之时。譬如戏场上没有敲不歇之锣鼓，没有穿不尽之衣冠。有生旦，有净丑，有热闹就有凄凉。净丑就是生旦的对头，凄凉就是热闹的结果。仕途上最多净丑，宦海中易得凄凉。通达事理之人，须要在热闹之中，收锣鼓罢。不可到凄凉境上，解带除冠。这几句逆耳之言，不可不记在心上，铭记为望。

【点评】 以上是一位徽商编的《典业须知录》的一部分。这位徽商在"序"中写道："吾家习典业，至予数传矣。自愧碌碌庸才，虚延岁月，兹承友人邀办惟善堂事，于身闲静坐时，追思往昔，寡过未能欲盖前愆，思补之术，因拟典业糟蹋情由汇成一册，以劝将来。不敢自以为是，质诸同人，佥以为可，并愿堂中助资刊印，分送各典，使习业后辈，人人案头藏置一本，得暇熟玩，或当有观感兴起者，则此册未始无小补云尔。"可知这位徽商是世代经营典业，自然积累了丰富的经验，他所谈的当是他一辈甚至包括先辈积累的经验，其价值是相当高的。

我们选的这一部分完全是教育典当铺中的学徒的。他认为，典当铺的学徒，不是仅仅学点技术就可以了，更重要的是培养品德，要能成人。他亲眼看到有些学徒中存在的种种现象，都反映出一个人的品行问题。因此，品德教育是第一位的。从上述"敦品""保名""节用""务实""虚怀""防误""练技""细心""惜福""扼要""体仁""防弊""择交""贻福""达观""知足"等各个部分来看，绝大多数是属于品德教育。语言直白易懂，说理却很深刻。从六百年徽商的历史来看，徽商之所以能够一代代延续并能发展，是因为徽商对子弟的教育是成功的，而其中最重要的原因就是徽商把品德教育放在首位，即使在经商教育中也不是仅仅传授经商技能，而是仍然以敦品为先，实践证明徽商这样做是完全正确的。

母亲不携子与宴

童子欲瞻视仪节耳,使与席,能不开其饮食嗜好之端乎?

【点评】 这是清代歙县闵氏说的话。闵氏是方兆圣的妻子。兆圣常年在外经商,无暇顾家,闵氏既尽母职又尽父职,仰事俯育重担完全是她一人挑起。她百般孝敬公婆,甚至他们都感觉不到儿子常年在外。后来公婆年老相继去世,兆圣从外地赶回,痛哭失声:"如果没有我妇人,我哪能脱掉不孝之罪啊!"不久,兆圣也因病去世了。

由于兆圣没有留下多少资产,家中非常贫穷,为了养育一女二子,闵氏白天纺绩,夜里为人刺绣,生活极其艰难。有时两天才吃一次饭,又总是让孩子先吃,孩子要她吃,她就说:"我已先吃饱了。"寒冷的冬天,她总是把衣服加给孩子,孩子让妈妈穿,她就说:"我筋骨耐得住寒冷,不要管我。"

家穷请不起老师,虽然邻村也有蒙学,但听说质量很差,她怕把孩子送去学坏了,所以决定自己教育。她从小就识字,上辈也教了她一些知识和道理,她就用自己所学的来教几个孩子,主要是让他们懂得谦益之道、处家之宜。平时也通过一些具体事例随时进行教育。

平时村里亲戚朋友常有一些欢庆之事,要举行宴会,妇人们往往都带着孩子参加这样的宴会。但闵氏却从不带孩子与宴,别人问她,她说:"带孩子参加这样的宴会,能不让他们产生嗜好饮食的苗头吗?"闵氏认识到这样对孩子的成长很不利。正是在闵氏的精心培育下,她的两个儿子长大后都能艰苦奋斗,谦谦待人,受到众人的称赞。

闵氏的教子之道对我们今天也是很有教益的。

(参见歙县华仲氏程云鹏编撰:《新安女行录》卷6)

士先器识而后文艺

士先器识而后文艺。尔家自尔曾王父大参公至今成进士者，代有其人，尔一身系两父母之重，未可谓今日不学而有来日也。

【点评】 所谓器识，就是气魄和见识。“士先器识而后文艺”，意思就是人们读书首先要培养自己的气魄、器量和见识，然后再学具体的知识。这是清代歙县汪氏所说，也反映了她的见识确非一般。汪氏是程尚交的妻子，结婚不久，程尚交就因病去世，汪氏本拟自尽殉夫，公婆力加阻止说：“你虽然没有儿子，但侄儿文焕不就是你的后代吗？为什么不能把他培养成人呢？”在他们的劝说下，汪氏决定与文焕生母一道将文焕培养成人。汪氏从小也读过书，尤其熟读《内则》《孝经》，明晓当世得失，每当文焕从外面学习归来，她都要询问学习情况，并说：“人们读书首先要培养自己的气魄，提高自己的见识，然后再学习具体的知识。我们家自曾祖父至今，几代人都有成进士的，你一身系两对父母的重望，不能说今日不努力学习而有来日啊。”文焕听后非常感动，发奋学习，大有进步。等文焕长大了，汪氏又对文焕说：“我们这里地狭人众，不经商就难以获得衣食，如今家庭困难，你不能只顾读书，而忘记了养家的责任啊。”于是文焕弃儒就贾。由于他有器识，经商很成功。随着家庭逐渐富裕，他在两位母亲的教导下，衣服饮食，不事华靡，稍有赢余，惠恤三党，茕独之颠连无告者尤厚焉。人们无不称赞文焕，当然更感谢汪氏培养了一个好儿子。

（参见歙县华仲氏程云鹏编撰：《新安女行录》卷3《汪节母程安人家传》）

母亲教子如何读书、怎样做官？

金不厌炼而精，玉不厌攻而美，宁为巧迟，勿为拙速。

汝任刑官,箠楚之下何求不得?一弗慎则茹冤负枉者多矣。戒之哉!

【点评】这两句话出自一位妇人之口。妇人吴四,是南宋末年人,丈夫黄珍长年在外经商,侍奉公婆、教育儿子的责任全在她身上。家中经济条件还不错,她根据儿子们的秉性,让大儿子黄雷焕佐父经商,让其余的儿子们读书,有的还出远门从师游学。几个儿子读书也很认真很努力,也受到老师的称赞,可就是每次考试都名落孙山。这时有人就劝吴氏:"你儿子已二十岁了,还没有考中功名,男子也不一定非要走科举的路子,索性让他改业吧。"要是一般人可能就让儿子们弃儒改业了,但吴氏却不,她认为几个儿子都还聪明,也愿意读书,之所以没有考中,可能就是功夫还不到,根柢不厚,这就更需要继续读书。她对劝告的人说:"金不厌炼而精,玉不厌攻而美,宁为巧迟,勿为拙速,奈何欲吾子以泥途易轩冕乎?"意思是说,金子正是不怕千锤百炼,才越来越精;玉石也是不怕反复雕琢,才成为美玉。读书我宁可迟一点而变得更巧,也不能快一点而变得笨拙。现在他们正在努力读书,要他们改业,岂不像行走在泥途中却要他们换帽子吗?几个儿子听了后很受感动,个个发奋读书。果然,皇天不负苦心人,几个儿子先后都中了进士,当了官。尤其是第五子黄雷复最后也中了进士,授山东青州府推官。推官就是主管刑名案件的,少不了要和嫌犯打交道。雷复告假省亲,想把母亲接到任上,以便早晚侍奉。吴氏因病未去,但拉着儿子的手谆谆告诫说:"汝任刑官,箠楚之下何求不得?一弗慎则茹冤负枉者多矣。戒之哉!勿以我与父为念。"就是说,你担任刑官,要知道刑罚之下什么口供都能得到,稍有不慎,冤枉的人就多了,你千万要警惕啊!不要挂念我和你父亲。正是母亲的这番教导,时时提醒着他,在审理案子过程中谨小慎微,一定要把事实搞清楚,决不滥用刑罚,避免了不少冤假错案,得到了上官的称赞。这就是吴氏教导的结果啊。

(参见清 黄茂待修纂:《新安黄氏横槎重修大宗谱》卷4《待赠黄母吴太夫人行状》)

贫不足患,所患者子弟不明义理耳

贫不足患,所患者子弟不明义理耳。得一不明义理之商人,与得一通达事理之读书子,其得失非可以道里计也。

教子必先择师,而择师当以道德为标准。

【点评】 清代黟县余德的妻子汪氏是一个很有见识的妇人。她嫁给余德时,余家家道已中落,但她勤女红,供甘旨,仰事俯育,义不容辞。她的儿子余蕊榜成人后,她和丈夫商量:"人有恒言,三代不商则贫。以家计论,此子宜学贾,然贫不足患,所患者子弟不明义理耳。得一不明义理之商人,与得一通达事理之读书子,其得失非可以道里计也。"人们常说三代不经商,家中肯定贫困。如果从家庭经济状况而言,此子应该去经商。但是我觉得贫穷并不可怕,可怕的是子弟不明义理啊。如果得到一个不明义理的商人,与得到一个通达事理的读书人,两者的差别之大就不是以道里计的啊。丈夫非常同意她的观点。于是决定让儿子继续读书。汪氏又说:"教子必先择师,而择师当以道德为标准。"选择老师把其道德品质放在首位,她认为只有这样才能教育儿子通达事理。她打听到本城舒伯华先生蓄道德,能文章,真正是群伦之师表,尽管家庭困难,缴不起学费,在丈夫犹豫不决时,她却毅然决然说:"如果能把儿子送到舒先生门下为徒,我就是出卖嫁妆、节衣缩食来佐学费我也是愿意的。"正是在她的坚持下,儿子蕊榜拜舒先生为师,并在他的教导下,深明义理,又中了科举。后来蕊榜屡任地方儒官,主管教育,其学行为士林所推重。人们都说这是与其母亲汪氏当日择师之功分不开的。

汪氏强调一个人贫穷并不可怕,可怕的是不明事理。明事理是第一位的。而今天我们不少人却把赚钱看作是第一位的。这与几百年前的汪氏比较,其境界真有天壤之别啊!

汪氏的"教子必先择师,而择师当以道德为标准"的观点,对我们今天也是很有启发的。

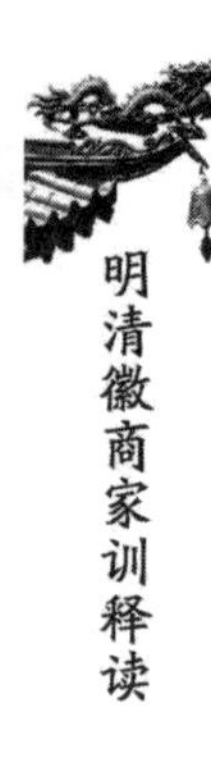

总之,汪氏教子始终把德育放在第一位,这与徽商的“立品为先”的教育观是一脉相承的。

王茂荫祖母的告诫

吾始望汝辈读书,识义理,念不及此,今天相我家,汝宜恪恭尽职,无躁进,无营财贿,吾愿汝毋忝先人,不愿汝跻显位,致多金也。

【点评】 王茂荫是清代著名的货币理论家、财政学家,是唯一一个被《资本论》提到的中国人,也是著名的清官。1798 年他出生在安徽歙县杞梓里的一个商人家庭。五岁时母亲病逝,父亲在外经商,他是由祖母方氏一手带大,祖母教育他怎么做人做事,因而与祖母有着极其深厚的感情。道光十二年(1832),王茂荫中进士,不久授予户部主事,升员外郎。道光十七年(1837)三月初二日,王茂荫祖母正值八十寿辰,王茂荫于正月请假回家庆贺。茂荫回到家中,全家人都非常高兴。祖母看到亲手带大的孙子如今成了京官,真是喜从中来。但她却对茂荫说:“吾始望汝辈读书,识义理,念不及此。今天相我家,汝宜恪恭尽职,无躁进,无营财贿,吾愿汝毋忝先人,不愿汝跻显位,致多金也。”意思是说,我起始希望你们读书,完全是为了明识义理,并没有想到你将来要做官。现今真是天助我家,让你做了官,你一定要恪恭尽职,不要急于求成,更不要钻营财货。我只愿你不要给先人丢脸,我不愿你升到高位,获得更多银子啊。

正是在祖母的教导下,茂荫成为一名著名的清官,在京三十年没有携亲属,没有住官衙,而是单身住在徽州会馆里,粗茶淡饭,节俭自奉。他常说:“我以书籍传子孙,胜过良田百万;我以德名留后人,胜过黄金万镒。”同治三年(1864),王茂荫继母在江西吴城去世,王茂荫依制奉讳返乡守孝,途径淮阴,学生吴棠送来五百两银子,感谢王茂荫当年的举荐之恩。王茂荫断然谢绝,说:“举荐你那是公事公办,不应该和私事混杂在一起”。真是没有辜负祖母的教导。

每当想起茂荫祖母的这番话,令人感慨万千。一位八十岁的农村妇女能有这样的见识,真是难能可贵!对今天的社会亦有教育意义。

(参见清 莫友芝:《郘亭遗文》卷8)

许氏教子有方

不责己以责人,异日者或挟智欺愚,或挟贵凌贱,骄盈放逸,其渐讵可长乎?

【点评】当自己的孩子与别的孩子发生矛盾时,不少家长总是袒护自己的孩子而责怪别的孩子,但许氏却相反,而是责备自己的孩子。许氏是清代歙县唐模人,十八岁嫁给歙县环溪的朱璧。朱璧长年在燕、粤、闽、浙间经商,数年也难得回家一趟,养亲、课子的重任全由许氏一人承担。她对公婆非常孝敬,所有饭菜必须亲手烹调,决不假手他人,使得双亲一直都能吃上美味可口的食物。后来婆婆先逝,公公垂老,虽然不便近前,但心却不离左右。一謦一欬动必关心,每夜必立牖下听老人声息,听到老人鼾声,知道已睡熟了,然后才回到自己房间休息。在她的精心照料下,公婆确实度过了一个幸福的晚年。尤其是许氏教子特严。她有四个儿子,从小就严加管教。当儿子与其他伙伴玩耍时,只要发生一点口角争执,哪怕是别的小孩错了,她也要痛责自己的儿子。别人对此不解,她就说出了上面这番话。她清醒地意识到,从小不责己而责人,在孩子心目中一旦形成这种想法,那将来势必会挟智欺愚,或挟贵凌贱,从而骄盈放逸,这种想法能让其发展吗?说的让人心服口服。不仅如此,当儿子们上学并知道一些道理后,许氏则教育他们学习一定要先器识,重品行,毋苟且,毋浮沉,毋贪鄙,以自败其行检。正是在许氏的精心教育下,四个儿子夙夜孜孜,克绍书香,蔚为名儒,终身谦抑退让,佩服母训不忘。

许氏的教子之方,即使在今天,仍然对我们是很有教益的。

(参见清 汪洪度:《新安女史征》)

身名为重，富贵可轻

——母亲的临终遗嘱

今而后汝饥汝寒，汝可自知保护矣，尤宜保护者身与名。汝不富贵，我无忧。汝身名一失，异日无以见我地下。凡言不忠信，行不笃敬，以及倡家赌墅，及取非义财，皆身名所由败也。我死不忍见汝曹有此。以为不信，盖棺时我目不瞑以为验。

【点评】这是清代一位妇女袁氏临终遗言。袁氏本出生于扬州望族，后嫁给在扬州经营盐业的歙县商人汪某。袁氏从小就受到良好的教育，学到不少知识，而且明事达理。结婚后恪守女德，相夫教子，使得丈夫毫无后顾之忧，一心从事自己的商业。对所生汪洪度、汪洋度两个儿子教育非常重视，口授唐诗百首，讲古今嘉言懿行，尤其重视品德教育，经常联系历史上的人物事迹给他们讲“身名为重，富贵可轻”的道理，在孩子心目中留下了极深的印象。

由于长期操劳，袁氏身体逐渐变差，不幸四十一岁就去世了。弥留之际，她指着身边的两个儿子对丈夫说：“不幸以此拖累你了。他俩身体都羸弱，但志向皆高大，有时可能不听话，你要善于教育引导。倘有小过失，希望能念在他们的母亲不在了，不要轻易笞责，我心痛啊。”说完又摸着两个儿子的头顶，深情地说出了上面那段话。意思是说，从今往后，是饥是寒你们要自己知道保护自己，尤其要保护好自己的身名。你们不富贵，我并不担忧。但如身名一失，异时到了地下也不要见我。凡是言不忠信，行为不检点，以及近娼赌博，获取不义之财，都会带来身败名裂。我在地下也不忍见到你们这样。你们如以为不信，那盖棺时我是死不瞑目的。后来，儿子洪度含泪写道：“及殓时，复睁目视不孝兄弟如初，盖至今犹未瞑也。”袁氏临终的这段话，归结起来就是八个字：“身名为重，富贵可轻”。这种思想境界即使今天看来也是很高尚的。这八个字也应成为我们的座右铭。

（参见清 汪洪度：《新安女史征》）

涉世须退一步,立身须进一步

【点评】这是清初徽商俞寿教育儿子时所说。俞寿出身很苦,六岁丧母,九岁丧父,孤身孑立,朝夕乾乾,甘苦备尽。所以为了生活,十五岁就出门经商。寒暑风霜二十余载,积囊逐渐充裕。三十六岁到南京经营,这时候才结婚。三年后回到故乡,一心要修先人的坟茔。在他的努力下,凡祖先父母伯仲兄弟的坟茔,无拘远迩,一身任之,皆为表石修理以垂久远。他一生慈善,不忘旧德。亲朋缓急,尽情周致。堂兄堂妹,胜于同胞。四序岁时,不失其谊。有贷其本银数百两者,岁终之日,实在还不起,俞寿便检出其券而焚之。他教育其子说:"汝曹涉世须退一步,立身须进一步。"意思是说,你们将来走上社会,凡事要退一步,不要争抢,但关涉自己立身之事,一定要进一步,不能马虎。这话是很有哲理的。进入社会后,与人交往总会遇到一些难堪之事,这时就要退,"退一步海阔天空",如果非要争个你长我短,或者一点亏也不能吃,其结果肯定是不妙的。但关于立身之事,这时就要进,进就是严格要求,不能放松。这也是我们常说的待人宽,律己严。

俞寿的话是值得我们深思玩味的。

(参见民国 俞隆奎纂修:《泗水俞氏干同支谱》卷末《天寿公传》)

母教的力量

有基无坏,敦厚者德之基也,浮薄者坏之阶也。

第吾观士庶之家,家督[①]之不周[②],即子弟且有失所。令长之于百姓,皆子弟也。穷苦小民单窭寡控[③],何可一日忘兼照之心?尚慎旃哉[④]!毋躁动,毋怀安,毋以芬华易朴素。

若无以居食,繄[⑤]我若能不坠清白家声,荣于华榱鼎釜矣。

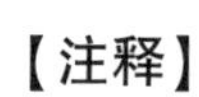

【注释】

①家督：家长。

②不周：可理解为不周到，不好。

③单窭寡控：单窭，贫穷孤单；寡控，没有依靠。

④尚慎旃哉：要谨慎小心啊！语出《诗经·魏风》。

⑤繄：助词，无义，或作"是"解。

【点评】上面这三段话都出于一妇人之口。妇人项氏，是明代徽州毕汶的妻子。毕汶因家道中落，外出经商。可是三十九岁就因病撒手西去，项氏才三十六岁。她强忍悲痛没有殉夫，就是为了抚养几个儿子。丈夫留下的遗产不多，她就精打细算，勤做女红以贴补家用。宁可自己节衣缩食，也要培养儿子读书，尤其是非常重视他们的品德教育。每当他们从私塾归来，母亲都要时时训以目前善败之故、先代隆替之由，说："有基无坏，敦厚者德之基也，浮薄者坏之阶也。"做人就像一座房屋一样，只要基础好就不会倒塌，为人敦厚就是道德的基础，而为人浮薄，就是道德败坏的台阶。三个儿子都能将母亲的话记在心中。当时老大和老三经商，老二读书参加科举，督责更勤。

皇天不负苦心人，老二终于进士及第，初授甘肃康乐县令，他把母亲也接了过去。在家里儿子问母亲，怎样治理康乐县？母亲说："嘻！吾焉知治？第吾观士庶之家，家督之不周，即子弟且有失所。令长之于百姓，皆子弟也。穷苦小民单窭寡控，何可一日忘兼照之心？尚慎旃哉。毋躁动，毋怀安，毋以芬华易朴素。"她说，我哪知道治理啊？但我看一般的士庶之家，只要家长不好，子弟必然有所失。县令对于治下的老百姓，都是子弟啊。那些穷苦小民没有什么依靠，怎么可以一天忘记关照之心，要谨慎小心啊！不要轻举妄动，不要心怀安逸，不要用奢华换掉朴素。儿子牢记母亲的教导，治康乐六年，上级考核，竟然是循良之最。儿子每每对人说："这都是母亲教育的结果。"

康乐这地方非常贫穷，经济凋敝，也没什么好的东西侍奉母亲。甚至住的地方也仅能遮蔽风雨，儿子很过意不去，母亲却说："若无以居食，繄我若能不坠清白家声，荣于华榱鼎釜矣。"你没有好的居食奉我，我不怪你，如果不坠我们的清白家声，其光荣远超过富贵人家住华屋、食釜鼎啊。

我们常说母亲是人生的第一位导师，也是最重要的导师。母亲教诲的力量之大，可以影响孩子的一生。历史上孟母、欧母都是母亲的典范，这位项氏也可称为典范。正是在项氏的言传身教之下，儿子才成为著名的清官，深受百姓的爱戴和上官的肯定。

（参见《瑞芝山房集》卷10《诰赠奉政大夫南京吏部验封司郎中左泉毕公偕配封太宜人项氏行状》）

一生服膺天理

吾有生以来惟膺天理二字，五常万善莫不由之。仰不愧天，俯不怍人，南面而王天下，乐何逾此？

【点评】这是明代歙县商人胡山平时给儿子的教导。胡山是位粮商，长年经营销售。别看他是个商人，但决不唯利是图。儒家的义利之教对他影响很大，"利以义取""不义之财不可得"是他崇尚的信条。他在湖南嘉禾县设有粮铺，有一年本地灾荒大饥，斗米价值千钱，同行劝他在米中掺杂以坏米、霉米，胡山认为这样做即是不义，不合天理，坚决不干。谁知不久，那些掺杂坏米的粮铺遭到群蚁聚食，而胡山家粮铺独免。人们说："他家灾荒之年，不卖二价，真是讲究信义，天助啊。"他平时常对儿子进行"天理"教育，他说："吾有生以来惟膺天理二字，五常万善莫不由之。仰不愧天，俯不怍人，南面而王天下，乐何逾此？"意思是说，我有生以来牢记在心的就是天理二字，儒家五常（仁、义、礼、智、信）和万善无不是由天理而来。行为符合了天理，就能仰不愧天，俯不愧人，就好比南面称王一样，没有比这更快乐的了。他家有一个厅堂，胡山就将这厅堂命名为"居理"，就是让儿孙后辈时刻不忘天理，处处按天理行事。

（参见明 李维桢：《大泌山房集》卷73《胡仁之家传》）

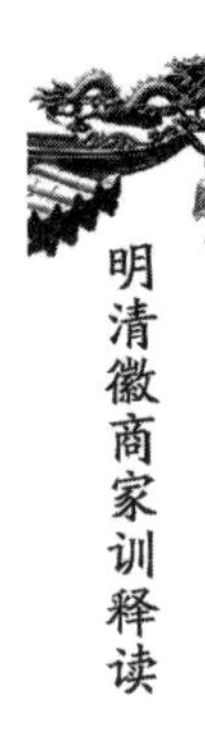

徽商的财富观

尝语其子英元曰:“聚财而不散,是愚也。散财而必邀名,是私也。”

【点评】 这是晚清黟县著名商人李宗媚对儿子李英元说的话。就是说,一个人聚财而不散,是愚蠢的。散财却要宣扬自己的名,就是自私的。父亲也是经商并致富,所以父亲去世后,他继承了丰厚的遗产加上自己的经营所积累的财富,堪称巨富。他对儿子说的这番话,反映了他的财富观。他是这样说的,也是这样做的。如有一年山西、河南大饥,宗媚慷慨捐输赈金至数万两。燕、齐、苏、皖、粤等地发大水,又捐输银数万两。铜陵江堤溃败,他又独资捐修七千数百丈,以捍卫民田,此项工程也输金逾万两。汇刊徽州乡贤遗集数百卷,捐置各省书籍致之国子监南学及焦山书藏。其余若修建宗祠、义塾、书院、宾兴、桥梁、道路,以及资助科举考试等,凡世所号称善举事业,无不黾勉图维,累输银亦好几万两。其他人做了其中的一件就满足了,而宗媚做了这么多善举却自视蔑如也。

今天社会上富人多了去了,但一些人怎么对待财富呢?他们可以花七千万嫁女,一个亿举办婚礼,几千万为自己修建坟墓,一千二百万为女儿买豪车等,不一而足。这些人的财富观和二百多年前的李宗媚比起来,相差何止十万八千里啊!

(参见清 黎庶昌:《拙尊园丛稿》卷4外编《诰封通奉大夫江苏补用道李君墓表》)

修　身

处家之道以和为贵

处家之道以和为贵，和生于忍。杜少陵[①]云：“忍字敌灾星”。凡事且不可不忍，况处同气之间乎？然人之所以不能忍者，大率以田产资财彼此不均，非礼相加，暂难容忍耳。殊不知兄弟叔侄之相处一世，如逆旅过客适相遭也。田产资财之在我亦如逆旅之资给，适相聚也。世上无百年常在兄弟，亦宁有百年常聚钱谷乎？故凡田产资财之多寡，听受其自然者，不可认真。常为吾家故物，为苦死必争之计，其失礼于我者，亦当春融海涵，无与计较。如卫玠云：“人有不及，可以情恕；非意相干，可以理遣。”则能忍能和，而亲亲之义无污矣。

——《绩溪积庆坊葛氏族谱·家训》

【注释】

①杜少陵：唐代大诗人杜甫，自号少陵野老。

【点评】 此条是绩溪葛氏族谱中的“家训”之一。强调处家之道，应以“和”为贵。怎样才能做到“和”呢？就在于“忍”。凡事不可以不忍，何况兄弟之间更应这样。“家训”分析人之所以不能忍，大多因为田产资财分配不均，引起争吵。“家训”认为，兄弟叔侄相处一世，就像旅途上的过客偶然相遇。田产资财在我手中,也像旅途中的钱财,偶然相聚。世上没有百年常在的兄弟,哪有百年常聚的钱谷呢?因此,自己田产资财的多少,应听其自然,不可较真。如果常为我家故物,盘算苦死必争之计,我就失礼了。应当有宽广的胸怀,不要计较。要像晋朝的卫玠所说的那样:“别人有做得不到之处,可以宽恕他;不是故意冒犯,可以按情理处置。”如果能做到能忍能和,那么爱亲人的道理就不会被玷污了。

此番道理说得真好!人们之间的相处,难免会发生一些矛盾,但如果都能做到忍一忍,胸怀宽一些,肚量大一些,我们的社会就和谐了。

富贵功名不可不求,亦不可必求

富贵功名人所共羡,不可以不求,亦不可以必求。惟求之以不求斯可矣。尽其在我,以听其在天,此不求之求也。苟徒知求之求,而不知不求之求,役役于功名富贵之会,若蝇蚁之逐臭寻羶(shān),无所不至,而卒较其所得,与不求者相去不能以道里计,人算不如天算也。然其为此琐屑寻觅之态,人皆口之取笑。生前贻讥,后世难洗涤矣。先儒有云:“水流任急境常静,花落虽频意自闲。”世间功名富贵,花水类耳。此心静定之,天岂可与之俱动。吾人胸次间须以休休自适为贵。

——《绩溪积庆坊葛氏族谱·家训》

【点评】此条也是绩溪葛氏族谱中的“家训”之一。认为富贵功名人人都羡慕,不可以不求,但不可以必求,也就是强求。唯求之以不求才可以。尽我自己的努力,结果如何,听天安排,这就是不求之求。如果只一味追求富贵功名,像蝇蚁之逐臭寻羶,无所不至,最后所得与不求相比,相差甚远。人算不如天算啊。如果为追求功名富贵而表现出那种委琐寻觅的样子,别人真要取笑你。生前被人取笑,后世很难洗涤啊。先儒说过:“水流任急境常静,花落虽频意自闲。”世间功名富贵,就像花和水一样。我只要心静心定,天也不可让我动。我们的胸怀应以休休自适为贵。

这段话讲了对待功名富贵的辩证法。功名富贵虽然人人都想，正确的做法是，不可以不求，也不可以强求。尽其在我，听其在天。“水流任急境常静，花落虽频意自闲。”这番道理对那些蝇营狗苟、一味追求名利的人，真是一味清醒剂。

无书令人俗

世间物可以益人神智者，书。故凡子孙不可不使读书，惟知读书则识义理，凡事之来，处置得宜，如游刃解牛，自有余地。其上焉者可以致身云霄，卷舒六合，下焉者亦能保身保家。而规为措置，迩异常流，自无村俗气味。苏子云：“无肉令人瘦，无竹令人俗。”无竹犹未俗，而无书则必俗矣。人求免于村俗，不可一日无书。

——《绩溪积庆坊葛氏族谱·家训》

【点评】 此条也是绩溪葛氏族谱中的“家训”之一。认为世界上能够益人神智的东西只有书，所以子孙不可以不读书。只有读书才能识义理，遇到事情才能处置得宜，游刃有余。明义理的人，最好的可以做高官，理国事，最差的也可以保身保家。识义理的人，办起事来，和常人就是不一样，自然就没有乡村俗气。苏东坡说过：“无肉令人瘦，无竹令人俗。”其实，无竹未必就俗，而不读书则必然俗啊。要想免去身上的那种俗气，就不可一日不读书。

此段“家训”专谈读书的重要性。唯有读书才能明义理，唯有读书才能免俗气。一个人要修身养性，不可一日不读书。说的真有道理啊。

温温恭人，惟德之基

年少子孙须教绝去轻薄相态，盖其幼而气豪，有学问则恃才以傲物，有资财则挟富以凌人。不知学问、资财亦只了得，自己事于人何与？而敢以骄人

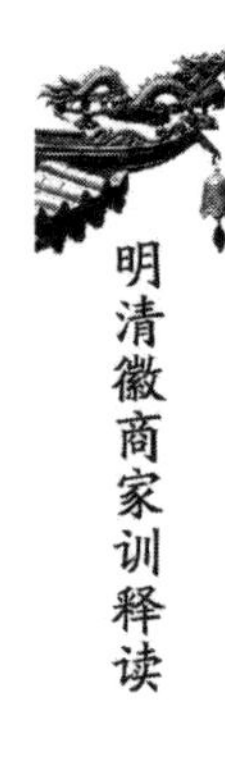

乎？父兄者必自(疑为制)其志气之飞扬，细加口勒，使之安槽伏枥，而消磨其倔强不平之气。如此不惟作成子弟，做得好人，而亦不至贻累门户。否则其祸有不可胜言者。《诗》云："温温恭人，惟德之基。"此温恭二字，轻薄之药石也，犯此病者不可不服此药。

——《绩溪积庆坊葛氏族谱·家训》

【点评】 此条也是绩溪葛氏族谱中的"家训"之一。要求年轻的子孙一定要去掉身体轻薄之气相。因为青年人年轻气盛，有点学问就恃才傲物，有点钱财就挟富凌人。不知学问、财富也没什么了不得，自己事与别人何干，而敢以骄人呢！作为父兄必须要制止住这种盛气凌人的气势，像给马那样加上口勒，让它乖乖地安心伏在槽里，接受驯养，以消磨其倔强不平之气。只有这样，不仅能使他做成子弟，而且能成为一个好人，也不至于贻累家庭。否则任其发展，祸害就说不尽了。《诗经》写道："温温恭人，惟德之基。"这"温、恭"两字，就是治疗"轻薄"的药物，有此病者不能不服这种药。

此段专论"轻薄"，这是年轻人极易犯的毛病，恃才傲物、挟富凌人，在现实生活中我们常常见到。这就是轻薄，如不改，不仅害己，而且害人、害家，现实中所谓叫嚣"我爸是李刚"以及"美美炫富"之类的人不就是典型吗？几个有好下场！葛氏家训提出父兄有责任管教，而且让他服下"温、恭"之药，真是极有见地。

赌博败家

毋博弈也。博弈本败家戏也，孔圣以人无所用心之不可耳，非教人博弈也，溺意[①]于斯，家业顷消，未有能兴家创业也。

——《祁门锦营郑氏宗谱·祖训》

【注释】

①溺意：指心志沉湎于某个方面。

【**点评**】此条是祁门郑氏宗谱中的“祖训”之一。这里的博弈，不是指下棋，而是指赌博。规定本族子弟不准赌博。赌博是败家的游戏。孔子曾说过：“饱食终日，无所用心，难矣哉！不有博弈乎，为之犹贤乎已。”他在这里是极言一个人不能无所用心，并非教人去赌博啊。如果沉溺于赌博，家业立马就败掉，从来没有赌博能够兴家创业的。古人对赌博的危害认识得非常清楚，所以把禁赌作为“祖训”之一。违背“祖训”是要受到严惩的。而且禁赌不仅是郑氏宗族的规定，很多宗族都有类似的严格要求，所以徽商当中，绝大多数是绝不涉足赌博的。

子孙从小必须读书

子孙不论贫富，年六七岁即命亲师，教以“四书”，使知礼义以至长大问学有成，气质亦变大，则扬名以显父母，次亦必为谨厚之士，可免废堕家业，且行事亦不失故家气味。其资性鲁钝者，学果不通，亦必责以生理，拘束身心，免使怠惰放逸，陷于邪僻。周益公有云："汉二献皆好书而其传国皆最远，士大夫家其可使读书种子衰息乎。"旨哉斯言，务亦世守。

——《绩溪西关章氏家训》

【点评】 这是徽州绩溪县西关章氏家训中的一条。可知章氏家族极其重视子弟的读书，只有读书，才能提高自己的气质，才能成人。今后不管是科举入仕或者经商务农，都不会走向邪路。汉代文、景二帝就是因为好读书，所以才传国几百年。士大夫家一定要有读书种子，所谓读书种子就是不仅自己酷爱读书，而且能够传承、影响他人的人。古人多么重视读书啊。

隆师友。夫师以陶铸①我，友以砥砺②我。虽古圣帝明王，如黄帝事成子，虞舜事善卷，禹事西王国，汤事务光，文武事姜望，皆执弟子礼，未尝自圣焉。今人不逮古人远甚，奈何弁髦③(biàn máo)其师，吐苴其友，是自弃于贤君子，以故愚益愚也。

——《绩溪姚氏家规》

【注释】

①陶铸：比喻造就、培育。

②砥砺：互相勉励。

③弁髦：弁，黑色布帽；髦，童子眉际垂发。古代男子行冠礼，先加缁布冠，次加皮弁，后加爵弁，三加后，即弃缁布冠不用，并剃去垂髦，理发为髻。因以"弁髦"喻弃置无用之物。引申为鄙视。

【翻译】 要重视师友。老师是培养我，朋友是勉励我。即使是古代圣明的帝王，如黄帝拜成子为师，虞舜拜善卷为师，禹拜西王国为师，商汤拜务光为师，周文王、周武王都拜姜望为师，他们都行弟子之礼，未尝自以为圣人。今人与他们相比差得太远了，为什么鄙视老师，把朋友视为土渣，这是自己抛弃贤人君子，所以愚蠢的人就更愚蠢了。

喝雉呼卢[①],禁同命盗;铺钱斗叶[②],贱比猪奴。凡属同宗,务戒赌博。创业百年,祖宗何如辛苦;当场一掷,子孙独忍轻抛。族人共勉之。

——《安徽胡氏经麟堂家训·家规》

【注释】

①喝雉呼卢:是古代一种赌博游戏,又称五木、樗蒲。在古代,这种博戏十分流行。后来,人们又发明了骰子。骰子一出,五木就没人玩了,但是人们仍将掷骰子之类的赌博习惯地叫做呼卢喝雉。

②斗叶:玩叶子赌博,叶子是一种纸牌。

【翻译】 禁止赌博应该像禁止杀人盗窃一样;赌博的人,其下贱就像猪和奴隶一样。凡是我们同宗的人,一定要戒除赌博恶习。创业百年,祖宗多么辛苦,才积累了一些财产;赌博时把骰子当场一掷(即输个精光),做子孙的怎忍心将祖宗财产就这样抛出。族人要共同诫勉啊。

家之隆替[①],关乎妇之贤否。何谓贤?事姑舅以孝顺,奉丈夫以恭敬,待娣姒[②]以温和,接子孙以慈爱,如此之类是也。何谓不贤,淫狎妒忌,恃强凌弱,摇鼓是非,纵意徇情,如此之类是也。呜呼,人同一心,事出多因,福善祸淫,天道昭鉴,为妇人者不可不慎。

——《绩溪东关冯氏存旧家戒·家规》

【注释】

①隆替:盛衰。

②娣姒:古代同夫诸妾之间互称。

【翻译】 一个家庭的兴旺还是衰落,确实与妇人是否贤惠有关。什么叫贤惠?对公婆孝顺,对丈夫恭敬,对诸妾温和,对子孙慈爱,这些都叫贤惠。什么叫不贤惠,荒淫妒忌,以强欺弱,播弄是非,随心所欲,曲从私情,这些都是不贤惠。人同此心,事出多因,福善祸淫,天道昭昭,为妇人者一定要谨慎啊。

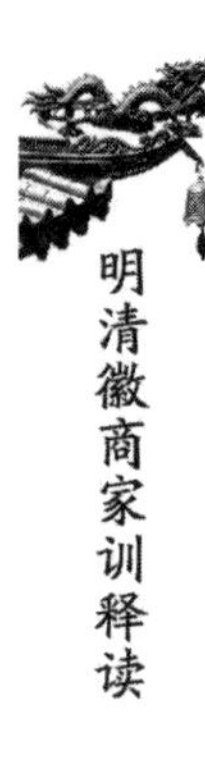

教子弟抑浮薄，去奸伪。大都谨厚忠信，人所爱敬；轻薄奸伪，人所厌恶。或挟术用智，慢视尊长而不听其教，或睨视[①]尊长而不循其礼，凡我子弟不可习为此风。且士君子[②]立身自有法度，孝友其根本也，器度其规模也，言动其枢机[③]也，节操其质干也。无忠孝则根本蹶，无器度则规模隘，言动不慎则枢机坏，节操不坚则质干[④]朽，纵有聪明徒增罪障，纵有富贵徒益恶孽。《教家要略》："无瑕之玉，可以为国器；孝弟之士，可以为家瑞[⑤]。"又曰："宝玉用之有尽，忠孝享之无穷。"可以观根本矣，当自勖诸。

——《黄山岘阳孙氏家规》

【注释】

①睨视：斜眼看人。

②士君子：有学问而且品德高尚的人。

③枢机：关键。

④质干：主体。

⑤家瑞：家中的吉祥。

【翻译】 教育子弟一定要抑制轻浮浅薄之行为，去掉奸诈虚伪之恶习。一个人谨慎厚道忠诚信用，就会受到人们的敬爱；轻浮浅薄、奸诈虚伪，就会遭到人们厌恶。有的耍小聪明，傲慢对待尊长而不听其教诲，或鄙视尊长而不遵循礼节，凡我族子弟一定不能染上这种恶习。而且士君子立身自有其行为准则，孝敬和友爱是根本，器度是规模，言行是关键，节操是主体。没有忠孝则根本就倒了，没有器度则规模就狭隘。言动不慎则关键坏了，不能坚守节操则质干就朽了。即使你很聪明，只会徒增你的罪过，即使你富贵，也会徒增你的罪孽。《教家要略》写道："洁白无瑕之玉，可成为国家的宝器；做到孝悌的人，是家庭的祥瑞啊！"又说："宝玉有用尽的时候，忠孝是能够享受无穷的。"可以看到根本之所在，大家应当自加勉励。

敬重师傅

师之道。虽天子无北面[①]，所以天作之君，尤复作之师，当天子临雍[②]，太傅[③]在前，少傅[④]在后，而其执酱而馈、执爵而酳[⑤]者，礼何如之。汉魏言经师[⑥]非难，人师[⑦]为难，人师者为能表帅乎人也，欲以素丝之质附近朱蓝[⑧]。故求入郭林宗[⑨]之门而为之供给、洒扫，盖将步亦步，趋亦趋[⑩]，俎豆[⑪]其先生而不仅执经问难已也。因知择师教子自当读诗书，自当课文艺，然必于诗书中讲求道义而使性情心术之间皆从此端正，又必于文艺中发明学问而使品行德望之地皆从此精纯，是所藉于师者非轻，而其人之得为师者更非轻。若轻待其师，不能尽弟子之仪，适以自轻其子弟，若师而自轻，不克正先生之位，又何由使待师者重。要知师道立则善人多，师固自立而亦由立我师者立之，苟敬我师如神明，奉我师如蓍蔡[⑫]，仰之为泰山，瞻之为北斗，而师范宁不昭焉，师资宁不裕焉？是非尊师也，尊其教也，尊师之教即所以为从师者尊也。昔亦谓师严则道尊，道尊则教重，教重则文理明、人品立，孝弟之心油然生矣。师也，傅也，固不得亵[⑬](xiè)而视之者也。

——《古歙义成朱氏祖训·祠规》

【注释】

①北面：指面朝北方。古代君主面朝南坐，臣子朝见君主则面朝北，所以对人称臣为北面。

②雍：即辟雍，本为西周天子所设大学，校址圆形，围以水池，前门外有便桥。东汉以后，历代皆有辟雍，作为尊儒学、行典礼的场所，除北宋末年为太学之预备学校(亦称“外学”)外，均为行乡饮、大射或祭祀之礼的地方。

③太傅：古代三公之一，正一品。

④少傅：古代九卿之一，从一品。

⑤执酱而馈、执爵而酳：馈，进食于人；爵，古代用于饮酒的容器，酳，通

饮。上句是指天子对老师的尊敬。

⑥经师:旧时指讲授经书的老师。

⑦人师:指德行学问等各方面可以为人表率的人。

⑧素丝之质附近朱蓝:本意指纯洁的丝放在朱蓝的旁边,日久就会染上朱蓝。喻指一个人具有纯洁的本质,来接受德行高尚者的熏陶。

⑨郭林宗:即郭泰,字林宗,太原郡介休县(今属山西)人 。东汉时期名士,与许劭并称“许郭”,被誉为“介休三贤”之一。郭泰出身寒微,年轻时师从屈伯彦,博通群书,擅长说词,口若悬河,声音嘹亮。他身长八尺,相貌魁伟。与李膺等交游,名重洛阳,被太学生推为领袖。

⑩步亦步,趋亦趋:事事模仿或追随别人。

⑪俎和豆:古代祭祀、宴飨时盛食物用的两种礼器,亦泛指各种礼器。后引申为祭祀和崇奉之意。

⑫蓍蔡:德高望重的人。

⑬亵:轻慢。

【翻译】为师的规则。虽然天子不能对别人北面称臣,但天创造了天子,又创造了老师,当天子亲临辟雍,太傅走在前面,少傅跟在后面,天子对他们执酱而馈,执爵而饮,这种礼节何等隆重。汉魏时人说,做一名经师不太难,做一名人师很难,作为人师是要当人表率的,要能够熏陶那些纯洁而愿学习的人。所以求入郭林宗之门的人,愿意供给洒扫,亦步亦趋地学习、崇奉其先生,倒不仅仅是手捧经书,质疑问难而已,而是要学习他那高尚的德行。因此我们知道,择师教子自然要苦读诗书,考核文艺,但是必须要从诗书中讲求道义而使自己的性情心术从此端正,又必须从文艺中发现学问而使自己的品行德望从此精纯,这拜师学习的任务不轻啊,而作为老师的责任更是重大啊!如果怠慢孩子的老师,不能恭恭敬敬行弟子之礼,那实际上是轻视自己的孩子。如果老师自己降低身份,不能端正老师之位,又怎么使别人尊重你呢。要知道,师道能够实行,则好人就多,老师固然要自立,同时也是敬我为师者立之。如能把我师敬若神明,奉为德高望重之人,仰望他像泰山一样,瞻仰他像北斗星一样,如果这样,老师的示范作用还不明亮吗?老师的待遇还不充裕吗？这不是尊重老师个人，而是尊重老师的教育，尊重老师的教育就是老师之所以受尊敬啊。过去也说老师严则师道尊，师道尊则教育重，教育重则文化、道理就明白，人品就得以树立，孝敬友爱之心就会自然而然产生。师，就是傅，传授道的，对老师是不能轻慢的。

立身

《孝经》云："夫孝始于事亲，中于事君，终于立身。"可见立身为孝之大者，身不立则诸般皆无足观[①]，所谓立身一败，万事瓦裂是也。立身之要，在先立志，如士农工商四民之业也，士则读书养气，务师圣贤，不为俗学所囿，次亦砥砺廉隅[②]，卓然[③]自守，或抗迹[④]青云[⑤]，树功名于时，为宗族光宠可也。其余则自处以正，富不骄，贫不谄，见善则效之，不善则去之；勿纵欲，勿怠惰，毋网非分之利，毋逞一朝之忿，各治其业，日有孳孳[⑥]，岂复有干犯名义以玷及祖宗辱及父母者乎？尔后嗣其敬念之。

——《黄山迁源王氏族约家规》

【注释】

①足观：值得看。

②廉隅：品行端方，有气节。

③卓然：卓越的样子。

④抗迹：高尚其志行、心迹。

⑤青云：此指高官显爵。

⑥孳孳：勤勉不懈的样子。

【翻译】《孝经》说："行孝尽孝的开始就是要孝顺父母，长大成人就要忠于国家和君主，最终就是要对他人和社会有所贡献，能实现自己应有的人生价值。"可见立身是孝最大的方面，身不立那就各方面都不值得看了。立身一败，万事都像碎瓦一样裂开了。立身最重要的是要先立志，如士农工商四民之业，士就是读书培养自己的浩然正气，一定要拜圣贤为师，不要被俗学所

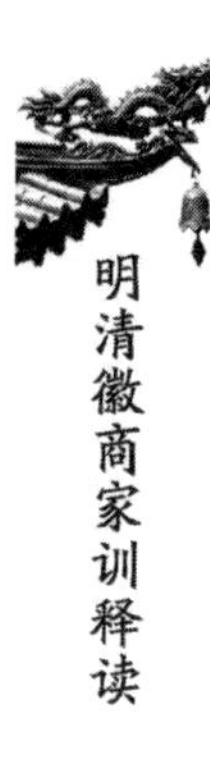

局限，其次要磨砺自己的节操，卓然自守，或在高官显爵之时也能保持自己高尚的心志，为国家树立功名，为宗族争得荣耀。其他的则要以正自处，富了不骄奢，穷了也不奉承巴结，见到好的就去学习，不好的坚决去掉；不要纵欲，不要懈怠，不要去捞取非分之利，不要去发泄一时的气忿，各干各的事业，每天都勤勉不懈，这样哪会发生违背名义而玷污祖宗、辱及父母的事呢？从此以后你们一定要记住这些。

重本业

本业所以厚生也，人有此则养生送死，婚嫁礼节，赋役交际，衣食器宇，皆民生日用之所，不能无此也。苟无以资之，则坐困而无比数矣，故圣人重之，因其势而利导之，教之生道以业之。

生业有四：曰士、曰农、曰工、曰商。凡人必业其一以为生，当随其才智而为之，然皆不外于专志坚精，勤励不息，乃能有成，仰事俯畜可以饶裕。如生禀乖蹇，尔可免于冻馁，未有无所事事、流于游惰而可以为生者也。

若夫贤哲行义之士，纵厄于穷困，虽至此而不变。下此一等，鲜有不因此而流于污贱，以为非者矣。大而僭逆强乱，小而诱窃攘夺，靡所不至，莫不由于志行堕亏、不务生业而然也，乌可以细故而忽之哉。

故凡为士者，必以圣贤为期，生民为心，达则兼行天下，穷则独善其身，如徒当虚文，陷溺心志，无益于道，非所取也。若为农者，上顺天时，下察地利，树艺耕耘，不惮勤苦，三余有暇，经史可务，心义不迷，贤明可就。士出于农，古人所重。至于工艺，专精为善。商贾之道，勤慎是务，顺道而行，义利可取。计术空劳，造化有数。

噫！吾徽地遍人稠，业商贾者十居八九，吾人稍有才智者士业不可后也，不得已而服贾，当以先贤为心，义利为介，敏于力作，斗智争时，随分为经，毋诈伪以损人，毋荡散以倾资，毋奸险苟得，以坏心术，亮之勉之。

——《富溪程氏祖训家规封邱渊源合编·族规家法·重本业》

【**点评**】这是一篇很好的家训。这里所说的本业，不仅仅指农业，而是泛指生业,具体而言就是士(读书科举)、农、工(手工业)、商。不管哪种行业,“凡人必业其一以为生,当随其才智而为之”。怎样才能做好呢?“不外于专志坚精,勤励不息,乃能有成”。这是很有道理的。

由于徽州人经商者特多,所以家训专门提出训诫:经商“当以先贤为心,义利为介,敏于力作,斗智争时”,强调以义为利,利以义取。“毋诈伪以损人,毋荡散以倾资,毋奸险苟得,以坏心术”。徽商大多遵守商业道德,被称为儒商,这与他们的家风家训是有相当关系的。

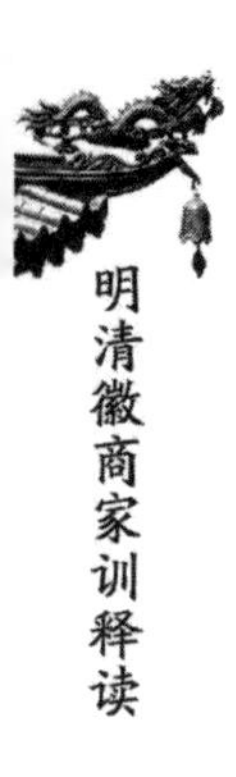

友　爱

族中叔侄兄弟，虽有同堂各派不同一，祖宗视之俱是一本所出，务要长幼有序，休戚相关，年时月节，婚姻庆典，各尽亲睦之道。又须如古灵陈先生所谓：父慈子孝，兄友弟恭，夫义妇听，男女有别，子弟有学，乡闾有礼，贫穷患难，亲戚相救，婚姻死丧，邻保相助，无堕农业，无学赌博，无好争讼，无以恶凌善，无以富欺贫，则为礼义之俗矣。

——《绩溪西关章氏家训》

人家兄弟，自幼同父母、同乳、同衣、同床席、同笑语，成童同笔砚、同嬉游，甚相亲，爱至冠娶，后多以财利、言语些少相干，遂生嫌隙，阋墙不睦，甚为悖戾（bèi lì，违逆、乖张），尝诵法昭禅师偈曰："同气连枝各自荣，些些言语莫伤情。一回相见一回老，能得几时为弟兄。"词意蔼然，足以启人友于之爱。

——《绩溪西关章氏家训》

兄弟至亲或前后异母、嫡庶异等，并是同气连枝，兄友弟恭，两相爱恋，当如手足相愿可也。或溺于财产偏听妻言致生间隙，珍臂阋墙视如旧敌。甚者怀怨不释，延及子孙，以启败亡之祸者，有之。家中倘有不念前弊争长竞短，家长召至中堂，或财产事端，务与分剖明白，其拗曲不让，逞凶斗殴，罚之。第理曲者重罚之。

——黟县《环山余氏谱·家规》

人家兄弟胸中常要把两个念头退一步想：当养生送死时，譬如父母少生一个儿子；当分家受产时，譬如父母多生一个儿子。如此想念，则忿气争心自然瓦解。

——绩溪《坦川汪氏家训》

【点评】 古人的话讲得多好啊！给父母养生送死时，就想如果父母少生一个儿子，自己还不是要多承担一些责任吗；分家受产时，就想如果父母多生一个儿子，自己还不是要少拿一些吗！这就叫退一步想。退一步海阔天空，凡事能做退一步想，心中就少了怨气和戾气，不仅有利于家庭、社会和谐，而且有利于自己的健康。要知道，气积伤身啊。

父母一本，本不可薄；兄弟同谊，谊不可乖[①]。故为子者，居常则承颜[②]顺志，有故则几谏[③]干蛊[④]。穷思立身而勿遗其忧，达思显亲而勿遗其玷。为人弟者，行坐谨乎隅随，怨怒戒乎藏宿，饥寒笃同爱之念，急难切鹡鸰[⑤]之情。《书》曰："立爱惟亲，立敬惟长[⑥]。"讽诵《书》言而笃行之，则为孝弟人矣。

——《绩溪姚氏家规》

【注释】

①谊：古同"义"。乖：违背。

②承颜：顺承尊长的颜色。谓侍奉尊长。

③几谏：对长辈委婉而和气的劝告。

④干蛊：指儿子能担任父亲不能担任的事业。

⑤鹡鸰：一种嘴细，尾、翅都很长的小鸟，只要一只离群，其余的就都鸣叫起来，寻找同类。亦作"脊令"。比喻兄弟友爱之情。

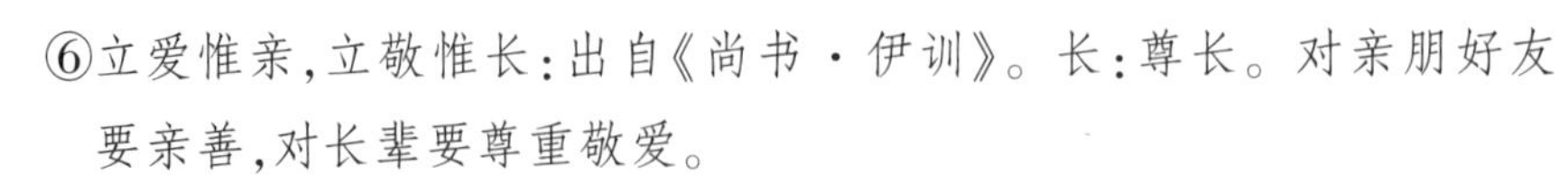

⑥立爱惟亲，立敬惟长：出自《尚书·伊训》。长：尊长。对亲朋好友要亲善，对长辈要尊重敬爱。

【翻译】 父母是我们的根本，根本是不能轻薄的；兄弟同义，义是不能违背的。所以作为儿子，平时要顺承尊长的颜色，顺从他们的志趣，父母有错应委婉而和气的劝告，并承担父亲不能承担的事业。穷困时应立身而不要给父母带来忧虑，发达时应想到如何显耀双亲而不要给他们带来玷污。作为弟弟，行坐要谨慎跟随，有怒有怨要不露声色，饥寒时要忠实贯彻同爱的念头，急难时要有鹡鸰那样的友爱之情。《尚书》说："对亲朋好友要亲善，对长辈要尊重敬爱。"讽读这句话并切实实行，那就是懂得孝敬和友爱的人了。

载[①]咏《蓼莪》[②]，恩深罔极；兴歌《棠棣》[③]，谊切孔怀[④]。凡属同宗，务敦[⑤]孝弟。蠢而物类，犹知爱敬之良；灵若人群，讵[⑥]昧[⑦]仁义之性。族人共勉之。

——《安徽胡氏经麟堂家训·家规》

【注释】

①载：词缀，嵌在动词前边。

②《蓼莪》：是《诗经》中的一篇。此诗第一、二章以"蓼蓼者莪，匪莪伊蒿"起兴，诗人自恨不如抱娘蒿，而是散生的蒿、蔚，由此而联想到父母的劬劳、劳瘁，就把一个孝子不能行"孝"的悲痛之情呈现出来；第三章用"瓶之罄矣，维罍之耻"开头，讲述自己不得终养父母的原因，将自己不能终养父母的悲恨绝望心情刻画得淋漓尽致；第四章诗人悲诉父母养育恩泽难报，连下九个"我"字，体念至深，无限哀痛，有血有泪。全诗以充沛情感表现孝敬父母之美德，对后世影响很大。

③《棠棣》：《诗经》中的一篇，是一首申述兄弟应该互相友爱的诗。"棠棣"也作"常棣"。后常用以指兄弟。

④孔怀：兄弟的代称。

⑤敦:诚心诚意。

⑥讵:怎么。

⑦昧:糊涂,不明白。

【翻译】 吟咏《蓼莪》篇章,就知道父母的恩情是无限的;歌唱《棠棣》篇章,就知道兄弟之情。凡属同宗之人,务必诚心诚意实行孝敬友爱。愚蠢的动物,犹知爱敬;聪明的人类,怎能不明白仁义呢。族人要共同勉励这些道理。

兄弟一体而分,若手足然,试观发祥[①]之家,未有不起于雍睦[②]者也。近世人家兄弟相抵捂,大要有二:溺[③]妻妾之私,以言语相谍[④];较货财之人,以多寡相争。或因兄弟早亡,或因子侄暴戾,彼此怀怼[⑤](duì),互相矛盾,甚至兴讼不休,子孙世为寇雠(chóu),良[⑥]可哀也。通族当念同胞之亲,必须平心观理,不惑妻子之言,不听细人之谤,轻财重义,一气同心,父母何等快乐。二亲既殁,亦当缓急相顾,如形之与影,声之与响,乃兴家造福之道,些少财产,些微言语,不以介意。小儿戏嚷,各责其子,不以关心。或有间言,喻令弗辨,则嫌隙不作,而和气自融,外侮不生,家道日昌矣。

——《黄山岘阳孙氏家规》

【注释】

①发祥:泛指开始建立基业或兴起。

②雍睦:和睦。

③溺:沉迷不误。

④谍:同喋。

⑤怼:怨恨。

⑥良:很。

【翻译】 兄弟本是一体而分,就像手和足一样,看看那些兴旺之家,没有不起于和睦的。近世人家兄弟之所以有矛盾,主要有两点:一是沉迷于妻妾的私言,以言语喋喋不休;二是计较货财的人,就以多少相争执。有的或因兄

弟早亡,或因子侄粗暴,彼此心怀怨恨,互相矛盾,甚至打官司也不罢休,搞得子孙世为仇敌一样,真是很可悲啊。我们全族一定要顾及同胞之亲,必须心平气和看清道理,不要被妻子(只图私利)言语所迷惑,不要听信小人之诽谤,把财看轻一点,把义看重一点,同心同德,父母看到多么快乐。双亲去世后,兄弟之间也应缓急相帮,如形之与影,声之与响一样,这是兴家造福之道,一点财产,一句两句话,不应介意。小儿之间有矛盾,各自责备自己的孩子,不要记在心上。或有挑拨离间的话,不要去听,那么彼此矛盾就不会发生,大家就会和气融融,外人也不敢欺侮,家庭就会兴旺发达。

兄弟之间只可论情

公于伯仲分金,推让不较,尝谓人曰:“分产不足羞,可羞是分而争产。兄弟间只可论情,不可论理。论理则争比,侮慢日起;论情则和,和则乖戾不生。”时以为名言。

——歙县《涧洲许氏宗谱》

【点评】这里的“公”，指的是明末清初歙县人许时清，他出身于商人家庭，自己也是一位商人。在父辈年老分家产时，他与兄弟从不计较得失，推让给兄弟。他曾对人说：“分家析产不是丑事，分家时为自己争夺财产才是丑事。兄弟之间分产时只能讲情，不能讲理。如论理则会导致争斗，傲慢冒犯就会逐渐产生；而讲兄弟之情就会和气，只要兄弟之间和气，那就不会做出一些不合情理的事。”他的这番话别人都当成名言。许时清的这番话确实道出了处理兄弟关系的真谛。家庭中的事，如果完全论理，兄弟之间的情分就没了。若论兄弟之间的手足之情，那彼此吃点亏又算什么呢？

吾侄如此，吾愿遂矣

先生讳作霖，字在乾……嗣以兄某某体弱，父令读书，而先生改服贾。清同治庚午兄殁，嫂孙氏年二十一，有遗腹，秘丧不使知。父昕（xīn，太阳将出之时）夕不宁，复多方慰解。及明年送兄榇归，泫然流涕，顾慰嫂曰：“幸嫂有遗腹，若生男令读书成名，继吾兄之志，家事余当独任之，不使分劳，以慰兄在天之灵。”未几生男即征君，勤劬（qú，劳作、苦干）顾覆，爱如己子。长令从同县汤南田、程抑斋二先生专志于学，并远造兴国，谒万清轩先生师事之。及至应征作宰山东，政声卓然，先生乃喜曰：“今吾侄如此，吾愿遂矣。”

——民国《黟县四志》卷14《胡在乾先生传》

【翻译】胡作霖（清代黟县人），字在乾……后来因为兄长体弱，父亲安排他读书，而要作霖经商。1870年兄长去世，嫂孙氏才二十一岁，因已怀孕，就没有告诉她。父亲为此早晚不安，作霖多方安慰。到了第二年，兄长的灵柩运回，作霖流着泪对嫂嫂说：“幸亏嫂嫂有遗腹，如果将来是男孩，一定让他读书，以继承父志。家事由我一人承担，不要让你操心，以慰我兄在天之灵。”不久，嫂嫂果然生了个男孩，取名征君。作霖辛勤经营，精心呵护，爱如己子。征君长大后就送他到同县的汤南田、程抑斋两位先生那里，专心致志地学习。后又送他到兴国县拜万清轩先生为师。直到征君后来到山东做官，卓有政声,作霖才高兴地说:“今天我侄子能够这样,我的心愿达到了。”

【点评】 胡作霖在兄长去世后,能够独任其劳,不仅孝养双亲,而且精心培养侄子二十多年,直至他成人成才,充分反映了作霖对兄长深厚的手足之情。

孝友楷模

佘兆鼒,字季重,郡旌孝子,兆鼐季弟也。七岁时,父与伯兄兵阻汴梁,与仲兄兆鼐事母于家。母仇病,言动异常,仲九岁延医煮药于外,他人无敢近者,乃独侍床榻,顷刻不离。人诧其何以不惧,对曰:“病者,吾母也,他何知焉。”及贾于宣城,父母每念之,即心动驰归,敬问所欲,必承其欢。伯兄病于金陵,急自宣城奔候,疾笃,或言扬有医某甚良,辄驾扁舟破浪而往求之医,不允,跪泣于其庭者三日。人皆诮让医,医乃行。延登舟,躬执仆役以事之,伯兄终不起。亲同两孤扶旅榇归,将抵家,倍道驰至父前曲为劝慰,恐伤父心。其孝友周挚如此。

——清 佘华瑞:《岩镇志草·孝友续传》

【点评】 佘兆鼒兄弟从小就表现不寻常,父亲与长兄在外经商,他和二哥陪伴母亲在家。母亲生病,言动异常,别人不敢靠近,九岁的二哥到外请医煮药,七岁的他独自在母亲床前服侍,一刻不离。别人问他为什么不怕,他说:“我只知生病的人是我的母亲啊,其他我不知道。”从中可以看出佘家家风多好!尤其是后来长兄在南京生病,他自宣城匆匆赶去,长兄病加剧,他听说扬州某人医术高明,则立即驾舟破浪前往求医,医生不愿出诊,他竟然跪泣于庭院三天,别人看不下去了,都在批评医生,医生乃勉强成行。在船上,他像仆役一样服侍医生,充分反映了他对兄弟的深厚情谊。长兄去世,当他护送灵柩快到家时,又提前赶到家,好言宽慰父亲,深怕父亲过度伤心。可以说,佘兆鼒对父母、对兄长真正做到了“孝”和“友”。难怪他被官府旌表为“孝子”了。

手足情深

君（程尚隆）性行最厚，生九年而孤……兄尚升读书，君以家政自任。年十四即就贾，使兄得一意为学游庠贡成均[①]，久之家渐裕，母使析产，君恻然言："兄食指繁[②]，必合乃相济。"母鉴其诚，罢议。母殁后十年，兄子女毕婚嫁、老屋隘甚，不得已乃始分宅居。兄病笃，医疗罔功，哭祷三昼夜不绝声，兄竟瘳（chōu，病愈）。女弟[③]适某家贫，君与兄岁月周之，没齿无间。

——同治《黟县三志》卷154《程君默斋传》

【注释】

①游庠贡成均：指在学校里学习。

②食指繁：指吃饭的人口多。

③女弟：妹妹。

【点评】程尚隆是清代黟县商人，因九岁丧父，十四岁即出去经商，支撑全家生活，并供养兄长读书。待他致富后，母亲要他与兄长分家，他说："兄长家人口多，只有合在一起才可以互相帮助。"直到十几年后子女结婚，老屋实在住不下了才分家。兄长病了，他祈祷痛哭三天三夜，结果兄长竟病愈了。妹妹出嫁后婆家贫穷，两位哥哥每个月都给予帮助，一直到老都是这样。他们兄弟妹三人的手足友爱之情实在难能可贵！

无为子孙损智益过

周昊……昊居长，服贾赢利俟四弟完聚均分，一无私藏。晚有余财，称贷者众，疾革，尽焚其券，曰："无以是为子孙损智益过。"乾隆间，翚（huī）溪大路倾圮，伐木为桥，以济行人。

——嘉庆《绩溪县志》卷10《人物志·尚义》

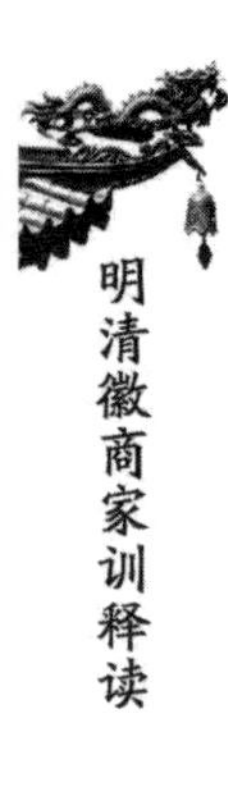

【点评】周昊是清代绩溪商人，他在家是长兄，外出经商赚了钱后，要等四个弟弟都在场然后均分，“一无私藏”，足见其兄弟友爱之情。尤其是晚年他把别人的借券全部烧毁，认为钱财这东西留给子孙，就会使他们“损（减少）智益（增加）过”。那些拼命为子孙攒钱的人见此不知作何感想？

待侄厚于子

程肇都……歙人，父业鹾[①]，入籍钱塘。性至孝，父过遂安，经连岭六十里，陟历崎岖，归语肇都，因捐资修砌建亭置宇，以成父志。父母殁，既葬，每朔望[②]必往墓祭，寒暑无间。弟开周夫妇早殁，遗孤五岁，饮食教诲无异己子。及长，出己资而中分之，侄予以半，二子共分其半，谕其子曰：“非我于汝等薄也，所以慰先灵也。”

——清 延丰：《重修两浙盐法志》卷25《商籍二·人物》

【注释】

①鹾：盐。业鹾：经营盐务。

②朔望：农历每月初一为朔，十五为望。

【点评】作为一名盐商，能捐资做公益，以完成父亲的志愿，家风可见。尤其是父母去世后，弟弟、弟媳又故去，他能将五岁孤侄抚养成人，而且在分配自己资产时，给孤侄一半，而两个儿子共分一半，这种精神感人至深！

愿举所有尽与弟而息讼

许习经，字圣章，（歙县）许村人。家贫，随父贾通州渐裕。后与叔父析产，亲族谓曰：“习经独立经营，宜有所加。”习经坚辞，且多所推让。嗣诸弟不协[①]，致结讼[②]，习经在苏闻之，贻书曰：“吾不德[③]，无以式[④]诸弟，不能告无罪于先人，愿举所有尽与弟而息讼。”诸弟感悔，讼遂以寝[5]。

——道光《徽州府志》卷12《人物·义行》

【注释】

①不协：不和。

②结讼：打官司。

③不德：我没有道德。

④式：树立榜样。

⑤寝：停止。

【点评】历来分家最难，兄弟之间极易产生矛盾，有的甚至大打出手。但许习经却处处表现损已利人。别人都说，家产都是习经从商而得来的，应该多分点。但习经断然拒绝，不愿多分。几个弟弟后来有矛盾，甚至闹到打官司。正在苏州经商的习经知道后，立即写信回去，首先检讨自己没有给诸弟树立榜样，愿意拿出自己所有家产给弟弟们，希望他们不要惊动官府。正是习经的高姿态，舍己为人，从而感动了诸弟，念起手足之情，也不打官司了。习经在弟弟们的面前，真是一个好兄长。在他的影响下，好家风一定能够建立起来。

赡养寡嫂及兄子孙五十年

叶懋荪……七岁而孤，事母孝，长习儒业，旋以兄老，弃儒代其劳。幼居母丧，哀毁迫切。兄逝，益自励。性宽厚，笃亲谊，好施与。分产时，让千余金以益寡嫂之养，然后再析其余。兄子不善治生[1]，假居[2]居之，推食[3]食之。养寡嫂、赡兄之子若孙辈十数口，垂[4]五十年，事为前邑令章寿椿所嘉叹。

——民国《黟县四志》卷6《人物·孝友》

【注释】

①治生：指经营谋生。

②假居：出借房屋。

③推食:让给食物。

④垂:将近。

【点评】叶懋荪也是商人,分家时,兄已去世。他考虑到寡嫂养家不易,首先从总资产中拿出一千余两银子以贴补寡嫂之养费,其余再分。兄长之子不善经商,不仅给他房屋居住,还给粮食。竟然赡养寡嫂以及兄之子孙辈十几口,将近五十年。如果没有深厚的手足之情,是根本做不到的。

侍嫂、抚侄、养姐、资妹

公讳之骢……以父母年老,毅然曰"读书所以奉亲,而有用者也,今吾父母不得温饱,是谁之责与?"于是告诸穗亭公(父亲),请伯兄为学,遂服贾,时年十八。……无何伯兄卒,逾数年,穗亭公与母李太孺人相继卒,公经营三丧,皆尽哀尽礼。侍嫂抚侄,悉肩任之。公女兄适姚氏,年少贫,寡子幼,公即迎归养,且教其子,及长为之娶妇,使不绝姚氏嗣。有族妹适卢氏者,闻其母子孤苦,既资其薪水,复为之教子娶妇,盖公之济急悯孤,天性然也。

——《黄氏家乘》卷5

【点评】黄之骢从年轻时就表现出不凡的思想境界,他把读书这样的好事让给兄长,自己出门经商赡养全家。兄长以及父母去世后,他又独自挑起全家重担,服侍嫂嫂,抚养侄子。姐姐出嫁姚氏,后姐夫去世,家中贫困,孩子又小,之骢就将姐姐和外甥迎到家中赡养,把外甥养大,还资助他娶妻结婚,使姚氏之嗣得以延续。这对姚家来说是极其重大的事。族妹出嫁后不久丈夫去世,之骢听说她生活非常贫穷,不仅长期给予资助,还为族妹教子娶妇。这些事不是任何有钱人都能做到的,而黄之骢却做得很好。在家谱中能得到记载,说明他的事迹得到族人的一致公认。这种兄弟友爱之情正是良好家风的榜样。

其待同气,友爱肫挚

(胡)公讳日照,字岷之……弃儒贾金陵,自日中为市外,手一编孜孜不倦。……至其待同气[①],友爱肫挚,悉出性成,(父)朝议公捐馆[②],公年甫十龄,公弟仅初周耳,常兢兢扶持幼弟,必待其娶亲生子然后析产分居。又见弟子媳繁多,家用浩大,每遇婚娶必代为经营。每遇分财,必让多取少。不幸弟屋突遭回禄[③],储积一空,公慰谕同爨[④]数年,一切公诸所有,而其中之阴为眷注[⑤]尤有为人所不及知者。迨弟屋告成,复将所有家伙物件一并均分,毫无难色。抚诸侄如己子,庭以内无间言[⑥]。事诸伯叔及从昆弟爱敬,久而弗懈。

——清 王吉人等纂修:《江西婺源仁里明经胡氏支谱》卷首《岷之公传》

【注释】

①同气:指兄弟。

②捐馆:指逝世。

③回禄:指火灾。

④同爨:指在同一锅中吃饭。

⑤阴为眷注:指暗中帮助。

⑥间言:闲言碎语。

【点评】 在封建社会,兄弟分家后,各自有了家庭,基本上是各过各的日

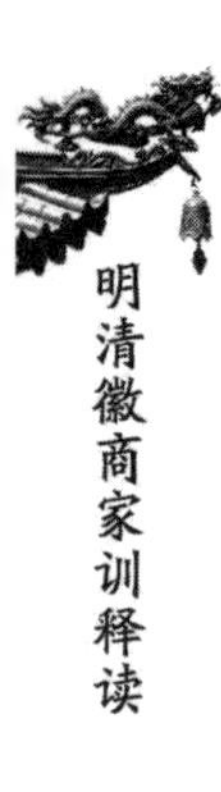

子，一般不发生什么经济关系。但胡日照却不一样，分家后处处想到弟弟们，一有困难，立马援手，表现出深厚的手足之情，着实令人感动。在当时世风日下之际，也为大家树立了一个学习榜样。

手足之间苟有偏厚，问心奚忍

公讳志茂，字盛田……公孝友勤朴，克绍家声。少而贫，艰险备尝，长而业商，渐置田园。及析产与弟均之，母氏欲多予，以酬其劳。公禀曰："服贾牵车自儿职也，手足之间苟有偏厚，问心奚忍？"因挥涕力辞。店业赀本，任弟携取，公束手在旁毫无所较。

——《安徽新安庐源詹氏合修宗谱·新安庐源詹氏宗谱》

【点评】 詹志茂家中的财富可以说都是他经商得来的，所以分家时，母亲想多给点志茂，以感谢他这些年来的辛勤操劳。但志茂却对母亲说："出门经商，挣钱养家这是做儿子的职责。我和弟弟是手足之情，如果母亲大人偏爱我，我问心何忍？"哭着坚决推辞。至于店业资本，听任弟弟自取，他袖手在旁边毫不计较。一个人是否有手足之情，分家时是最好的试金石。詹志茂的表现确实让人钦佩！

待侄如子，不忍二心

君讳徽谓，字齐曾，号晞庵……居久之，家道稍落，诸侄皆幼，亲串[①]中有敏练者谓君家故习于鹾(cuó)[②]，今食指[③]渐繁，徒守占哔[④]非其时矣。君颔之，不得已戴经而贾，终非君志。……君自居母忧[⑤]，感伤惕厉，涉世日深，诸侄亦后先脱颖[⑥]，协力经营，君年甫及壮，远涉汉江，称其才者人无异口，迄今交游倚重者久而弥笃。

初，君既就室家，即有以分箸请者，及方孺人[⑦]卒，言之益力，君正色谢之曰:“吾不幸父兄早世,有侄数人,实为吾辅,吾岂忍以二心倡乎?”今多历年所,一家之内,事无龃龉[⑧],财无私吝[⑨],亦君有以先之也。

——清 吴公洋纂修:《歙县长林吴氏宗谱·太学齐曾吴君行状》

【注释】

①亲串:亲戚。

②习于鹾:熟悉盐业生意。

③食指:指吃饭的人。

④占哔:即读书准备参加科举考试。

⑤居母忧:母亲去世,在家守孝。

⑥脱颖:指初露才华。

⑦方孺人:即徵谞母亲。

⑧龃龉:意见不合。

⑨私吝:私藏。

【点评】 徵谞本是读书参加科举的,因家道中落,父兄早逝,诸侄皆幼,只得弃儒就贾。后来诸侄也逐渐长大,成了他的好帮手,才慢慢积累起财富。当他成家后,母亲又去世,别人纷纷劝其与诸侄分家,这本是合情合理之事,但他却认为:“我不幸父兄早逝,有几个侄子,实在是我的好帮手,我怎么忍心与他们分家呢?”坚持不分,还像一家人那样。尤其是“事无龃龉,财无私吝”,之所以能够这样,确实与徵谞的榜样分不开的。由此可见,好家风的形成,与家长的言传身教是密不可分的。

江敬孚的兄弟情

敬孚,谨厚人也……弱冠[①]失怙[②],时仲弟玉仅十一,叔弟胙甫九龄,先人贻资被某吞蚀无存。敬孚操家政无溢入、无滥出,处画井井,故当时有勤干声。其事慈闱[③]如严父,昏定晨省[④]未尝远离,菽水[⑤]色养[⑥]颇得亲欢。痛父早卒,抚二弟为婚教。无何叔弟夫妻继没,敬孚抚其遗孤,一如待弟。仲弟艰

嗣,怂恿纳妾,逾年妾生子。

——清 江廷霖:《婺源济阳江氏宗谱》卷2《时圭公寿序》

【注释】

①弱冠:古代指男子二十岁,已经是成年人了,需行加冠礼。但此时男子身体不是非常强壮,故称弱冠。

②失怙:失去父亲。

③慈闱:指母亲。

④昏定晨省:旧时侍奉父母的日常礼节,晚间服侍就寝,早上省视问安。

⑤菽水:豆和水,指生活清苦。

⑥色养:指和颜悦色对待父母。

【点评】敬孚是个谨厚人。二十岁时父亲去世,时仲弟玉仅十一岁,叔弟胙才九岁。先人留下的资产又被某人吞蚀无存。敬孚亲自操持家政,没有额外的收入,也没有不当的支出,处画井井有条。他痛心父亲早卒,独自抚养两个弟弟,从小教育他们,长大为他们成家。没多久叔弟夫妻相继逝世,敬孚独自承担起抚养其遗孤的责任,就像待亲弟弟一样。仲弟结婚后没有儿子,敬孚就拿出钱来让他纳妾,一年后妾果然生了儿子。同宗弟某因事打官司,牵涉到敬孚,敬孚也不与计较,生前继续资助他,死后仍为其棺殓,就像不曾被他冤枉一样,其宅心忠厚就是这样。有敬孚这样的表率,家风能不好吗?良好家风的形成,家长是关键。

吴宜暄倾囊救族兄

吴宜暄,字和仲,(歙县)向杲人。家无中人之产。贸迁以养亲,与族兄三略客宿州。三略平白无故被人冤枉获罪在狱中,宜暄说:“是必且瘐死①。”倾其橐(tuó)得四百金,脱其罪。三略殚家之所有,书券以偿宜暄,辞弗受,再纳而再却,不获,乃即灯火焚之。

——道光《徽州府志》卷12《人物·义行》

【注释】

①瘐死：被折磨致死。

【点评】吴三略被冤坐牢，吴宜暄完全可以不闻不问，但他却在并不富有的情况下，拿出当时所有银子四百两为三略脱罪，并且烧掉三略出具的借条。金钱和友情，谁更重要，吴宜暄做出了正确的选择。

毕周万友爱见真情

毕周万，字汝高，（婺源）白石人。读书粗知大义。亲老家贫，二弟俱幼，乃佣于木商家。练达勤谨，遂为人信任，每岁辛俸，悉寄交二亲，无私积。亲继逝，闻讣，奔丧七昼夜千余里，以不逮①视饭含②为大恨。友爱两弟，先为完娶，人问胡不自谋，答曰："弟妇皆吾母乳养者，敢不先欤？"后苦积八十金，将归娶矣，会房兄③某贫负吴人债，官追急，欲鬻妻以偿。某年已四旬，子才半岁，万悯之曰："嫂去侄必不活，吾蓄金为嗣续计，忍使之先绝乎？"出金偿之，且贷以足其数年。周甲④犹佣于吴，囊又裕，乃谋娶……

——道光《徽州府志》卷12《人物·义行》

【注释】

①不逮：不及，没有赶上。

②饭含：古代丧仪之一，即把珠、玉、谷物或钱放入死者口中的习俗。

③房兄：堂兄。

④周甲：六十岁。

【点评】毕周万一生在木商家打工，收入并不高。但他宁可自己不结婚，也要让两个弟弟先成家。后来好不容易积攒了八十两银子准备回家结婚，又听说堂兄欠人债，准备卖妻以偿，堂兄年已四十，儿子才半岁，妻子卖了，儿子肯定活不了。毕周万又把用来结婚的钱给了堂兄还债，挽救了一个家庭。就这样，周万直到六十岁才考虑自己结婚之事。这种舍己为人的精神实在可嘉。

人子事亲,当作父母生我一人想
兄弟分财,当作父母多生数人想

人子事亲,当作父母生我一人想;兄弟分财,当作父母多生数人想。不然,服劳奉养则相推,田园庐舍则相争,是子多反不如子少,有家转不若无家。揆诸孝子悌弟之心,宁忍出此?

吾家贫时,尝假债于亲戚,今幸宿债已偿。现在兵荒满目,亲戚之贫者,宜量力以周恤之,凡署券于吾者,悉焚之便。

——《黟县环山余氏宗谱》

【点评】 这是清代黟县商人余国炳讲的话。余国炳出生四十九天丧母,靠继母抚养成人。二十岁时又丧父,家无担石,债积如山,他与兄长在外经商,家中还有五个弟弟,生活非常艰难。国炳与兄奋力经营,节衣缩食,以养继母,以抚诸弟。铢积寸累,终于发家。分家析产时,总是多给弟弟们。他说:"人子事亲,应当作父母只生我一人想,这样就不会打拼了;兄弟分家时,应当作父母多生数人想,这样就不会斤斤计较了。如果不这样,那么服劳奉养就推给其他兄弟。分家时,田园庐舍则相争不已。这样,子多反不如子少,有家却不如无家。想想孝子悌弟的道理,能忍心这样吗?"所以他们分家没有一点矛盾。晚年国炳生病回家,仍然处处想到帮助别人。临故前他对儿子们说:"当年我家贫困时,曾向亲戚借过债,今天幸亏这些债都偿还了。现在兵荒马乱,亲戚中有贫穷的,你们一定要量力接济,过去凡有借条在我这里的,你们全部烧掉为好。"余国炳的这些话今天仍有强烈的现实意义。

友爱兄弟，堪称典范

在江苏太仓，当地百姓一直传颂着一个十分感人的故事。

故事的主人公是一位名叫毕礼的商人。

毕礼虽生活在太仓，但他的祖籍却是徽州歙县。明清时期，徽州由于地少人多，人们大多外出经商，歙县更是几乎家家经商。外出经商的人往往就迁居到外地，毕礼家就是这样。他的祖父到江苏昆山经商，以后就定居在这里。后来他父亲毕祖泰因为做生意的需要，又将家移居到太仓。

父亲生了五个儿子，毕礼排行第三。徽州人非常重视对子女的教育，所以毕礼从小就读书，而且学习非常努力，深得老师喜爱。

可是，由于家庭人口多，负担重，父亲的生意也不尽如人意，生活逐渐困难。见此情形，毕礼只得离开学校，放下书本，去经商养家。读过书的毕礼在商场上和别人就是不一样，他能准确地分析行情，而且笃守信义，虽然生意做得不大，但他一诺千金，从不食言。久而久之，他在当地享有很高的信誉，和他熟悉的朋友都非常信任他。

信任真是用金钱买不到的无价之宝，也会给自己带来意想不到的希望。做生意最重要的是资金，有时资金不凑手，机会就转瞬而逝。毕礼由于家庭并不富裕，常常面临这样的窘境。但由于他的信誉，每逢遇到这样的情况，朋友们竟然争以千金相借，并且都说："右和（毕礼的字）难道会永远贫困吗？"正是由于朋友们的慷慨援手，使毕礼一次次渡过难关，生意也越做越大。经过一二十年的奋斗，竟成了一名富商。

随着毕礼的逐渐致富，父母的年龄也越来越大了。看到毕礼的发迹，父母自然心花怒放，但一看到其他儿子的情况，又是忧心忡忡。在五个儿子中，长子、四子都早亡，各自遗下一个家庭，而次子、季子（最小的儿子）家庭十分贫困。每每念到这些，做父母的能不揪心？

父母的心事，毕礼看在眼里，记在心头。他心里当然清楚：兄弟五人，一兄一弟因病去世，留下两个家庭，还有一兄一弟都不会经营，所以他们几家都很困难,五兄弟中只有自己最富裕,父母虽然想让自己接济几个兄弟,但由于已经分家析产,说不出口,故而心事重重。

毕礼确是个重情重义之人。一天,他郑重其事地对父母说:“只要儿在,儿一定不会只顾自己温饱,而让兄弟们无以自存,让侄子们无法立业。父母大人放宽心,儿讲的话一定算数。”

真是血浓于水。听了这番话,父母心中久悬的一块石头终于落了地。

从此以后,毕礼经商更加努力,整个大家庭二十几口人的生活,完全由他一人承担。为了兑现自己的诺言,他定时每月给每人发放生活费,每年给每人发放制衣费。哪个侄子要娶媳妇了,他肯定事先就做好安排,让婚礼办得热热闹闹。哪个侄女要嫁人了,他也是事先把一应嫁妆筹办齐全。父母亲过生日时,毕礼会领着一大家二十几口人前来为父母祝寿。儿子儿媳孙子们围绕在父母身旁,其乐融融,其情洽洽!真忘记了谁是孤儿,谁家穷富,大家都感到生活在这样一个大家庭中真是无比幸福。父母亲看到这些也是心里乐开了花。

过了几年,父母都寿终正寝。毕礼对兄弟子侄,一如既往。几十年如一日,毫无怨言。侄子侄女也把毕礼看成像自己的父亲一样。

毕礼不仅对兄弟子侄这样,对其他乡亲也是有难必帮。凡因急事来借钱的,他总是尽力帮助,有的亲戚到期无钱偿还他人的欠款,毕礼就代为偿还。乡里只要有什么急公义举,毕礼总是带头捐金,并且亲自操办。

毕礼真可称得上友兄爱弟的楷模啊!

金华英孝悌兼备

金华英,字松望,是清代徽州府黟县钟山村人。自幼喜好读书,具有满腹经纶的才学,而且有豪爽的气质,喜好与人交往结谊,所交往的人也多是当世的名士。他也因此捐纳了一个布政司理问的职务。

金华英对父母极为孝顺。有一年,年过半百的父亲贩运一些物资到湖北省出售。由于他没有掌握市场行情、货物盈虚,结果资财耗尽,负债累累,便感觉无颜见江东父老，不肯返归故乡。金华英闻讯后，立即带着资金奔赴湖北，将父亲所欠的债务全部偿还，并劝慰父亲道："事情已经了结，请父亲大人放宽心怀。做生意失败，这在商场上是常有的事，也不只是你一个人，你不必耿耿在怀。现在还是回家乡休养一些日子，再考虑未来。况且，儿子我已经能够在世间立足，你和母亲也不须过度操劳了。"父亲听了他这番劝导，心中的愁烦也就烟消云散，在儿子的陪伴下回到了故乡。而金华英也从此担负起孝养父母的义务。

金华英对几个弟弟也很关爱，不仅满足他们物质上的需要，而且尽力地培养他们读书上进，使他们在良好的环境中成长。

金华英对自己的弟弟是如此关爱，对朋友也是倾心相助。他有一个姓范的朋友。此人有个儿子既不善于经营商务，也不善于料理生活。范某人对金华英的品德与才能都很了解，就把自己积攒的数十两银子托付给金华英，让他作为投资，经商获利。不久，这姓范的朋友便离世了。

数年之后，那范姓朋友的儿子，由于不善于经营料理财务，果然坐吃山空，家资耗尽，由一个较为富裕的人变成了家徒四壁、一无所有的穷人。金华英这些年虽然也经常周济他，但也只能是救急不救穷。这时候，金华英才觉得范家已经到了紧要关头，于是召唤范家子来到家中。

范家子畏畏缩缩地来到金家，以为这位父亲的朋友定会严厉地训斥自己。哪知金华英按照规矩礼仪把他接进厅堂，让他坐下，然后和颜悦色地对他说道："范家贤侄，今日召你前来舍下，不为别事，乃是见你目下已面临穷困之境，我只有把多年前令尊所谆谆托付向你讲明了。"

范家子目下已是一副穷困潦倒的样子，见叔叔辈的金华英召自己前来，自然迅即来到，更何况自己平常也多次受过金的周济。听到金华英这番言语，自然是毕恭毕敬，道："金叔叔有何吩咐，请讲。"

金华英便继续言道："当年，令尊见你不善于经营治理生活，担心你把家财耗尽，于是把他积攒下的数十两银子托付给我，代他经营生息，以备你不虞之需。"说着，他把范姓朋友托付的数十两银子，以及数年来由此产生的利润，共计千两银子，一并拿了出来，说："贤侄，令尊当年只交付给数十两银子，经过几年的运作，现在连本带利已积至千两了，现全数交还给你，希望你好好

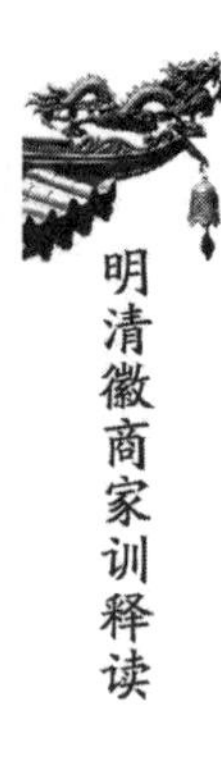

经营,不要再坐吃山空了。”

范家子不由得大吃一惊,当即跪在金华英膝前,感激涕零地接过银子,并深深作揖道:“多谢金叔叔大恩和教诲,愚侄我没齿难忘,定当切记在心,重新做人。”

此后,范家子以此千两银子为本,在金华英不时地指点下,不仅守住了家业,而且还逐渐发展起来。

金华英长得额头宽广,两腮丰润,并有许多须髯,竟有一尺二三寸之长。当时的人们见着他的相貌,听着他的话语,都肃然起敬。他活到六十七岁,安然逝世。

(张恺编写)

孝悌友爱毕周通

毕周通,字行泰,清代徽州府婺源县白石村人。他少年时以读书攻取科举功名为人生的主要目标,但后来因为家境贫困,不得不放弃先前的人生之梦,转而走上经商之途。这是许多徽州人都曾走过的路。

其实经商,虽然在那个时代居于士农工商之末,但收获的效益却并不在末位,很多人都因经商而致富。毕周通也通过经商为自己的生活道路夯实了丰厚的经济基础。他对父母十分孝顺,给他们以富裕的物质精神兼备的生活,对弟弟毕周道也十分友爱。这里具体地介绍他对弟弟友爱的事情。毕周道与他年纪相差不多,在人生的各方面都还美好,唯独在子嗣上颇为艰难,先后娶了四个妻子,才在近半百年纪时生下一子。这自然视之如心肝宝贝。然而天不佑人,当这个老来子才三岁时,毕周道却一病不起,去了另一个世界,丢下了幼小的孤儿。好在这孩子有个慈善的伯父毕周通,像对亲生儿子一样抚育着年幼的侄子,给了他一个良好的成长环境。

毕周通不仅对亲侄子是如此的仁爱,而且对朋友的孤儿也是如此。在与白石村相邻的村子,他有一个姓王的老朋友。此人命运不济,重病降身,久治无效,到了生命的尽头。这姓王的朋友对自己走向末路已经看明,倒也不放在心上,唯一放心不下的是膝下一子名王初喜,尚在幼年,在失去父亲之后该如何度日啊!此时,他想起了白石村的老朋友毕周通,认为毕素来仗义,心地善良,遂把毕请到病榻前,有气无力地托付道:“周通兄,你我交往多年,知你是一个行善仗义的人。现如今,我已病入膏肓,在世的日子已经不多了。心中放不下的只有膝下一子,尚在年幼,望仁兄予以多多照应。因病久医,我也耗资不少,现在还存有六十余两银子。我把它交付给你,以用作今后抚养幼子之资。”毕周通虽然安慰了朋友几句,但也觉得空洞的安慰,不如实际行动,遂接受了老友的嘱托,承担起照应朋友幼子的责任。

毕周通带了故友托付的六十余两银子回来后,就特地给它另立了一个账簿,并把那些银子投入到商场经营中。他在账簿上严格记清某月某日的收支情况,丝毫都不马虎。

在毕周通的照应下,王初喜一天天长大了。长大的王初喜果然没有维持生计的本领,唯有每日到山中砍柴卖柴度过,自然颇为艰难。毕周通眼看着王初喜已具备自立的能力了,遂选在某日,在家中置备了酒席,邀请王初喜和他的叔叔前来。

酒过三巡,毕周通拿出了王初喜的父亲托交的银子,和后来投入经营,连本带利,已有数百两之多,还有那本专设的账簿,说:“是时候了,也该对贤侄有个交代了。”

王初喜不解地问道:“毕伯父,您一向对我照应有加,没有您长时期的照应,侄儿我哪有今天。”他的叔叔也这样附和。

毕周通笑道:“那也是受你父亲的托付,理该做的,不算什么。”然后,他指着拿出的银子和账簿说,“王家贤侄,这里是令尊临终前交给我代为营运的银子,本钱是六十余两,现今已增至数百两了。如今贤侄已经成年,可以自立了,今天当着你叔叔的面,把银子交给你。这是我专立的账簿,进进出出,都记得清清楚楚。况且,你靠每日砍柴卖柴,也不是长久之计。”说着,把银子和账簿交到王初喜的手中。

由于当年王某是私下相托的,所以无人知晓。王家叔侄闻此,是既惊讶,又喜悦。当即双双跪在毕周通跟前,叩首称谢道:“如此大恩大德,叫我们如何相报?”

毕周通连忙扶起,说:“这只是尽朋友之道而已,不足挂齿。”

当地的人们听说此事后,一个个都拍案称奇,称赞毕周通高尚善义的品德。

毕周通善义的事迹还不止这些。他对当地的公益事业也十分支持。如从他所在的白石村到县城,中间要经过一条泥土山岭,一遇到雨雪的天气,这条土岭便被踩踏成又粘又滑的泥淖,行路之人无不叫苦。毕周通即独力出资,召集工匠,采伐石料,铺砌在泥土岭上,使之成为不忌晴雨的坦途,总计花费一百三十多两银子。其他还有捐资设义渡、抚恤穷困等义事,可谓终身美德相伴。

不过,毕周通也有不如意之处,他也是老年才得一子,而且当儿子才四岁时,他也病故了。不过好人有好报,他的儿子也在亲朋的抚养下健康成长,成了一名有声望的太学生,而且此后孙辈、曾孙辈都一并旺盛。

(张恺编写)

墨商詹沛民的兄弟情

徽籍墨业巨商詹沛民,生于望族,和蔼可亲,重义轻财,孝友恭笃,可谓德高望重,在上海商界深受人们尊敬。

但他的起家也是很艰难的。十三岁时,由于家庭生活困难,不得不到上海墨庄当学徒。我们知道,学徒生涯是非常艰苦的,不仅要起得最早,睡得最晚,只要能干的事,事事都要抢在前面并且要做好。小沛民可谓眼快、手勤、心细,又肯于吃亏,乐于助人,所以得到东家和伙友的一致称赞。他常说:“吾家祖宗起家墨业,中遇发匪(指太平天国运动)之乱而歇,誓必恢复之,以光先德。”他的叔祖詹玉轩非常欣赏他的志向,资助其四百两银,遂独立创设文方斋墨庄,附挂詹成圭老牌,以示不忘祖德。然资本短绌,几次差点中途歇业,詹沛民夙夜经营,甘苦备尝,终于挺了过来。

民国初元,墨庄的业务有了大发展,每年都获有巨额利润。当他富有以后,做了一件令人想不到的事。他召集戚族开了一个会,宣布将文方斋墨业化私为公。墨庄所有资产分为六股,自己得三股,二股分别给予二弟、三弟,以一股为玉轩公叔祖母名下,以感当初叔祖资助之恩。这个墨庄可是他经营几十年的产业啊,以数十年血汗之私业,一旦化为兄弟之公产,重义轻财,真是世所罕见。在场戚族,莫不叹服。时人议论,社会上常见兄弟叔侄争财结讼,对簿公庭,与詹沛民相去何可以道里计耶!

(参见《新闻报本埠附刊》1929 年 4 月 10 日)

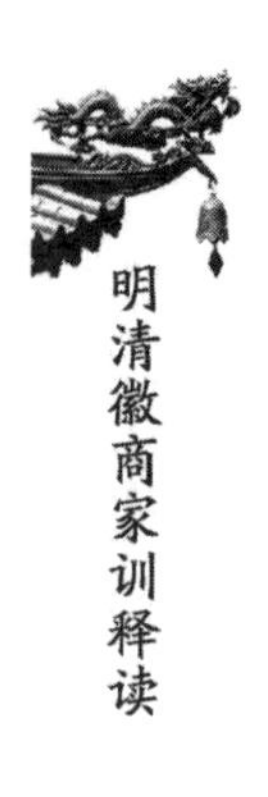

睦　邻

世事让三分天宽地阔　心田存一点子种孙耕

——黟县西递村“旷古斋”大堂楹联

和邻里

邻里居之相近也，凡事须要相接以礼，盖出乎尔者反乎尔也。必出入相友，守望相助，疾病相扶，患难相恤，方为仁厚之俗。

——《祁门锦营郑氏宗谱·祖训》

【点评】 此条是祁门郑氏宗谱中的“祖训”之一。专讲要和睦邻里。邻里居住相近，凡事要以礼相接，因为出门进门都要相见。一定要做到出入互相友爱，守望互相帮助，疾病互相扶持，患难互相同情，这才是仁厚的家风。今天由于居住、工作习惯，不少邻居间“老死不相往来”的现象还是较普遍的，看来在这方面我们真要向古人学习啊。

毋胥讼

事不得已而求伸于公庭，理之宜也。若以小事小忿而屑屑与人相较，健讼之流耳。虽得舒忿，而家资尚不能守，况未必能舒乎。

——《祁门锦营郑氏宗谱·祖训》

【点评】 此条也是祁门郑氏宗谱中的“祖训”之一。所谓胥讼，就是打官司。事不得已而诉讼于公庭，这也是应该的。如果因为一些小事小忿而与人纠缠不休，非打官司不可，这种人就是讼棍。即使解气了，家资也耗去不少，更何况未必能解气舒忿呢。古人打官司，费时损力耗财，所以不到万不得已不去打官司。小事小忿就应当忍一忍。我们今天虽然正在向法治社会前进，但也不能一遇点争执就诉讼，很多事情忍一忍也就过去了。退一步海阔天空。事事上法庭、争曲直，这并不符合建立和谐社会的要求。

毋虐寡弱

寡弱家之不能无也,有一等人因他寡弱,就要剥他肥己,少有不顺,则恃人众势强,视他如粪土。会不思天理循环,今虽寡弱,安知后日不众强乎?今虽众强,亦安知后日不寡弱乎?

——《祁门锦营郑氏宗谱·祖训》

【点评】 此条也是祁门郑氏宗谱中的"祖训"之一。专谈不准虐待寡弱。寡弱之家时时都有,有一些人就因他寡弱,就要占他便宜,剥他肥己,稍有不顺,就依仗人多势众欺侮他,视他如粪土。难道就不想想天理是循环不已的,今天寡弱,能知以后不变成众强吗?今天众强,能知以后不变成寡弱吗?

此段两点值得我们注意:一是古人很懂得事物转化的辩证道理,可今天竟然有人却不懂得这个道理;二是古人宅心仁厚,处处同情弱者。这不正是我们今天应该提倡的吗?

毋斗争

斗争是不能忍耳,思上辱其亲、下亡其身,皆由于斯,则斗争尤不可不忍也。纵无大咎,亦伤大义,终非睦族之道。

——《祁门锦营郑氏宗谱·祖训》

【点评】 此条也是祁门郑氏宗谱中的"祖训"之一。要求族众不准争斗。争斗的发生是由于不能忍,想想那些上辱其亲、下亡其身的事之所以发生,都是因为不能忍,所以争斗不能不忍啊。有些争斗,纵使无大错,也伤大义,终究不是睦族之道。古人谈到睦邻时非常强调"忍"及"和",这不仅是一个好家风的重要体现,也是待人处事的重要原则。在今天这样的时代,尤值得我们借鉴。

睦宗族

睦族之要有三：曰尊尊，曰老老，曰幼幼。所谓尊尊者何？或身膺民社[①]以勋绩著，或望隆[②]国士[③]以才学称，尊者而可不尊之乎。所谓老老者何？福有五，寿为先；尊有三，齿居一。乡举介宾之礼[④]，国推养老之恩，老者而不可老之乎。所谓幼幼者何？《康诰》曰："如保赤子"，具有亲爱提携之义。施以教育，则孝子有追，成人有德，幼而可不幼之乎。此外有厄于天命者曰鳏寡、曰孤独，逆于当境者曰穷急、曰忿争。鳏寡则矜悯之，孤独则体恤之，穷急则周拯之，忿争则排解之。一族之大，贫富不等，富者捐金以赈贫族，为之置义田、义仓，建义塾、义冢。教养有资，生死无憾，则同族皆感激矣，善乎！文正公之言曰："宗族于吾固有亲疏，自祖宗视之均是子孙，实无亲疏。"合一族为一家，和亲康乐，人造其福，天降之祥。

——《桂林洪氏宗谱·宗规》

【注释】

①身膺民社：指州、县长官或地方官员。

②望隆：崇高的名望和声誉。

③国士：一国中最优秀的人物。

④介宾之礼：即乡饮酒礼，这是古代的一种嘉礼，是乡人以时聚会宴饮的礼仪。乡饮酒礼约分四类：第一，三年大比，诸侯之乡大夫向其君举荐贤能之士，在乡学中与之会饮，待以宾礼。第二，乡大夫以宾礼宴饮国中贤者。第三，州长于春、秋会民习射，射前饮酒。第四，党正于季冬蜡祭饮酒。《礼记·射义》说，"乡饮酒礼者，所以明长幼之序也。"乡饮酒礼时，主持人称诞或介宾。

【点评】和睦宗族重要的要做到三点：这就是尊敬应该尊敬的人，用敬老之道侍奉老人，用慈爱之心关照幼儿。什么叫作尊敬应该尊敬的人呢？那些身负重任，卓著功劳的人，或才学精湛，最为优秀的人，这些本该尊敬的人能不尊敬吗？什么叫用敬老之道侍奉老人呢？福有五种（长寿、富贵、康宁、好德、善终），长寿为先；三种尊敬的人（君、父、师），年龄是其中之一。乡村中有乡饮酒礼，国家有养老的恩令，难道老者不应该受到尊敬吗？《康诰》说："像保护婴儿一样。"具有慈爱、提携的意义。对幼儿进行教育，则有可能成为孝子，成为有德的人，幼儿难道不应该去慈爱吗？此外还有那些命运不好的鳏寡孤独的人，处境不好的穷急之人、争斗之人。鳏寡者应怜悯他，孤独者应照顾他，穷急者应帮助他，争斗者应和解他。一个那么大的宗族，贫富不等，富有的人捐助贫困的人，为他们购置义田、义仓，建造义塾、义冢。教育、抚养有了依靠，生死也无憾了，则同族都感激啊。这真是大好事啊！文正公曾说过："宗族对我来说，固然有亲有疏，但从祖宗的角度来看他们都是子孙，实在没有亲疏之别。"把一族当成一家，和亲康乐，人造其福，天也会降临祥和的。

恤邻亲邻里乡党[1]及异姓亲友，皆以义相合者。尊于我者，亦我尊长，宜如尊长之敬；少于我者，亦我卑幼，宜如卑幼之爱。危迫急难，量力赒（zhōu）助[2]；田地相近，逊让界畔；借换财物，不得吝悋（lìn）；节序期会，不嫌菲薄，务莫遗忘。盗贼水火协力救护，不可乘机掠取。有所假贷，随力给予，而假者亦须竭力偿还，但不必计利。不得以强凌弱，委曲扶持。或以小事相争，曲为劝解和释，语言嫌隙不可介怀。佃仆儿童相犯各治之，六畜相践各收之。以此相劝相勉，共成仁厚之风。

——《黄山岘阳孙氏家规》

【注释】

①乡党：古代五百家为党，一万二千五百家为乡，合而称乡党。泛指一乡之人。

②赒助：接济、救济。

【翻译】 同乡之人及异姓亲友，都应以义相交。尊于我者，也是我的尊长，应该尊敬他们；比我年龄小者，也是我的卑幼，应该爱护他们。他们有危迫急难的时候,我们应量力给予接济;田地相近,在边界上就不要那么计较,要能够谦让;借换财物时,不要吝啬;每逢节日别人请我聚会吃饭,不要嫌人家饭菜菲薄,而且一定要记住别人的情分。别人遇到盗贼水火之灾,一定要协力救护,决不能乘机掠取。有所借贷,要量力给予帮助,借者当然也要竭力偿还,但我不要计算利息。不得以强凌弱,而要委曲扶持。如果因为小事相争,应当劝解双方消除隔阂,对方语言方面的不妥不要记在心里。佃仆儿童相犯双方各自惩治,六畜互相打斗各自将牲畜赶回。如能以此相劝相勉,那么仁厚之风就可形成了。

从古以来,未有不因恃势而取败者。强如秦,富如晋,使能忘强富,岂非长久之道?有天下者尚如此,况其他乎?子弟辈苟或以力、以财欺人,是皆倚势者也。安知势之强于我者,不亦以势而制我?正宜以此自反,虽有势而不为势所使,便是守身保家之道。

——《新安王氏家范十条》

【翻译】 从古以来没有不因倚仗权势而失败的。像秦朝那样的强盛,像西晋那样的富有,假如能够忘掉强和富,难道不是长久之道吗?有天下者尚且如此,更何况其他人了。子弟辈中如果谁以力以财欺侮人,这都是倚势。你怎知道势头强于我的人,不也以势而制我呢?正应该以此自返,虽有势而不为势所驱使,这才是守身保家之道。

凡事毋占便宜

我先人重厚一生,谕我曰:“凡事毋占便宜”,今我每学吃亏,汝曹当奉为则效!

圣贤书中道理无穷,吾人开卷有益,得力一二字,即终身受用不尽,岂必读书人始事于诗书哉!

读书为保家之本，行事无巨细，在自勇为，汝曹勉之以慰吾志。

——《屏山朱氏重修宗谱》卷7《封翁朴园朱君传》

【点评】这是商人朱作楹对儿子讲的三段话。朱作楹是清代黟县商人。秉性孝友，恭厚待人，他教育儿子“凡事毋占便宜”，自己也“每学吃亏”。父亲去世，选葬地时，别人建议说祖墓旁那块地是吉地，但他不愿将父亲葬在那儿，问他为什么？他说：“既然是块吉地，谁不想要？为祖业争之者必多，我不能开启这个争端。”这就是“凡事毋占便宜”。他的后人确实像他要求的那样去做了，所以史料记载：本县“创书院、建考棚、输义塚、赈贫乏以及道路桥梁之利涉往来者，其后人悉力行而不怠。”可见，从他先辈确立的家风，是一代代传承下来了。

当时人这样评价他：“先生当贫困之时，以一身经营奉养，始终不懈，而又能友爱著于家庭，重厚称于乡党。观其训诫数言，无忝（无愧于）紫阳（指南宋朱熹）遗轨，足为当世法。今其后嗣读书乐善，多列胶庠（指学校），蜚声翰苑（指文人荟萃之处），扬庥（指福佑）王廷。余于先生之世德累仁，而深信其未可量也。”家风正，后代兴。朱作楹是一个典型。

邻里乡党，贵尚和睦

邻里乡党，贵尚和睦，不可恃挟尚气，以启衅端。如或事尚辩疑，务宜揆之以理。曲果在己，即便谢过；如果彼曲，亦当以理谕之。彼或强肆不服，事在得已，亦当容忍；其不得已，听判于官。毋得辄逞血气，怒訚（yín，争辩）斗殴，以伤和气。违者议罚。

——黟县《环山余氏谱·家规》

【点评】这是黟县环山余氏宗族的家规。指出邻里老乡之间，一定要以和睦为贵，不得动辄使气，以挑起事端。如果这件事存在疑问，一定要以理分析。如果确是自己无理，应立即向对方道歉；如果对方无理，也应当和他讲清道理。如果对方倔强不认错,一般的事,能忍就忍了;万不得已,听作官府裁判。不能得理不饶,争辩斗殴,以伤了彼此之间的和气。今后谁违背了这一条,经公议后进行处罚。可见,徽州家规在处理人际关系时,总是体现了儒家“和为贵”的思想,立足于“和”与“忍”。今天我们在培养新型家风时,这也是值得借鉴的。

捐己资解邻困

江承珍,字待占,(歙县)江村人。少孤,奉母以孝称。……捐葺本村石路,置祀田四十亩以奉蒸尝①,义田八十亩以给宗族贫困。公田十亩,备桥梁茶亭赀用,“右文田”②三十亩为族中士子请学课文之资,以及修里社之典祟、节烈之祀,悉置产滋息以供。

——道光《徽州府志》卷12《人物志·义行》

【注释】

①蒸尝:泛指对祖先的祭祀。

②右文田:资助读书学文的田地。

【点评】 徽州的宗族制度之所以那么牢固,徽州农村邻里之所以以睦相处,徽州读书人之所以那么多等,这一切都应看到徽商在其中的重要贡献。

诚信化干戈为玉帛

汤永懿,字步皋,(黟县)白干人。……永懿经商祁门,家稍裕。……邻村世嫌,自永懿待以诚信,尽感孚。在祁门时,浮梁船户争埠头,聚众到湖,将斗,永懿访其谋主,动以利害,晓以大义,事解。佥议所报,永懿曰:“我黟粮食仰给江西,不杂沙水,受赐多矣。”由是积弊皆已。道光壬辰,旱,江西遏籴,黟、祁市断米。永懿诣府陈状,持文书告籴饶州,米乃通。

——同治《黟县三志》卷7《人物·尚义》

【点评】睦邻不仅表现在对待邻居的态度上,也表现在对待邻村、邻县的关系处理上。汤永懿就很会处理这些关系。他所在的村与邻村世代都有矛盾,但永懿待之以真心诚信,终使两村世嫌化作春水。江西浮梁船户与祁门船户为争夺码头要发生械斗,又是永懿“动以利害,晓以大义”,说通了浮梁船户的头目。当祁门船户要求报复时,他又动以真情:“我们黟县粮食仰仗江西供给,他们不掺杂沙子和水,我们受赐已多矣。”终于双方化干戈为玉帛。只要真诚相待,什么矛盾都可以解决。

朱望来造福一乡

朱望来……服贾淮南,所入息悉散之三党交游贫乏者。歙处万山中,土少粟贵,尝患饥。天成子(即朱望来)倡乡人行文公[①]社仓法,曰:“此吾祖宗救荒良策也,吾力不能及一邑,可不利一乡乎?”于是一境贫者遭歉,皆赖以济,数十年无离散沟壑之患[②]。岁壬子,谷不登,民多乏食,有司征殷实佐赈,吏胥乘间渔猎,富家多受累,其乡独以社仓免。天成子性甘澹泊,不事华靡,喜披览载籍,凡天官、地理、医药、卜筮之书无不读,为人质直坦易,好行善事。

——清 陈鼎:《留溪外传》卷8《义侠部·天成子传》

【点评】

①文公:指朱熹。朱熹死后谥文,世称朱文公。

②沟壑之患:指饿死被扔到沟中。

【点评】朱望来考虑问题眼光很远,他鉴于歙县土少粟贵,常有人饿死,想到一个长久的救济之策,即建立“社仓”,其具体运作机制今已不详,但不外乎丰年多买粮存入社仓,荒年接济灾民。望来带头捐款,并倡议其他人也捐款买粮,正因为这个社仓,“一境贫者遭歉,皆赖以济,数十年无离散沟壑之患。”望来的建议真正造福一乡。

一家饶裕而族有四穷，耻也

明若，歙县人也。生而仁慈，好施与，常谓其家人曰："一家饶裕而族有四穷[1]，耻也。"年二十二，弃儒术，操百缗以往贾于浙之兰溪，及艾而归里，则尽传家事于其子，而一以施济为己事。里党间茕独，无以为生计，月授之粟。其寒无礼襦，则于冬日授之衣。暑而荷担于道路为水浆，以济其喝渴。病卧不得医，储药物以救其疾苦。力不能亲师，建馆舍，延儒生，以诱其来学。死而手足不掩形，赠以棺椁，而里之赖以殡敛者，至三千余人。有赠以棺而不知其为非命[2]也，讼词连府君（即汪明若），里人将遮道以请于有司[3]，府君亟止之。其后事得白，而府君施济如故也。然府君非其仲子之贤，虽好施未必如其志意也……

府君既一以施济为事，不复问家之有无。好施久而所入不足以供，仲君（汪泰安）常拮据万方以应其求取，而惟恐府君知之。府君遂称心给拾，忘其家之非复曩时，即其姻戚僚友亦咸谓府君素封[4]，能博施不匮也。

——清 刘大櫆：《海峰文集》卷7《汪府君墓志铭》

【注释】

①四穷：指鳏、寡、孤、独四类穷人。

②非命：指非正常死亡。

③有司：指官府。

④素封：指无官爵封邑而富比封君的人。

【点评】 汪明若堪称睦邻典范。他曾说："一家饶裕而宗族仍有四类穷人，这真是耻辱啊！"所以他经商致富后，一心要帮助四邻穷人，授粟、授衣、济渴、救疾，仅助棺就惠及三千多人，没有发自内心的睦邻友爱，能做到吗？他的行动又教育了儿子，所以在外经商的儿子不断给父亲钱物，以遂其助人之愿。汪明若家风之正，于此可见。

吴鈵乐善不倦

徽郡居万山中,米多待食旁郡,遇岁歉则价腾跃。辛未,吾邑大饥,府君奉王父命与三叔父襄集同志,由吴楚运米,按户散之,里人待以举火者甚众。因倡议建义仓于郡城,与在扬诸公共捐赀成之,以为持久计。而宣州沚水间旧置田亩以给族中无告者,则岁以为常。庚寅,府君方大病,遇甘邑岁歉,复偕众捐资以助赈。其乐善不倦,出于天性,非由强致。而是时族中有捐资同襄义举者,后其家中落,府君复还其原资,则又阴行其德而人不知也。

——清 吴吉祜:《丰南志》卷6下《艺文志·行状》

【点评】 吴鈵经商致富后没有独自享受,而是处处想到四邻。大荒之年,他由吴楚运米来,按户散之,使他们免于饿死。又倡议在郡城建立义仓,以为长久之计。还在宣城湾沚购买良田,以长期接济族中没有生活来源之人。时人评价他,"乐善不倦,出于天性,非由强致。""天性"之说,倒是未必,儒家思想却真是他的遵循。

汪思孝仗义睦四邻

汪思孝,字君原,段莘人。十岁失恃,艰苦备尝。长痛兄不禄,抚孤侄,事继母,樵渔贾贩,拮据以供俯仰。逾四旬,家稍裕,遂慷慨仗义,凡修路、造亭、施茗、施槥[1],岁以为常。岁自丙子后屡饥,煮糜为赈。丁亥,又大饥,米每石八金,乞籴于休、歙不可得,道殣相望,孝尽出仓廪,活人无算。港口为婺东北界址通衢,旧设木桥,有挑盐者过,值山水暴涨,桥圮溺死,孝目击心恻,倾橐三百金甃石为梁,至今赖之。尝喟然曰:"吾以赤贫,今获免饥寒,皆祖荫也,忍见同族仳离[2]乎?"爰置义田六十亩以赡族中之乏,又置十五亩开义塾,延师以训贫子弟不能教者。远近闻风慕义,歌颂不衰。

——道光《徽州府志》卷12《人物·义行》

【注释】

①槥:棺材。

②仳离:夫妻分离,特指灾年妻子被遗弃。

【点评】汪思孝致富后慷慨仗义,凡修路、造亭、施茗、施槥,岁以为常。四邻之痛苦就是他的痛苦,一定要设法帮助。他说过:“过去我家也是赤贫,今能获免饥寒,是祖宗的荫庇,我不忍心见到同族之人也像我过去那样。”所以他仗义乐施,毫不犹豫。这种不忘本的思想境界,很多人是难以企及的。

施世桂助邻完家

施世桂,字丹木,(婺源)诗春人。性慈厚,勉于为善,邻有贫不自存,将鬻其妻,子才四岁,世桂劝其留妻,而资以白金三十两,母子获全。父有遗券,未尝责索,力不能偿者,后遂焚之。其行事多类此,郡守魏公以额奖曰“邻邦硕彦”。

——道光《徽州府志》卷12《人物·义行》

【点评】三十两银子虽不多,但却挽救了一个即将破碎的家庭。施世桂与那些见死不救、见难不帮的人比起来,真有天壤之别。

吴士彦捐金和兄弟

吴氏自迁双溪皆以农商世其业,至公(吴士彦)骎骎昌大矣。……平生好施与,济人之困无德容,遇善举辄解囊先助,远近钦仰之。而盘错纠纷之事求其排解者,亦趾相接也。甲与乙兄弟也,析其产争五百千钱之利,戚族弗能平也。质诸公,公笑曰:“此何事?骨肉间值计较乎?”立出金促乙往兰贾,而阴为指示之,操纵之,不数月乙获利且千金矣。乙归以利奉公,公曰:“此吾藉以为君家解纷者也,若持余利去,可无争此五百千矣。”甲乙之室由是翕和,

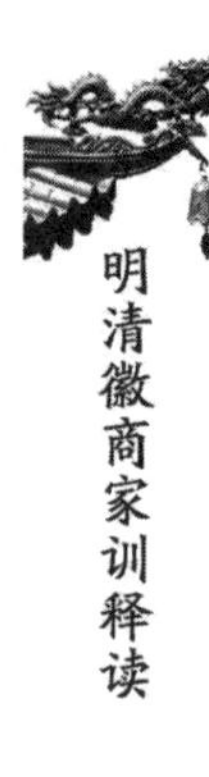

感公益甚。公尝为凌姓调停讼事,讼不息而小人欲以此累公,公厌见龌龊吏,乃游于兰,时同邑程公绶章多财好客,见公恨相见之晚,愿折节缔交而共营,商业益致丰亨。程公后为金华太守,有政声者也,小人之欲祸公而适以福公也,人咸以为盛德之所致云。

——清 吴永滋纂修:《歙县北岸吴慎德堂族谱》卷8《士彦》

【点评】 某甲乙兄弟为争产五百两银不和,吴士彦捐出银两敦促乙去兰溪经商,并且暗中支持、指导他,没过几个月就赚了千两银子,乙以其利归士彦,士彦谢绝说:"我之所以要这样,是为了你们兄弟和好,你赶快把银子拿回去,不要再争这五百两银子了。"从此兄弟和好如初。吴士彦为了这两个兄弟真是用心良苦啊!

伪书封金安邻妇

杨龙见,字思皇,(黟县)八都诸生。尝之江右[①],阻风鄱阳湖,适岸上有遭回禄[②]觅死者,龙见倾赀赠之。邻吴姓久客无耗[③],妇欲改适[④],伪作其夫书,封白金寄之,妇遂安于室,而其夫亦归。康熙二十四年(1685),捐田租二十砠入九莲山,为邑厉坛埋葬费。

——道光《徽州府志》卷12《人物·义行》

【注释】

①江右:指江西。

②回禄:相传本为火神之名,后引申指火灾。又作"回陆"。

③无耗:没有音信。

④改适:改嫁。

【点评】 事不关己,高高挂起,很多人都是这样。邻人出门经商,多年没有音信,妻子准备改嫁,这与他人毫无关系。但杨龙见不愿看到一个家庭的破裂,竟以邻居的名义给他妻子写信,告知不久就会回来,并且还寄了银子,妻子信以为真,就打消了改嫁的念头。不久,丈夫真的回来了,一个家庭保住了。可以说,杨龙见挽救了一个家庭。

交 友

天子有诤臣不得罪于天下，士有诤友不得罪于乡党、州闾，则朋友之责所系匪轻。故人处世必须择友。然今之所谓友者，率翻云覆雨之徒，何足倚靠？当于兄弟行中择其知识高大、行格端状者，朝夕与之会聚。凡遇事发，必商榷停当，然后见之设施，庶无败事。不惟是也，德业相劝，过失相规，患难相救，悉此焉赖，则好兄弟即吾好朋友也。苟或舍此而与市井轻薄之人拍肩执袂，以为合饮食，游戏相征逐，及至事变之来，秦越相视，甚有落井下石者，庸何取于友哉。此子孙所当深戒。

——《绩溪积庆坊葛氏族谱·家训》

【点评】 此条绩溪葛氏家训专讲子孙如何交友。首先讲交友的重要性。皇帝如有直言敢谏，不畏生死的大臣，那皇帝就不会犯大错而得罪于天下，士如果有敢于直谏的朋友，那他就不会犯错而得罪于邻里和家乡百姓，可见朋友的责任所关系的真不轻啊。但是当今所谓友者，往往是些翻手为云、覆手为雨之辈，这种人哪能依靠呢！交友要交那些同辈中知识多、见识广、行为端庄的人，朝夕与之聚会，凡遇到事情，朋友间商量妥当，再去实行，就不会败事。不仅如此，在道德修养、事业发展上能不断提些建议，你有过失他能立即规劝，在患难时又能慷慨相救，这样的人才是好兄弟、好朋友。如果不顾这些而与市井中那些轻薄之人称兄道弟，整天在一起吃喝玩乐，一旦有事，他们就像不认识一样，甚至还有落井下石的，这种人能交朋友吗？子孙一定要深为鉴戒。

有谚云："近朱者赤，近墨者黑。"家风的培养与子弟交友关系很大，所以葛氏家族作为家训对此做了详细阐述和要求。

择 交

近世后生多立私会酒食征逐，自谓广交多助，不知废时失事，毫无裨益。甚至所交非人，朋淫聚博，引诱为非，身不知廉耻之事，口不道忠信之言，则其为害又非浅小。吾族子孙惟文会、讲会当立，然须虚心下气，择胜己者友之，

庶相观而善有涵育熏陶之益。其同会，又当以敬为主，诚意相孚，乃为可久之道。不然面是心非，外合中离，稍涉利害，落井下石者，间亦有之，皆由始之不谨，以致罔终，鲜不为小人所笑，切戒切戒。

——《绩溪西关章氏家训》

【点评】 这是徽州绩溪西关章氏关于交友的家训。古人对交友非常慎重，就是因为他们懂得“近朱者赤，近墨者黑”的道理。《学记》中有这样一句千古名言：“独学而无友，则孤陋而寡闻”。人的一生当然要交朋友，但是，朋友有好有坏，如果只交那些酒肉朋友，“面是心非，外合中离”，这些人是靠不住的。“稍涉利害，落井下石者，间亦有之。”所以该族家训提出要“择胜己者友之”，这样才能对己有“涵育熏陶之益”。应该说这是很有道理的。

《易》志断金[①]，生死不二；诗歌《伐木》[②]，禽兽且然。凡属同宗，务笃友谊。云雨翻覆，难逃隙末终凶[③]；杵臼[④]情深，亦可托妻寄子。族人共勉之。

——《安徽胡氏经麟堂家训·家规》

【注释】

①断金：二人同心，其利断金。利：锋利；断：砍断，折断。比喻只要两个人一条心，就能发挥很大的力量。泛指团结合作。语本《周易·系辞上》：“二人同心，其利断金；同心之言，其臭如兰。”

②《伐木》：出自《诗经》，此诗第一章以鸟与鸟的相求比人和人的相友，以神对人的降福说明人与人友爱相处的必要。第二章叙述了主人备办筵席的热闹场面。第三章写主人、来宾醉饱歌舞之乐。

③隙末终凶：隙，嫌隙、仇恨；终，末、最后、结果；凶，杀人。指彼此友谊不能始终保持，朋友变成了仇敌。

④杵臼：指春秋晋人公孙杵臼。晋景公佞臣屠岸贾残杀世卿赵氏全家，灭其族，复大索赵氏遗腹孤儿。赵氏门客公孙杵臼舍出生命保全了赵氏孤儿。事见《史记·赵世家》。借指为别人保全后嗣的人。

【**翻译**】《易经》说，之所以能斩断金属，就是因为二人同心，至死不变。《诗经》中的《伐木》篇，鸟儿之间都很友好，禽兽尚且这样，人更应如此。凡是同宗，一定要诚心诚意讲友谊。如果翻手为云，覆手为雨，那朋友就会成为仇敌；像杵臼那样讲情义的人，都可以托妻寄子。族人都要共勉之。

朋友之交系五伦[①]之一，然而匪人则伤，自古记之。语曰："蓬生麻中，不扶而直；白沙在涅，与之俱黑[②]。"故读书者，必择直谅[③]多闻之士而友之，则德业日新。业农工商贾者，必择诚实忠厚之士友之，则习尚不坏。倘使交不慎，与浮浪辈群处，终日酣饮博弈，嫖赌戏谈，甚至灾及其身，以累其亲，虽悔何及，故交游不可不慎也。

——《黄山岘阳孙氏家规》

【**注释**】

①五伦：即古人所谓君臣、父子、兄弟、夫妇、朋友五种人伦关系。用忠、孝、悌、忍、善为"五伦"关系准则。孟子认为：君臣之间有礼义之道，故应忠；父子之间有尊卑之序，故应孝；兄弟手足之间乃骨肉至亲，故应悌；夫妻之间挚爱而又内外有别，故应忍；朋友之间有诚信之德，故应善；这是处理人与人之间伦理关系的道理和行为准则。

②蓬生麻中，不扶而直；白沙在涅，与之俱黑：出自《荀子·劝学》篇。蓬：蓬草；麻：麻丛；涅：黑色泥土。此句话意思是蓬草长在麻地里，不用扶持也能挺立住，白沙混进了黑土里，不用染色就一起变黑了。比喻环境对人的影响。

③直谅：正直诚信。

【**翻译**】朋友之交是五伦之一，然而如果所交非人那就坏了，自古就有这方面的记载。荀子说过："蓬草长在麻地里，不用扶持也能挺立住，白沙混进了黑土里，不用染色就一起变黑了。"所以读书的人，一定要选择那些正直诚信的人做朋友，这样个人德行和事业都会蒸蒸日上。从事农工商贾的人都

要与忠诚厚道讲诚信的人做朋友,那么自己就会形成好的生活习惯。如果交友不慎,和那些整天浪荡游手好闲的人在一起,专门吃喝嫖赌,不做正事,很快就会有灾祸临身,甚至会连累亲友,到那时候后悔也就晚了,所以说,交朋友一定要慎重又慎重啊。

勤　俭

治家格言

传家两字,曰读与耕;兴家两字,曰俭与勤;安家两字,曰让与忍;防家两字,曰盗与淫;败家两字,曰嫖与赌;亡家两字,曰暴与凶。休存猜忌之心,休听离间之语;休作生分之事,休专公共之利;吃紧在各求尽分,切要在潜消未形;子孙不患少而患不才,产业不患贫而患喜张;门户不患衰而患无志,交游不患寡而患从邪;不肖子孙,眼底无几句诗书,胸中无一段道理,神昏如醉,体懈如瘫,意纵如狂,行卑如丐,败祖宗成业,辱父母家声,是人也,乡党为之羞,妻子为之泣,岂可入吾祠,葬吾茔乎?戒石具在,朝夕诵斯。

——《绩溪西关章氏家训》

【点评】 这是绩溪西关章氏的家训,此家训乃章氏祖先、唐代官至太傅、宋代追封为琅琊王的章忠宪王所拟。家训所讲的内容多好啊!家业传承就靠两个字:读与耕;家业兴旺也靠两个字:俭与勤;家庭安稳要靠两个字:让与忍;家庭防范也是两个字:盗与淫;家业衰败就是两个字:嫖与赌;家庭毁灭也是两个字:暴与凶。家人不能存猜忌之心,不要听挑拨之话;不要做那些令人疏远的事,不要贪大家的利益;要紧的是各人都要努力尽自己的力量,关键在于要消除那些坏事的苗头;子孙不怕少而怕无才,产业不怕贫而怕张狂;门户不怕不旺而怕没有志气，朋友不怕少而怕交上坏人；那些不肖子孙，眼中没读几句诗书，胸中不懂一般道理，整日神智昏昏，像醉酒一样，身体懒得像瘫痪一样，说话放纵就像发狂一样，干事卑鄙就像乞丐一样，败坏祖宗成业，辱没父母家声，这种人邻里乡亲为之羞愧，妻子儿女为之哭泣，死后怎能进入我族的祠堂，葬进我族的茔地？镌刻家训的石碑还在，每个人都要早晚诵读。

家训所总结的传家、兴家、安家、防家、败家、亡家的经验以及待人处事的原则，就是在今天看来，也堪称至理名言，值得我们认真回味、认真记取的。按照这样的标准去做，家风焉得不正？家业焉得不兴？

俭，美德也。近世富贵之家往往竞以奢侈相尚，不知作法于俭，尚惧其奢，何以垂训将来哉。今后凡饮食、衣服、宫室、纳聘、嫁女及寿筵丧祭待宾之类，俱以简约相尚，但无失之太啬耳。推而至于毋侈言以招尤，毋侈行以招辱，皆俭意也，皆可垂后世者也，此惟可与高明者道。

——《黄山岘阳孙氏家规》

俗云："好汉难做，好看难做。"做好汉势必轻财重义，挥金如土，有若龙伯高[①]其人；做好看势必饰观斗富，踵事增华[②]，有若石常侍[③]其人，久之一败涂地。尽天下之物力皆以竭一己之菁华，而淫邪太过者决无善终之理，何则？天地生财止有此数，不能以其数快一人之用。吾人取财亦止有此数，又何容不计其数而思纵一己之欲。果用之而适其宜，夫固不容吝惜，若用之而未能悉当，则又奚容滥妄也？寻常人家只作寻常模样，不可夸大，不可充体面，脱粟饭只要饱，粗布衣只要暖，彼膏粱至味亦不过属厌[④]而已，锦绣甚华亦不过适体而已。究而论之，可口与彰身不无美恶之异，充饥与御寒未有美恶之殊也。假使日食万钱，则一餐之费足以供人数月粮；假使坐拥重裘，则一体之需足备人千衲襖，而且衣食愈丰愈觉弱不能胜者，大都奢侈之过。如器具也，一瓦缶[⑤]（fǒu）一金玉虽有异观，必无异用也。如仪注[⑥]也，一简易一繁重，惟论诚恪不论虚文也。推之矢口[⑦]之间，徒为花言为巧语为饰词，令人听之似可喜,及实按焉而觉其皆浮者,乌能不鄙之,鄙之诚不如朴素其谈,一无所欺,于人之为愈也。又推之躬行之际,徒为轻任为豪侠为慷慨,令人依之如泰山,不旋踵焉而竟负其所托者,乌能不疑之,疑之诚不如朴素其行,一无所苟之为有济也。乃知尚浮文者多伪,尚质实者多真,伪则诳人耳目,真则示己性情也,伪则粉饰片时,真则推行可久也,慎毋侈外观而忘内美,以致诮虚车也,戒之。

——《古歙义成朱氏祖训·祠规》

【注释】

①龙伯高(前1—公元88):名述,京兆(今西安市)人。是国内外龙氏有谱可查的共同先祖。汉光武帝时敕封为零陵太守,“在郡四年,甚有治效”,“孝悌于家,忠贞于国,公明莅临,威廉赫赫”,历代史志皆有褒扬。当时,刘秀亲征、马援挂帅进攻武陵一带的少数民族。据说,在战事紧张、马援受挫、供给困难、军饷难以为继的紧急情况下,连伯高公自已都入不敷出的窘迫状况下,毅然决然将夫人头上的金簪取下,变卖充作军饷,支援战争,使马援和士兵都感激不已。

②踵事增华:指继续以前的事业并更加发展。

③石常侍:即石崇(249—300),字季伦,小名齐奴。渤海南皮(今河北南皮)人。西晋开国元勋石苞第六子,西晋时期文学家,曾任散骑常侍、侍中。石崇和皇帝的舅舅王恺斗富,王恺饭后用糖水洗锅,石崇便用蜡烛当柴烧;王恺做了四十里的紫丝布步障,石崇便做五十里的锦步障;王恺用赤石脂涂墙壁,石崇便用花椒。晋武帝暗中帮助王恺,赐了他一棵二尺来高的珊瑚树,枝条繁茂,树干四处延伸,世上很少有与他相当的。王恺把这棵珊瑚树拿来给石崇看,石崇用铁如意立马把珊瑚树打碎了。王恺发怒,石崇说:“这不值得发怒,我现在就赔给你。”于是命令手下的人把家里的珊瑚树全部拿出来,这些珊瑚树的高度有三尺四尺,树干枝条光耀夺目,像王恺那样的就更多了。王恺看了,露出失意的样子。几轮斗富,石崇全胜。

④属厌:饱足。

⑤瓦缶:小口大腹的瓦器。

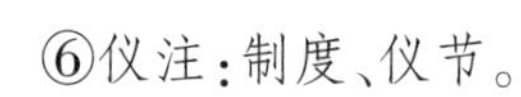

⑥仪注:制度、仪节。

⑦矢口:不改口。

【翻译】俗话说:"好汉难做,好事难做。"做好汉势必要轻财重义,挥金如土,像东汉的龙伯高那样;做好看势必要大讲排场,一味攀比,像西晋的石崇那样,最终一败涂地。尽天下的物力为了使自己过得好些,如果奢侈过度就绝无善终之理。为什么?因为天地生财只有一个定数,不能以其定数供人们无限挥霍。我们取财也有个定数,又怎能不计其数而供自己无限纵欲?如果用之适当,固然不应吝啬,若用之不当,那又怎能容忍浪费呢?普通人家只能作普通模样,不要夸大,不要一味充面子,粗茶淡饭只要能吃饱就行了,粗布衣服只要能穿暖和就可以了。那些美味只不过自己饱足而已,锦绣美服也不过自己适体而已。说到底,美味可口与衣服华丽不是没有美恶的区别,充饥与御寒却没有美恶的差别。假使日食万钱,则一餐之费足以供一个人数月之粮,假使身穿厚毛皮衣,则一体所费足以相当千人棉袄,而且衣食越丰越是弱不禁风,都是奢侈太过了啊!好比器具,陶土做的器具和金玉做的器具,表面上虽不一样,但用途都是一样的。又好比一些仪节,一个简单,一个繁复,其实关键在于虔诚而不在于虚文。推广来看讲话,有的人花言巧语,令人听后很愉快,可是一看实际都是假的虚的,怎不令人鄙视呢。与其让人鄙视他的大话,不如说话朴实一些,没有一点欺骗,这样为人更好。又推广到实际中,有的人表现为豪爽慷慨,给人以一种泰山可以依靠的感觉,可托他办事转身就辜负所托,这能不使人怀疑他的诚信吗?不如朴实一些,有多少力出多少力,一点也不马虎,这样反而更有用。要知道夸夸而谈者多为虚伪,朴实无华者多为真诚,伪则欺人耳目,真则示人诚信,伪能欺人一时,真则可保长久。一定不要一味追求外观而忽视内美,以至被人讥笑为虚假啊。引以为戒。

节财用

理财之道,入之无敷,不如出之有节。苟能节用,则所入虽少,亦自不至空乏。尝见世之好华美而不质实者,鲜有不坏事者。叹光武以帝王之家而犹公主勿用翠羽，子弟辈须知渐不可长。凡土木必不得已而后作，服饰之类只宜以布为美。夫人首饰不必华丽，能如此便是守富之道。

——《新安王氏家范十条》

恃富者蠹

十生一耗者，富一生；十耗者，饿十生。十耗者蠹，恃富者蠹，忘蠹者饿，故贫富常相代。吾习于贫，谂(shěn，知悉)此必人各以力自食，食乃安且久。

——清 郑虎文：《吞松阁集》卷31《许母饶安人家传》

【翻译】 有十个只消耗一个，这样的人就富一辈子；有十个就消耗十个，这样的人必然饥饿十辈子。消耗十个的就是木中的蠹虫，依仗富有不懂俭省也是木中的蠹虫，忘记蠹虫的肯定要挨饿，所以贫穷和富贵常常互相转化。我已习惯于过贫穷生活，知道这一道理就应做到每个人都自食其力，这样的生活才能安稳并且长久。

【点评】 这话出自一位清代妇女之口，她是歙县商人许景的妻子饶氏。经商之初，许景家中还是比较贫困，两人克服了种种困难，许景终于以商发家。但后人记载："家既饶，母(指饶氏)则益刻苦习勤如其初。"许景主外，饶

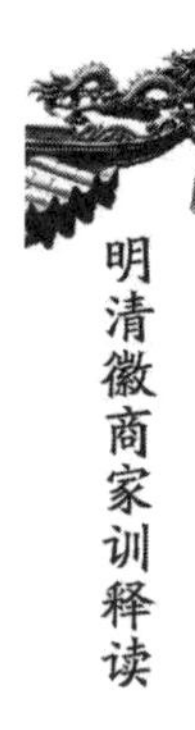

氏主内，对于家中的子女及僮婢，饶氏根据每人的能力都安排适当的事，并且说出了上述这番话来。在她的影响带领下，家风自然受到人们的称赞了。

“勤”“俭”“和”“忍”

(胡作霖)生平尝以“勤”“俭”“和”“忍”四字自矢[①]，自父殁后，守先人之业三十余年，不取薪金，不置私产，布衣疏食[②]，早起晏休[③]，殊为人所难。家人奉养，稍从丰腴，则曰：“非吾志也，如此反失吾意。”先后与伯氏同居数十年，家口三十余人，有一衣一食之微，莫不推多让美。遇亲族困难及地方善举，则无不竭力为之。

——民国《黟县四志》卷14《胡在乾先生传》

【点评】

①自矢:立志不移。

②疏食:疏同蔬,蔬菜类,意为素食粗食。

③晏休:很晚才休息。

【点评】 胡作霖是清代黟县商人,一生将“勤”“俭”“和”“忍”四字奉为信条,而且身体力行。守先人之业在外经营三十多年,不取薪金,不置私产,布衣蔬食,早起晚休,确实是常人难以做到。家人稍微给他做点好吃的,他就说:“这不是我的志向,这样做反而违背了我的本意。”有一衣一食,从不想占便宜,总是把多的好的东西让给别人,他家和兄长家人口三十多人,能够同居几十年而不分家,他所坚持的“勤”“俭”“和”“忍”信条,显然起了关键性的作用。充分反映了这个大家庭淳朴的家风。

勤俭乃生财大道

人之处家在于勤俭。盖勤以开财之源,俭以节财之流,此生财大道也。人家膏粱子弟生于豢养,往往过花街酒肆,朋聚酣饮,暇者弈棋赌博,为牧猎儿戏,以消闲度日,不思营运干家[①],则财源告匮,何以自给?泛观物理,飞而禽口之属、走而蝼蚁之微,亦朝作暮辍,以足其生,可以人而不如物哉。且费用过侈,甚为害事。近世风俗奢靡,饮食务新奇稀尚华艳,室宇求高大靓丽,量入为出之道懵然不知。吾恐山林不能供野火,江河不能实漏口,举赢宁保其可久哉?晋传咸云[②]:“奢靡之费,甚于天灾”,真达识也。故子孙必须勤俭,方能不坠家声。

——《绩溪积庆坊葛氏族谱·家训》

【注释】

①营运干家:指经商支撑家庭。

②晋传咸云:应为《晋书·傅咸传》云。傅咸(239—294),西晋文学家。曾任太子洗马、尚书右丞、御史中丞等职。为官清峻,疾恶如

仇,直言敢谏,曾上疏说:“奢侈之费,甚于天灾。”

【翻译】 人们持家全在于勤俭。勤能开辟财源,俭能节约用度,此生财之大道也。那些纨绔子弟生于膏粱之家,整天呼朋引类,不是酣饮,就是赌博,或者游猎儿戏,无所事事,饱食终日,不想怎么经营以支撑家庭,这样坐吃山空,怎么自给?看看自然界,无论是在天上飞的禽鸟,还是在地上爬的蝼蚁,都是早起劳作,暮晚停止,这样以养自身。难道人还不如这些动物吗?而且过于浪费,真是坏事。近来风俗转向奢靡,饮食追求新奇稀有华艳,居室追求高大靓丽,量入为出的道理一点不懂。我怕再大的山林野火也能烧尽,江河堵塞不了漏口,再多能保其长久吗?晋朝傅咸说:“奢靡之费,比天灾还厉害啊!”真是有远见卓识。所以子孙必须勤俭,只有这样才能不败坏家声。

【点评】 作为绩溪葛氏家训,特别强调勤俭。这是家风的重要方面,因为“勤以开财之源,俭以节财之流,此生财之大道也。”子孙勤俭,才能不坠家声。这不仅对我们培养优良家风有着教育作用,还对当前反对奢靡之风也有现实意义。

远　虑

其一

有一等人未娶亲前,家中又不望他家计,身边稍有积蓄,不无讲究穿吃,本分伙食之外,兼添私馔,以为可用之不尽。未尝思及娶亲生子,日用浩繁,岂知父母年老家居,临所望儿子能以思前顾后,庶残年有靠。古语云:顺风须逆风。在马上时当防失足。每步进场,或有一千,用出只可七百,以此拘定不松。日计不足,月计有余。后日创基立业,门楣大振,未可量也。

其二

世间惟重银钱,囊橐亢盈,人皆看重。莫谓年壮来路甚易,任意挥霍。倘若一朝失业,落寞家园,求他最难。人之有钱,犹鱼之有水。手无积蓄,贷于亲朋,本利难偿。年复一年,自身难了,连累儿孙。不如善于节省者,毕生安适也。

其三

大丈夫处世,何用求人?幼而学,壮而行,惟勤惟俭,自食其力,何得俯首求人也?然当在平日节省耳。银钱入手,真非容易,用去当易行来难,不可轻忽之也。先哲云:“惜衣惜食,非但惜财兼惜福;求名求利,终须求己莫求人。”数语当谨记之。

其四

况吾等离乡背井,别亲抛妻,迢遥千里,所为何事?无非糊口养家。既是因此而来,银钱应当看重,不可轻易浪费。不要“出门一里,忘记家里。”愿诸君子凡穿一衣、食一味,当思家中父母能有是否,方敢自衣自食。鲜衣美食,人所共爱,亦要福分消受,若是勉强为之,须防折尽平生之福。莫效轻薄儿,务在讲究,摆空架子,好穿好吃,好嫖好赌,好吸洋烟,好交损友,看得东家银钱,认为已物。忘了本来面目,不念父母养育之恩。虽家徒四壁,两手空空,还要大摇大摆,装出大老官身段,弃尽典业规模诚实样子。遇此等下流之人,切莫交他敬他,只宜远他避他,自全声名,无致受累,愿同人自爱焉。

【点评】这是一个徽州老典商晚年写给典铺年轻人看的规条。这位典商家中世代经营典业,自己也是做了一辈子的典业,当然阅人无数。他亲眼看到有的学徒积极向上,虚心好学,踏实做人,严格律己,满师后不断成长,不仅能够自己创业,而且最终致富。而有的学徒三心二意,吊儿郎当,有的勉强学成后也没能闯出个名堂,有的虽能赚点钱,但由于不知勤俭,所交非人,染上各种恶习,从而迅速败家。老徽商出于对青少年的爱护,写下了上面的几段文字,谆谆教导典铺中的青少年一定要养成勤俭的好品德,要交好朋友。老一辈对下一代的一片赤诚之情跃然纸上。

“陶侃无事,尚运百甓[①];文伯之母,纺绩维勤[②]。我顾可以自安乎?”一生布衣粝食,虽丰裕而处之不改其初。

——清 江廷霖:《婺源济阳江氏宗谱》卷2《佑生公传》

【注释】

①陶侃无事,尚运百甓:西晋灭之后,东晋朝廷偏安江南。此时,陶侃担任了广州刺史。为了怕养成怠惰之习,因此每天早晨总是把一百块砖搬到书房之外,傍晚时,又把这一百块砖从室外搬回到书房之内,日复一日,天天如此。别人问他这样做是为了什么,他回答说:“我现在正在筹划打过长江,恢复中原。如果我们过分安逸,每天都无所事事,一定担当不了大事!”他磨砺志气,努力工作,经常做些与此相似的事。最后,他终于成为东晋的名将。

②文伯之母,纺绩维勤:文伯,即公父文伯,姬姓,名歜,中国春秋时期鲁国三桓季悼子之孙,公父穆伯的儿子。春秋时鲁国的大夫。他退朝回到家时,看到母亲还在绩麻,于是就说:“像我们这样的家庭,主人还要绩麻,恐怕会惹季康子不满,他会以为我公父文伯不能侍奉

好母亲啊。”母亲叹道:“鲁国大概要灭亡了,让你这样不懂事的孩子在朝廷里做官,却没有把做官的道理告诉过你吗?坐下,让我来告诉你。”她举了一大堆例子说明一个道理:君子用心力操劳,小人用体力操劳,这是先王的训诫,从上到下,谁敢放纵自己而不用力气?如今我是个寡妇,你也只是个大夫,从早到晚兢兢业业地工作,还深怕败坏了祖先的成业,如果存有怠惰之念,又怎么躲避罪责呢?就是说任何人都不能懈怠。

【点评】 这是清代婺源江佑生说的话。佑生在外经商,艰苦奋斗二十余年,终于家业振兴。家庭富有后,除了做大量济人助困、社会公益之事外,当七八十岁时,仍天天操劳,人们劝他在家享受清福、安度晚年时,他说:“陶侃无事之时,仍然每天坚持搬运一百块砖。文伯之母,仍每天坚持纺绩。我怎么能够自图安逸呢?”他一生都是穿布衣,吃粗食,即使在家庭富裕以后仍不改初衷。这种勤劳的精神确实值得我们学习。

诚　信

汪通保的"五毋"

处士[①]（汪通保，明徽州人）始成童，以积著[②]居上海。倜傥负大节，倾贤豪，上海人多处士能[③]，争赴处士。初，处士受贾，资不逾中人，既日益饶，附处士者日益众，处士乃就彼中治垣屋，部署诸子弟，四面开户以居，客至则四面应之，户无留屦。处士与诸子弟约，居他县毋操利权；出母钱毋以苦杂良，毋短少；收子钱毋入奇羡，毋以日计取盈。于是人人归市如流，旁郡县皆至。居有顷，乃大饶，里中富人无出处士右者。

——《太函副墨》卷4《汪处士传》

【注释】

①处士：指没做官的人。

②积著：此指经营典铺。

③多处士能：称赞处士能干。

【点评】 徽州人汪通保刚成童（一般指十五岁以后），就在上海做起了典当生意。由于他慷慨大方，结交了很多朋友，上海人都夸通保能干。当初通保刚经商时，资产不超过中等人家，现在却日益富饶，很多人都来投奔他。通保乃把典铺大大扩建，四面都开了门，手下人就在四面门内居住。这样，顾客无论从哪个门进来,都有人接待,店内很少有人排队了。而且通保与手下人约定:如果在其他县经营,不要欺行霸市;与顾客交易时,归还本钱不要用优质铜钱来杂劣质铜钱,不要短少;计算利息时不要计零头,不要以天数计利息以多取利。由于这有利于顾客,所以凡是要当物的人都到他的店来,甚至其他郡县的人也到这里当物。这样没过多少时候,他的典当生意越来越好,财富也越来越多,当地富人中没有超过汪通保的。这就是坚守商业道德带来的结果。

讲诚信就必定守信用

黟县商人黄美渭,幼时,父为盐、典商,家颇饶裕。有戚汪某贷公款颇巨,浼(měi)渭父作保,会匪寇之乱(指太平天国运动),汪某贫极,渭念信用所关,谋于兄弟代还之,其轻财好义如此。

【点评】黟县商人黄美渭,小时候父亲是盐商、典商,家中十分富有。一次,亲戚汪某贷了一笔巨额公款,按规矩必须有人担保,于是汪某就请美渭父亲做了保人。谁知不久太平天国运动爆发,清军与太平军展开了激烈的战争,一打就是十年,汪某此时因生意破产已是极贫,根本无法还款。而此时美渭父亲也去世了。按说保人已不在世了,此笔贷款找不到责任人了,但黄美渭认为这是信用所关,与兄弟商量,既然汪某已不能偿还,他们就共同把这笔贷款归还了。他们就是这样讲究诚信。诚信,是徽商普遍坚守的商业道德,也是他们成功的秘诀之一。

吴汝璜不负友托

吴汝璜,字辉寰,(祁门)金壁人。客姑苏归,友寄金六百,途遇盗,汝璜出己囊付盗而匿友金,友愿以半酬之,不受。家居葺宗祠,筑书舍,族党有纷

出赀排解,俾无争讼者三十年。

——道光《徽州府志》卷12《人物·义行》

【点评】吴汝璜,字辉寰,祁门金璧人。在苏州经商,有一年他回乡探亲,友人寄放六百两银在他那里,谁知途中遇到强盗,汝璜知道无法逃脱,于是把自己的钱囊给了强盗,而把朋友的银子藏了下来。后来朋友见到他,得知这一情况后,愿意拿出一半银子给他,他坚决不接受。汝璜家居时也是修宗祠,筑书舍,族中有纷争时,就自己拿出钱来排解,在他的影响下,本族三十年没有出现过纷争或官司。友人既然把银子存在我这儿,我就应对此银负责,不管出现什么情况,哪怕自己受到损失,也要保证朋友的银子。这就是诚信。

戴鸿翔不昧店款

戴鸿翔,字礼钟,(歙县)桂岩人,国学生。性孝友。……尝奉父命以钱还某店,店已移去,遍迹之不知所往,适有捐桥梁者,遂书某店名,如数捐之。事父惟谨。父殁后,与兄同居五十余载无间言。

——光绪《婺源县志》卷30《人物志·孝友六》

胡文相信义大著

胡文相,字亮公,贸迁京师,以义侠著。康熙甲午有仇谅臣者抱病南还,以橐金寄,未几仇死其家,不知有金也。文相恐其子幼,骤与重金,非损其智即益其过,绝口不言,惟资给其家食用二十余年,及仇氏子长成,乃召与语出原橐并谅臣亲笔归焉,仇氏喜出望外,而文相信义亦大著。

——民国《歙县志》卷9《人物志·义行》

【**点评**】朋友去世前寄存的这笔重金,没有任何人知道,要是品德不好的人,早就将这笔银两据为己有了,但胡文相没有这样做,为了使朋友之子能够成人,宁可资其家用,也不提这笔银子。待二十余年后,朋友儿子已经成人,文相才拿出这笔重金交给他。这种信义真是难能可贵。我们今天最缺的就是信义,胡文相的榜样作用就是在今天仍有其重要示范意义。

项天瑞一诺千金

项天瑞,字友清,小溪人。父昌祚值岁凶为族里逋赋所困,天瑞年十四偕兄天祥奔赴县庭,以身代父,父因得免。尝客淳安,有洪某病危子幼,以积金寄天瑞,无有知者,越十余年,其子成立,倍息还之,子惊不受,天瑞曰:"是先人所贻也,毋却。"酌酒告洪墓而返。

——民国《歙县志》卷9《人物志·义行》

【**点评**】项天瑞的事迹和胡天相一样,也是讲诚信的典范,而且在徽商中像这样的例子很多。在市场经济条件下,诚信是不可或缺的,徽商从整体上来说,最讲诚信,所以他们得以成功绝不是偶然的。

唐祁一券两偿

唐祁是清代歙县人,由于家境困难,父母双亲身体又不好,所以他从小就出去经商,靠辛苦挣来的一点小钱养活双亲。期间吃了多少苦,就不必说了。经过一二十年的艰苦奋斗,唐祁终于渐渐富裕起来了。但父母的身体却越来越差了,唐祁虽想了很多办法,请了很多医生,也未能挽回双亲的生命。

双亲去世后,唐祁的儿子也长大成人了,他自己也渐渐老了。他把生意交给儿子打理,自己就回到家乡养老。当他父亲在世时,由于生活困难,曾经借了某人一笔钱。这件事唐祁也听父亲说过。某天,那人找到唐祁,说你父亲曾借我一笔钱，至今没还，但借券我已遗失了。唐祁说："券虽无，事则有也。"借券虽没有了，但我父亲借钱的事我知道是有的。于是将这笔钱加上当时的利息全部偿还给了那个人。

谁知过了一段时候，那人又将借券找到了。狡猾的他拿着借券又找到唐祁要求还钱。唐祁明明记得不久前刚还了这笔钱，此人怎么又来了。他强压住自己的不平，说："这件事虽然是假的，但这张借券却是真的。"于是又如数偿还给那人。

唐祁一券两偿，被人传为笑话。唐祁却笑着说："第二次我完全可以不给他，主要考虑到当初他借钱给我父亲，帮助我父亲解决了眼前的困难啊。"

唐祁临终前，将儿子召到床前，对他们说："如果自己有余力帮助人，那就从亲族开始。帮助人，不要表现出大恩大德的样子，更不要沽名钓誉。"

（事见乾隆《江南通志》卷160《人物志》）

友死不负重托

孙启祥是清代黟县人，从小父亲就去世了，母亲带着三个儿子生活相当艰难。长兄身体有病，什么事也不能干，二哥在外经商，赚的钱也很少。启祥在家侍奉母亲，照料大哥，平时总是将好的东西孝敬母亲或让给哥哥，自己生活很俭朴，在邻里间传为佳话。

后来启祥渐渐长大，也出去经商。他诚信厚道，乐于助人，所以受到人们的称道。人们有什么急事难事都找启祥，启祥也尽力帮助。有一次，在那里经商的同族人孙某生病了，寄养在僧舍。启祥天天去照料，但孙某病情还是一天天加重。孙某眼看不治，将启祥叫到床前说："启祥，我怕是没得治了。我这里还有一笔钱，待我死后，后事就拜托你了，剩下的钱请帮我送到家里。"启祥一面安慰，一面应允。朋友死后，启祥将他的后事料理得非常周到，又将剩下的钱全部送到他家人手中。家人千恩万谢，感激不尽。

启祥诚信的事远近皆知。有一天，一查姓者找到启祥，郑重交代一件事。"启祥，有一要事相托，我想来想去，只有找你才可靠，望你不要见辞。"

“哪里哪里，”乐于助人的启祥满口答应，“只要你信得过我，只管吩咐。”

查某从随身带来的口袋里取出一只沉甸甸的包袱，放在桌上，缓缓打开，竟是一堆白花花的银子。

“这是怎么回事？”启祥满脸狐疑地问道。

“这是我一辈子的积蓄，”查某轻轻叹了口气，“这几千两银子，我如果马上交给家里人，很快就会给他们败光了，所以我一直秘而不宣。也请你千万不要告诉我家里人。我想等我死后再拿出来，但我身体不好，不能外出奔波了，能否放在你这里，请你帮我经营，总能涨几个钱，待我死后请你再给我的家人。”

这真是只有绝对信得过的人才能这样啊！

“查兄，你如此信赖老弟，就请你放心吧。”启祥满口答应。说着回房取了纸笔，递给查某：“请兄记下笔录，以后我会连这一道交给你家人的。”

就这样，启祥带着这几千两银子继续经营。没过几年，查某果然身病越来越重，终不治逝世。

又过了一些时候，启祥了解到查某家中自从失去了顶梁柱，儿子们也都变得节俭了。于是某天，启祥来到查某家，并请来了左邻右舍和查某亲戚，然后打开一包袱，大家一看竟是一堆白花花的银子，惊得目瞪口呆，不知他究竟要干什么。

“这是你们家的银子。”启祥慢条斯理地说：“几年前，查先生找到我，交给我几千两银子，要我给他保管。”说着又打开一个簿子，“这就是当初查先生的笔录。”他把这簿子交给大家传看。

“这几年，这几千两银子在我这儿，我和查先生已讲好，按照定例支付利息，”说着又拿出一个小包，打开后仍是银子。启祥指着它对查某的家人说，“这是迄今为止我付的利息，请你们过目。”

“太难得了！太难得了！”一人在旁不禁说道。

“就是啊！我长这么大还没听说过这样的事呢。”另一人跟着附和。

查某家人望着这堆银子，听了启祥的这番话，感动得半天说不出话来。

（事见嘉庆《黟县志》卷7《人物志·尚义》）

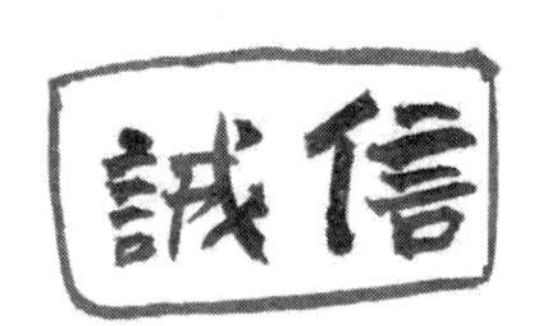

守典十年,完璧归赵

这是发生在清代又一个真实故事。

那时的崇明岛虽然孤悬海外,却也有不少徽商来此经营。婺源人詹谷就在岛上做些小生意。由于他平时为人正直,讲究诚信,从不坑蒙拐骗,所以他的商业信誉很快就建立起来,生意做得红红火火。他的所作所为一直被一个老板关注着,这老板也是婺源人,早就在岛上开了一个典当铺。由于儿子还小,在婺源老家跟在母亲身边,典当铺就靠他一人支撑着,因此感到力不从心,很想再找一个帮手。他早就听说詹谷正派厚道,又有文化,生意做得不错,正是他想要的极佳人选。于是他做了很多工作,终于将詹谷聘到自己典铺中,成为一名掌柜。

几年下来，一方面是老板的精心培养，一方面是詹谷的虚心好学，詹谷掌握了典当铺的所有知识和识别各种物品的本领。老板也有意放手让他去干，典当铺给他打理得井井有条。老板看在眼里，喜在心头。

不久，老板与詹谷商量，自己多年没有回家探亲了，想把典当铺交给詹谷管理，自己回徽州婺源看看，少则三个月，多则半年就回来，詹谷一口答应下来。

真是天有不测风云，老板刚回到婺源，太平天国运动就爆发了。短短时间，竟然迅猛发展，很快从南方一直往北打，竟然占领了半个中国。这下清政府慌了，立即调集人马，企图把太平军镇压下去。双方展开了激烈的战斗，尤其是太平军与清军在徽州境内又打起了拉锯战，自然徽州到崇明的道路也就中断了。

这下可把老板急坏了，道路不通，崇明去不了，典当铺怎么办？一切只有听天由命了。

战事竟然持续了十年。十年，可真是不短啊！有一天，老板坐在厅堂里，望着儿子，他已经长成大人了。

“父亲，如今天下太平了，您还想出去吗？”儿子似乎看到父亲在想心思。

“我已老了，跑不动了，以后就靠你来支撑这个家了。”

“您不是说我们家在崇明还有一个典当铺吗？”

“唉！打了十年仗，兵荒马乱中能保住性命就万幸了，典当铺可能早就不存在了。”

“那我能不能去看看呢？”

“你真要去，就去一趟吧，如果没有了，就赶紧回来。”

于是父亲写了一封信交给儿子，并详细交代了沿途路线以及典当铺的方位，儿子就出发了。

不到一星期，儿子来到崇明，按方位果然找到了一家典当铺，一打听正是自己父亲的典当铺。立即将父亲的信交给了掌柜。掌柜正是詹谷，他得知老板儿子来了，非常高兴。先将他安顿下来休息。

第二天，詹谷安排了一餐盛宴，特地请来当地的士绅和邻居赴宴，为老板儿子接风。酒酣耳热之际，詹谷捧出一大摞账簿，当着众人的面对老板儿子说道：“这是你父亲走后至今十年的账簿，一天也没有少，现在全部交给你，

请你过目。”

“真是了不起啊！”“如此忠信的人到哪找啊！”众人无不感慨万分，啧啧称叹。老板儿子看到这些，两行热泪不禁夺眶而出。

过了几天，詹谷已将典当铺业务交代清楚了，他向老板儿子提出，我有十几年没回家探亲了，现在我已把有关事情都安排好了，也要回去看看了。老板儿子满口答应。第二天他将十年来詹谷的薪金外加四百两银子郑重交给詹谷，可詹谷只拿了自己的薪金，那四百两银子坚辞不收。

十年守典，完璧归赵。此事在当地一直传为美谈。

（事见光绪《婺源县志》卷35《人物·义行》）

戒 欺

提起胡雪岩,谁不知道他是近代著名的“红顶商人”。他的一生,简直就像一个神话。他从学徒起家,凭着他超常的智慧和惊人的魄力和胆识,经过一二十年的奋斗,竟然一跃成为当时全国最著名的商人。

他成功的诀窍之一就是“诚信”,一诺千金,从而为他在商界树立了极好的信誉。他还有一副菩萨心肠,仁心济世,助困帮穷,赈灾救民,感动了千千万万的普通百姓。

1874年,胡雪岩在杭州创建了一个药店——胡庆余堂,地处杭州历史文化街区清河坊。胡庆余堂以宋代皇家药典《太平惠民和济药局方》为基础,收集各种古方、验方和秘方,并结合临床实践经验,精心调制庆余丸、散、膏、丹、胶、露、油、药酒方四百多种,还著有专书《胡庆余堂雪记丸散全集》传世。

“北有同仁堂,南有庆余堂。”胡庆余堂在胡雪岩的指导下,短短时间,声名鹊起。这同样得益于胡雪岩的“诚信”。

胡庆余堂里至今还保留着一块非同寻常的“戒欺”匾额,其他的匾额都是朝外的,是给顾客看的,唯独这块匾额是朝里的,是给店内员工看的。这是胡雪岩在1878年亲笔书写的“店训”。这块匾额右边是“戒欺”两个大字,占了整个匾额的将近一半的面积,字迹浑厚有力,非常醒目。左边写了一段小字:

> 凡是贸易均着不得欺字,药业关系性命,尤为万不可欺。余存心济世,誓不以劣品弋取厚利,惟愿诸君心余之心,采办务真,修制务精,不至欺予以欺世人,是则造福冥冥。谓诸君之善为余谋也可,谓诸君之善自为谋亦可。

意思是说,凡是贸易,都不能沾上“欺”字,药业关系到人们的性命,尤其万万不可欺。我存心济世,发誓不以伪劣商品获取厚利,唯愿各位员工以我的心为心,采办药材务必要是真的,加工制作务必要精细,不至于欺骗我又欺骗世人,这样做就是在冥冥之中造福了啊。说各位的善是为我考虑也可以,说各位的善是为自己考虑也可以。

胡雪岩的这段话多好啊！这是他的真心流露。孟子说过："医者，是乃仁术也。"深受儒家思想影响的胡雪岩非常服膺这句话，特地另外制了块牌匾，上面就写了"是乃仁术"四个大字，挂在厅堂。让所有的人都知道行医是仁术啊，仁还能掺有半点假吗？

正是在胡雪岩的影响下，胡庆余堂的全体员工真正做到了每种药品都是"采办务真""修制务精"，所以他们才敢于挂出"真不二价"的匾额，他们也才赢得四方百姓的交口称赞，才能在风雨交加的世道中长久立于不败之地。

想想当今那些制造"地沟油""毒牛奶""瘦肉精"的厂家，丝毫不顾百姓性命，只顾自己赚钱，他们和胡雪岩天壤之别。

方三应拾金不昧

歙县岩寺人方三应拾金不昧的故事更为生动。方三应曾在辽宁省建昌县经商。有一年在回乡途中的一个旅舍里，捡到了他人遗落的数百两银钱，便留在那里等待失主来认领，谁知等了一天又一天，竟一直等了一个多月，也没有人前来认领。终因久久不见失主，方三应自己的生意也耽误不起，便将那捡到的银钱携带回乡。但是他并没有据为己有，而是每次外出都携带在身，以备随时寻归失主，然而，一连数年也不见失主。

谁知"踏破铁鞋无觅处"，巧遇全不费工夫。那是数年后，方三应经商来到江西抚州，在一只渡船上，看见许多人在奚落一个穿着寒伧不洁的鸡贩子，有的说："这么臭，离得远一点！"有的说："出门做生意，也该穿得整洁一些，如此破破烂烂，成何体统？"有的干脆说："像个叫花子模样，干脆要饭去，贩什么鸡？"可那鸡贩子却说："你们不要耻笑我，我也曾是有钱人，只因为某年某月某日，我在辽宁的建昌丢失了数百两银钱，才落到如此地步。"

真是无巧不成书，也可以说是说者无意，听者有心。当时方三应听了鸡贩子这么一说，心中一惊，此人莫非就是当年丢钱的失主么？于是他很是高兴，当即询问道："请问老兄在何年何月何日，在何处丢失多少银钱？"那鸡贩

子见问,便道:“莫非客官知道此事?”接着,他便把所问一一回答。方三应见他所说属实,便从自己所携带的行李包中,拿出那包携带多年的钱,如数地交给了那鸡贩子,然后说:“老兄啊,我捡到这些钱后,在那里等候失主一个多月,无奈之下只好带回了家,后来这么多年每次外出行商,都在尽力寻找失主,但总是寻找不到。今天真是太巧了,终于找到你了。”那鸡贩子失银多年而复得,这是他做梦也没有想到的事情,自然非常感谢,当即跪拜在方三应的面前,叩问道:“客官真是大恩大德,使我失金多年而复得,我实在是感谢你,请问客官叫什么名字,我以后好报答。”方三应道:“拾金不昧乃是我应该做的,你不必记挂在心。”同船过渡的人也为这件巧事而感到又奇又喜,也纷纷

要方三应说出名字。方三应乃是一个正人君子,岂是为了“名利”二字?当下坚持不告诉名字。正好这时渡船到了码头,方三应便出了渡船上岸走了。此时有一个人认得方三应,便对鸡贩子说:“此人我认得,乃是徽州商人方三应也,那是一个好人。”那鸡贩子望着方三应远去的背影,激动得潸然泪下。

又过了数年,方三应的儿子方宏担任了江西省宜黄县县令。有一次,他下乡视察民情,却逢下雨,便带着随身一仆从到一家民舍里避雨。他抬眼一看,却见这家堂前供奉着一块灵位,细看之,却是“恩公方三应”的字样,遂感到十分惊奇:这不是自己父亲的名字吗?怎么会在异乡民舍里出现?这时一个老汉来到堂前,知是父母官到来,立即热情接待。方宏忙制止道:“老人家,不须客气,我只是暂避一时。”说着,他指着灵位问了起来。那老汉便将自己遗金复得的事情讲了一遍,最后说:“小民自从蒙这位恩公归还遗金,才能有今日的家业。我岂能不日日供奉?但愿他长命百岁,万事吉祥。”方宏不禁为父亲的事迹所感动,但他没有对老汉讲明自己是方三应的儿子,只是深表赞同。不过,他从此居官格外清正廉明,在当地享有盛誉。

(张恺编写)

汪学礼入祀徽州会馆

汪学礼,字淦庭,世居黟县七都玛坑,和两个弟弟汪学义、汪学廉先后跟随父亲汪载阳,在浙江省泗安县经商。他少年时就以孝顺父母、友爱兄弟和他人而闻名乡里,长大后强干而有作为,学习的是典当衣服的行业。弱冠后,他的老板张幼翘很欣赏他的才能,就把整个店铺事务交给他打理。汪学礼接手后,兢兢业业地经营着,以报答老板对自己的信任,所以多年以来都获得优厚的利润,既为老板创造了财富,也为自己获取了丰厚的收入。

清代咸丰年间,太平军占据了安徽的宁国、广德和浙江的泗安等县。这几个地方土地相连,太平军来来往往没有定数,人们虽然躲避到深山密林之中,仍经常遭到侵扰。汪学礼作为典衣铺的经理人,十分担心有负于老板的重托,经过一番深思熟虑后,决定将典衣铺中的货物登记入册,然后雇船把货物运出浙江,以避免损失。没有几个月,占据泗安的太平军便退去了,汪学礼又把货物运回来,将货物与册籍逐一清点交还给老板,结果货物不仅没有损失,而且还比原先增加了一倍。原来,在运出浙江后,汪学礼没有停止经营,而是继续在当地营业,从而获得了良好的效果。闻知的人都羡慕他的老板找到了一个好的经理人。

不久,汪学礼因为母亲逝世、父亲年老而向老板辞职返乡。老板张幼翘自然舍不得汪学礼走,劝留他几个昼夜,乃至流下了数行眼泪。汪学礼恳切地对老板说:"我如果只顾与东家的友谊,便是有愧于作为人子的职责,这不是人道也。现在,母亲既然已经逝世,而父亲渐渐衰老,我应当回去侍奉父亲。如果东家实在需要我,那么待家父安顿后我再来,如何?"老板张幼翘自然也不忍心人家违背人伦之道,听他如此诉说,这才算依从汪学礼的意见,让他返回家乡。一年多后,汪父谢世,汪学礼按照自己的诺言回到了泗安,张幼翘也依旧让他经理店铺。从此,汪学礼以信义经商的品德,在泗安获得更高的声望,在泗安县经商的徽州人和泗安县的人,都啧啧称道他,遇到危难和疑问的事情,都来找汪学礼,或请教解决办法,或调剂货物资金等,他都能让人们满意而去。

后来因年纪已老,汪学礼便退职回家居住养老。但在养老中,他并没有放弃行善仗义。一是捐出自己田地的租金,供给宗祠每年祭祀之用。二是地方上凡有公益的举动,都竭力予以资助。三是把父亲多年积欠他人的三百两债务,全部归还。四是二弟、三弟相继亡故,二弟的一个孩子才三岁,三弟的三个孩子都年幼,他像抚养自己的儿子一样,供给他们饮食,教育他们成长。汪学礼的妻子李孺人善于体贴丈夫的意志,也勤勤恳恳地协助丈夫,从而把侄子抚养成人。

清光绪三十二年(1906),汪学礼逝世,享年七十七岁。泗安县商界的诸位董事对他的逝世深表哀痛,并把书写他的姓名、职衔的灵牌,送进在泗安的徽州会馆先达龛座中,以崇德报功做永久的祭祀。这足见汪学礼生前的作为和品德,在泗安县商界和民众中留下的良好印象。

(张恺编写)

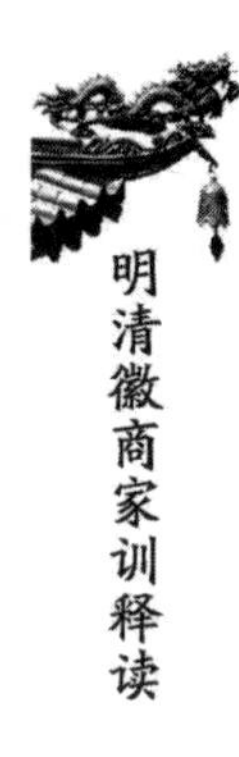

创　业

读书好营商好效好便好　创业难守成难知难不难

——徽州楹联

【点评】尽管那时是"万般皆下品,唯有读书高"的社会,但徽州特殊的环境迫使人们不得不去经商。因此徽州人的观念中,你"读书"也可以,"营商"也可以,关键是要达到"效好"。在"创业"和"守成"的问题上,关键是要"知难",知难了,无论"创业"还是"守成"都能做得好。古人的头脑真是清醒啊!

人之处世以治生为急务。何以言之?方人之胎育成形即吮母血,及其有生即求乳食。则知饮食之需、俯仰之费,诚为急务而不可缓者。否则非惟不能保其妻子,将不能保其身。故当努力自强,各为资生之计。谚有之曰:"男儿不吃分时饭,女儿不着嫁时衣"。言其当自强也。苟徒仰祖父之遗逸,居享成,不知千金之家分为百,又自百金而为十,所入者止于十,而所费则不减于千,其不至口腹而待毙者鲜矣。为子孙者必知稼穑艰难,辛勤干家,乃克有济。

——《绩溪积庆坊葛氏族谱·家训》

【点评】这条葛氏家训把"治生"看得十分重要。所谓"治生",就是解决生存问题。为什么呢？因为人在胎中即吮吸母血，一生下来就要吃奶，则知个人饮食之需、仰事父母俯育孩子的费用，真是急务而不能等的。否则不仅不能保住妻子，也将不能保住自己。所以每个人当努力自强，各自想出谋生之计。有谚语说："男儿不能等吃分家时的饭，女儿不能只穿出嫁时的衣。"就是说要自强不息、自食其力。如果只依赖祖上的遗产，坐享其成，不知道千金之家分了后，只成百金之家，百金之家分了后只成十金之家，所入者只有十，而所费者不少于千，那么不坐吃山空、束手待毙的太少了。作为子孙一定要知稼穑艰难，辛勤努力，才能有希望啊。

闻朱子云："步向浓时转"，斯言也旨哉。人之处世，得意方浓，而不知回步，自贻伊戚者也，宁能保其常浓乎？姑自其大者言之，人之宦成名立，而不知退休，将必有如叹东门之黄犬[①]，想华亭之鹤泣[②]，遗恨千古而不可收者。此可为浓时进步之戒矣。然岂惟仕宦为然，所谓意浓者亦非一端，所当回步者，亦非一事，苟经营财力而得陇望蜀，负气凌物，而赶人赶上，耽醉酒色而乐极志满，皆意浓而不知回步者也。宁无虽悔莫追之祸[③]哉。故人当知进步，又当知退步。

——《绩溪积庆坊葛氏族谱·家训》

【注释】

①东门之黄犬：历史典故。典出《史记》卷87《李斯列传》。秦丞相李斯因遭奸人诬陷，论腰斩咸阳市。临刑谓其中子曰："吾欲与若复牵黄犬俱出上蔡东门逐狡兔，岂可得乎！"后以"东门黄犬"作为官遭祸、抽身悔迟之典。

②华亭之鹤泣：历史典故。指的是西晋陆机的故事。陆机是吴郡吴县（华亭）人，西晋著名文学家、书法家，出身于三国贵胄陆氏，东吴丞相陆逊之孙、东吴大司马陆抗第四子。孙吴灭亡后出仕晋朝司马氏政权，历任平原内史、祭酒、著作郎等职。"八王之乱"时，陆机曾被司马颖委任后将军、河北大都督，率领二十多万人，讨伐长沙王司马

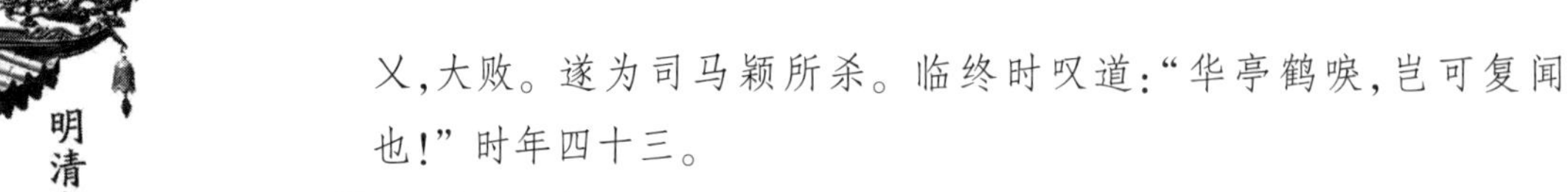

义,大败。遂为司马颖所杀。临终时叹道:“华亭鹤唳,岂可复闻也!”时年四十三。

③祹:此同“祷”。

【点评】这条葛氏家训在告诫族众干任何事都不能贪心。朱熹曾说过:“步向浓时转”,这话真是至理名言。人在世上,得意时方称“浓”,这时如果不知回步,适可而止,那就要给自己带来悲切了,哪能常保“浓”呢?姑且先从大的方面说吧,当你宦成名立后,而不知急流勇退,难免就会像李斯、陆机那样,留下千古遗恨。这是在得意时不知后退的警戒啊。然而仅仅做官是这样吗?所谓“意浓”者并非一种情形,所谓回步者也并非一件事情,经商也一样。如果经营商业而不知底止,得陇望蜀,贪心不足,负气凌物,或者沉醉酒色而志得意满,都是意浓而不知回步者,虽后悔也来不及了。所以一个人应知道进步,也要知道退步。

家训是在教育族众无论做官还是经商,都不要志得意满,要有进有退,防止向反面转化。我们今天所谓做人做事谦虚谨慎、凡事做退一步想,也都是这个道理。

许衡[①]曰:“学者,生理最急。”盖谓日用食享之所从出,苟一偷惰,则饥寒困苦迫于身,欲无邪僻而从善也,得乎?吾愿四民各勤其业,业勤则敏而有功,将生齿日蕃,善行可兴。管子[②]尝曰:“仓廪实而知礼节。”亦谓此也。

——《绩溪姚氏家规》

【注释】

①许衡(1209—1281):字仲平,今河南焦作人。元朝思想家、教育家,学者称之鲁斋先生。

②管子:春秋时期,齐国政治家、思想家管仲。

【翻译】许衡说:“作为一个学者,谋生是当务之急。”因为日用吃喝都要从中所出,如果一旦偷懒,则饥寒困苦都来了,想他没有邪念而让他去从善,能行吗?我希望我们士农工商四民各自勤勉于自己的工作,勤奋了工作就能干得好，那么人口逐渐增多，各种善行就能做起来了。管子曾说："（百姓的）粮仓充足才能知道礼仪，丰衣足食才会知晓荣耻。"也是说的这个道理。

居家以治生为先，庶民生理，惟士、吏、农、工、商、贾、医、卜八事。生理不治，正孟轲氏所谓救死不赡，奚暇治礼义[①]？吾宗为父兄者，须量子弟材质，俾于八事各治一业，以为俯仰[②]之资，不可纵其游惰。如力足以自给者，天资聪明须专志读书，亲贤友善，以立身扬名，显亲荣祖，生理之上也；次之为商、为贾。为农、为艺，各随其资，莫非生理。或有家贫之甚，质美而可读书，心明而可以为医、卜，志力可以为农、工，而限于贫不能给者，各宗长劝其本房兄弟给助之，无使失所可也。亦不可为衙役皂卒，以玷辱祖宗。以前有为之者听其更改，以后有为之者黜之，不许入祠堂、入宗谱。

——《黄山岘阳孙氏家规》

【注释】

①救死不赡，奚暇治礼义：出自《孟子·梁惠王上》："此惟救死而恐不赡，奚暇治礼义哉！"意思是说，百姓没有产业，连救自己的性命还来不及，哪有空余时间去讲礼义呢？

②俯仰：语出自《孟子·梁惠王上》："是故明君制民之产，必使仰足以事父母，俯足以畜妻子。"后以"俯仰"借指养家活口。

民之业有四，民之职有九，而天下断无无事之民，故虽闲民亦未必无所事事。然而心专者自入巧，艺多者断不精，此又一人当习一事，而知不器[①]之君子为难能。吾等山僻庄居，大概农夫多，樵子多，若稍为俊异又为服贾他乡者多，工艺亦间有之，而惟诗书之士不多，觏（gòu，观）此管子所谓士之子恒士、农之子恒农者，与夫民之业既分则必各事其事而后其事理，亦必各功其功而后其功成。俗语曰："行行出状元。"言乎居业者造其极即莫与争能也。使浮慕[②]于其外，谓此业不足为，辄见异而思迁，恐迁之又不足为，是谓不安分。

使浅尝于其中，谓此业不能为，每偶涉而即止，既止矣，更何能为是，谓不成器。人而不安分、不成器尚得谓为人乎哉？使学道而不专其业，仍不如一材一艺之所习者录其功能犹得称奇焉，殊卓卓[3]也。故无论所托为何业，业所业即无庸负所业，斯其人以一业成，衣之食之均有藉也。无论所任为何职，职而职，绝不敢旷而职，斯其人不以一职限而制之作之，迁地皆能良也。盖天生是人必有以置乎是人，彼所受之业皆天之业也，所居之职天之职也，人可违天哉，天行固健，使违天而游手好闲，乃自弃于天，而非天之所不容之哉。

——《古歙义成朱氏祖训·祠规》

【注释】

①不器：不像器皿一般。意谓一个人的才能不局限于某一个方面。

②浮慕：表面上仰慕。

③卓卓：高超出众。

勤俭则衣食足，衣食足则易于为善；游手则生理废，生理废则流而为非，得失之间相去远矣。苟或放逸怠惰，土沃思淫，不知笃在守业之义，将至饥寒渐迫而盗贼生，终罹刑辟，后悔何及。

惟是四民之业各安其一，毋废时，毋失事，庶几学也而禄在其中，力穑而乃亦有秋，工作什器、商通货财并足资计，养生送死无憾，而礼义之俗兴矣。

——《黄山迁源王氏族约家规》

天下之事，莫不以勤而兴，以怠而废。周公大圣人也，而奋志向上，自强而不息。其不能者，或于四民之事，各治一艺，鸡鸣而起，孜孜为善。励陶侃运甓之志，作祖狄[1]之勇。必求其事之成、艺之精然后可。

——《新安王氏家范十条》

【注释】

①祖狄：应为祖逖(266—321)，字士稚，范阳遒县(今河北涞水)人，东

晋名将。西晋末年，率亲朋党友避乱于江淮。313年，以奋威将军、豫州刺史的身份进行北伐。祖逖所部纪律严明，得到各地人民的响应，数年间收复黄河以南大片土地，使得石勒不敢南侵，进封镇西将军。后因势力强盛，受到朝廷的忌惮，并派戴渊相牵制。321年，祖逖因朝廷内明争暗斗，国事日非，忧愤而死，追赠车骑将军，部众被弟弟祖约接掌。死后，北伐功败垂成。

生财之大道

圣人言："生财有大道，以义为利，不以利为利。"国且如此，况身家乎！人皆幼读四子书。及长，习为商贾置不复问，有暇辄观演义说部，不惟玩物丧志，且阴坏其心术，施之贸易，遂多狡诈，不知财之大小，视乎生财之大小也，狡诈何裨焉？吾有少暇，必观"四书五经"，每夜必熟诵之，漏三下始已，句解字释，恨不能专习儒业，其中义蕴深厚，恐终身索之不尽也，何暇观他书哉！

钱，泉也，如流泉然，有源斯有流。今之以狡诈求生财者，自塞其源也。今之悭惜而不肯用财者，与夫奢侈而滥于用财者，皆自竭其流也。人但知奢侈者之过，而不知悭惜者之为过，皆不明于源流之说也。圣人言"以义为利"，又言"见义不为无勇"，则因义而用财，岂徒不竭其流而已，抑且有以裕其源即所谓大道也。

——同治《黟县三志》卷154《舒君遵刚传》

【点评】 这是清代黟县商人舒遵刚说的两段话。第一段认为经商当然要赚钱谋利，但一定要以义为利，不能以利为利。这才是生财之大道。第二段谈源流关系，他认为有源才有流，狡诈谋财，是自己堵塞其财源。奢侈浪费，是自己枯竭其流。因义用财，不仅不会竭其流，而且是丰裕其财源，这才是生财大道啊。舒遵刚之所以有这样的思想境界，与他勤读"四书五经"，深受儒家思想影响有密切关系。我们说徽商是儒商，不仅仅是他们有文化，更重要的是他们能够用儒家思想指导自己的行动。舒遵刚常用上面的话教育

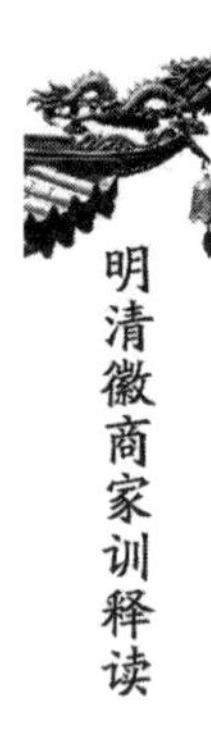

后进,“见子弟读书,必就其所读者,为之讲明其理,有会意者辄深爱之。”所以时人评价他说,要在知识分子中找到像他这样的人也是罕见的,更何况他是个商人呢!

凡事究心,益求其善

本店向来发染,颜色不佳,布卖不行。用是自开各染,不惜工本,务期精工。将来不可浅凑,有负前番苦心。踹石已另请良友加价,令其重水踹干,日久务期精美,不可懈怠苟就。每布之精者必行,客肯守候。本店布非世业,所制欠精,须凡事究心,益求其善,以为子孙世守之业。倘有不肖懒惰成性,罔知物力艰难,惟妻命是从者,必弃祖业,妒忌他人,渐至乏业营生,贤者同事于人,劣者则为下流苟且之事,丧心败德,永无昌炽之期。哀哉。

——《康熙五十九年休宁陈姓阄书》

【点评】 徽商晚年,在儿子们长大成婚后,往往都要分家析产。按中国封建社会法律惯例,分家时,父辈除留有自用外,其余财产都需均衡搭配,诸子平分,有时就要通过拈阄来决定每个人的份额。所以历史上留下了不少徽商分家阄书。阄书中除将所有财产均衡搭配成若干份外,父亲还要回忆自己家业的来源和创业的艰辛,并对诸子提出一些要求。

上述这段话是出自一位布商的分家阄书。主人是徽商陈士策,他于康熙三十二年(1693)来到苏州,先是代管金宅染坊,六年后稍有积蓄,乃迁居自创布业。晚年分家时,“基业粗成”。为了能够光大基业,他专门交代如何保证布匹的质量。他说:本店的布匹过去都是发给其他染坊代染,颜色不佳,当然“布卖不行”。于是自己开设染坊,染各种色布,“不惜工本,务期精工”,终于打开销路。今后你们接管店业,“不可浅凑,有负前番苦心。”踹石一定要好,已请朋友加价购买,令踹工重水踹干,“日久务期精美,不可懈怠苟就。”只要你产品质量好,必定“客肯守候”。要保证质量,就“须凡事究心,益求其善。”由此可知,徽商之所以发展得那么快,之所以能持续几百年,这是与他们一代代非常重视质量分不开的。这也是徽商家风的重要方面之一。

盐豆佐餐

徽人多吝。有客苏州者,制盐豆置瓶中,而以箸下取,每顿自限不得过数粒。或谓之曰:“令郎在某处大阚[1]。”其人大怒,倾瓶中豆一掬[2],尽纳之口,嚷曰:“我也败些家当罢。”

——《明清笑话集》

【注释】

①大阚:大吃大喝。

②一掬:一把。

【点评】这是清代文人编的一个笑话,选自《明清笑话集》。本篇主旨讽刺徽商吝啬。说有位徽商在苏州做生意,炒了一些盐黄豆放到瓶中,而用筷子从瓶中夹取,每顿饭自己规定不得超过数粒豆子,以此当菜佐餐。有一次,他正在吃饭,有人告诉他说:“你如此俭省,你儿子正在外面大吃大喝呢。”那人听了,非常生气,从瓶中倒了一把盐豆子在手中,然后全放在嘴里,边吃边嚷道:“我今天也来败些家当了。”吃一把盐黄豆,也认为是败家当,可见徽商真是吝啬到极点了。此事出于文人的杜撰,但徽商“盐豆佐餐”的事必定多有。文人认为这是吝啬,大加讽刺,但我们若换一角度看,这不正是徽商艰苦创业的写照吗!

徽商艰苦创业的品格实际上从小就养成了。据徽州老人回忆,小时候家里很少添菜加餐,偶尔炒一盘花生米,父母不准小孩吃时“抬轿子”。所谓“抬轿子”,就是将一双筷子并拢,在碗里“抄”,因为这样有时能“抄”两三粒花生米。大人只准小孩用筷子“夹”,这样“夹”半天也只能夹到一粒花生米。徽州人的节俭真是从一点一滴的小事上也能反映出来。

要做廉贾

余闻本富为上,末富次之,谓贾不若耕也。吾郡在山谷,即富者无可耕之田,不贾何待?且耕者什一,贾之廉者亦什一,贾何负于耕。古人病不廉,非病贾也。若第①为廉贾。

——明 汪道昆:《太函集》卷45《明处士江次公墓志铭》

【注释】

①第:但。

【点评】这是明代歙县人江皃对大儿子江一凤说的一段话。江皃虽然是个农民，但他有文化，读了不少书。由于徽州地少人多，务农之路难以走通，所以就鼓励大儿子江一凤去经商。他语重心长地对儿子说："我听说人们最崇尚以本致富（即务农致富），以末致富（即以经商致富）就要次一等了。人们都认为经商不如务农。但我们徽州处在万山丛中，即使富人家也没多少田可以耕种，不经商又有什么其他办法呢？而且务农能得到十分之一的利润，那些廉洁的商人一年也只能得到十分之一的利润，经商又有什么不如务农的呢？古人只是恨那些唯利是图的商人，不是恨所有经商的人。你应该去做廉洁的商人。"一个农民能有这样的认识，真是难能可贵啊。这实际上就体现了一种家风。明清徽商之所以能够坚持商业道德，不赚昧心之钱，应该说与这种家风的影响是有很大关系的。

职虽为利，非义不取

尝命长子商曰："职虽为利，非义不可取也。"命季子业举子，则曰："学贵自修，非专为名尔，惟勤励俟（sì，等待）命，吾不以利钝责汝也。"

——《汪氏统宗谱》卷3《行状》

【点评】 这里说的是明代嘉靖年间歙县商人汪忠富的事。长子要去经商了，忠富对他说："经商就是为了赚钱，但不义之财不可取啊！"小儿子要去读书了，忠富对他说："读书贵在自己修养心性，不是专门为了功名。唯有勤奋自励，听从命运，我不会以成功与否来责怪你的。"我们不能不钦佩这位商人的见识。你看他对义和利、读书和修养之间的关系认识得多么清楚。和他同宗的汪忠浩把商业交给儿子们时也说："汝曹职虽为利，然利不可罔也，罔则弃义，将焉用之。"意思是说你们的职业就是为了赚钱，但利是不能不择手段去获得。不择手段就会背弃义，这样赚来的钱怎能用呢！可知那时的徽商由于受到儒家思想的影响，是按儒道经商，并形成家风一代代传下去的。

谆嘱六字

谆嘱六字，望尔牢记在心，存于行箧，不时敬读一遍，终身受益不浅。

一曰勤。勤则有功，做事须向人前不可偷懒。古语有云："少壮不努力，老大徒伤悲。"但不可与人赌力斗狠，有伤身体。须知身体发肤受之父母，不敢毁伤。

二曰谨。谨则事事小心，不敢妄为。从此加工，可以寡尤寡悔。凡做学生，切勿染近来习气。近日发生群居终日，言不及义，尔须痛戒。切勿成群结伍，沾染习气。当知学生不做出头，将来衣食无路。既学此行，须要学得精熟。圣人云："三人行，必有我师焉。择其善者而从之，其不善者而改之。"譬如同楼两学生，一个是勤习(学)好之人，尔即事事效之，与其亲近，尔亦可习好。一个是顽皮不学好之人，尔须刻刻远之，不可与其相处，恐染习气，且防被其引诱。总之，善人宜亲，恶人宜远。恶人宜远他敬他，免得他恼你。此谨字写不完的道理。

三曰廉。廉则不贪，可以安分安身。凡与人银钱来往，丝毫厘忽，不能苟且。做学生辛资，是尔应分之钱，此外皆是人家之钱。凭他累百盈千，尔不过为他经手，一毫不能苟且。凡传递银洋，须要当时过数，恐有差错，切勿随意。

四曰俭。俭可以养廉。金陵为繁华之地，近日学生习气，专以好吃好穿为务。银钱不知艰难，吃惯用惯，手内无钱，自必向人借贷。屡借无还，甚至借贷无门，则偷窃之事，势有不能不做。父母生尔一身，须知为父母争光，做出下流事来，父母听见羞愧。自己终身名节已坏，到那时回头，悔之已晚。不若粗布衣，菜饭饱，积得几文，寄归家内，一以慰父母之心，一以免自己浪用。

五曰谦。谦则受益无穷。凡做学生，则典中自执事以次，皆系尔之前辈。行坐起居，以师礼待之。遇事请教前辈，而你能虚心请教，则人自然肯教。你学得本领，系你终身受用。人偷不去，人骗不去。无论有祖业无祖业，只要自己有本领，将来就可立身扬名。

六曰和。和则外侮不来。须知君子和而不同，小人同而不和。

（末注云：和者无乖戾之心，同者有阿比之意。凡与人往来，出言吐语必要柔声下气。人即百怨于尔，见你满面和气，那人心里纵有嫌猜，已可冰消瓦解。）

出外谋生当守五戒

夫人生在世，能得替父母争气。立志成人，必要事事谨慎。饮食起居，皆要有节。凡有益于身心者，则敏勉为之。无益于身心者，则痛戒不为。人年弱冠时如出泥之笋，培植得好，则修竹成林；培植不好，则成为废物。出外谋生，当守五戒。

第一戒性情。性情宜温柔，待人和气，则事事讨便宜，人亦肯与你交好，受益匪浅。

第二戒嬉游。嬉则废正事，且多花钱，放荡心性。游则荒荡近小人，为君子所不齿。

第三戒懒惰。终日悠悠忽忽，不肯操习正事，则一生成为废材，到老不成器，晚矣。

第四戒好胜。凡好勇斗狠，有伤身体，皆不可为。且言语之间，均不能好胜。言语好胜，最易吃亏耳。

第五戒滥交。朋友为五伦之一，人固不能无友。益友、损友，心中需要看得明白。友直、友谅、友多闻，益矣。友便僻、友善柔、友辩佞，损矣。又云："无友不如己者。"

守此五戒，是个全人。一生安身立命，旨在于此。今次出门，迥与前次不同，今次成人受室，一切皆学大人之所为。典中出息虽无多，以节省二字守之，自然绰绰有余。年头岁底，不得寄空信回家，银钱一毫不可与人苟且。此生意第一件最要紧，余无他嘱。仔细思之，日夜记言之。

【点评】 这是现藏于美国哈佛大学图书馆的一份《典业须知录》，其中有《谆嘱六字》和《出外谋生当守五戒》，很有教育意义。从《典业须知录》旁注

“浙江新安惟善堂识”来看,写信者肯定是徽商无疑。从最后“余无他嘱。仔细思之,日夜记言之”的叮嘱来看,显然是父亲写给儿子的信。徽州风俗,儿子十三四岁就要出去做学徒。即使父亲自己开店,也将儿子送到其他店中学习。父亲没有教他具体的商业知识,而是专谈如何做人、如何交友、如何处世,反映出这位父亲的见识是很高的。的确,无论出门创业干什么事,做什么生意,只要会做人,什么生意也能学会,什么事情都能做好。

鲍直润说:“利者人所同欲,必使彼无利可图,虽招之不来焉,缓急无所恃,所失滋多,非善贾之道也。”

——《歙县新馆鲍氏著存堂宗谱》卷2《中议大夫大父凤占公行状》

【点评】 鲍直润是歙县一位盐商。虽然他是大盐商鲍尚志的儿子,但尚志并没有让他在身边享福,而是当他十四岁时就把他送到杭州做学徒。那时当学徒是非常艰苦的,不仅起早摸黑,扫地抹灰,还要把师傅服侍得好好的。进去半年后什么技术也没学到。晚上睡觉时他就对其他学徒说:“父母把我们送来学徒总希望我们能学到真本事,现在师傅不愿教我们怎么办?我们能不能互相约定,白天只要听到看到什么有用的就互相告知,不要保密,这样一天就相当于两天了。”大伙都一致赞成。谁知此话让师傅听到了,很感动,于是尽量教授他们技术。可知他从学徒起就表现非凡了。学徒满师后鲍直润就辅佐父亲经营盐业,凡盐业上的事无不虚心学习。与人交往,和颜悦色,所以人们都愿亲近他。在贸易方面,他从不贪图小利,能让则让。有人对此不理解,劝他不要这样。他就说出了这段话。意思是说,利益人人都想得到,与人贸易,如果让对方无利可图,你就是请他来他也不会来啊。这样下去,一旦遇到什么急事,反而没有任何帮助,失去的更多啊,这不是会做生意的经商之道。这种观念实际上就是我们今天提到的双赢、多赢的道理。其实认真想一想,人际之间、国际之间相处不也是这个道理吗?

守　法

毋犯国法

国法所以一天下也，当铭刻守之。苟犯徒，曾有放过何人？切宜以理制欲，以道御情，毋蹈此患，以致家破身亡。

——《祁门锦营郑氏宗谱·祖训》

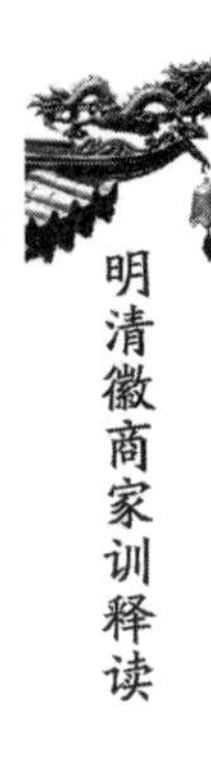

【点评】此条是祁门郑氏宗谱中的“祖训”之一。教育族众不准触犯国法。国法是统一天下的标准，一定要铭记在心，时刻遵守。如果犯了徒、流、绞、斩等罪，何曾放过什么人？一定要以理控制自己的欲望，以道控制自己的情绪，不要去以身试法，以致搞得家破人亡。古人的法制观念还是很强的。

毋相攘窃奸侵

毋相攘窃奸侵以贼身也。攘窃奸侵，皆以为人不知耳，殊不知祸几所伏也。日久自然彰露，天理决不相容，王法亦难逃避，则是自害其身，害其身，是害其亲，亲可害乎？身可害乎？

——《祁门锦营郑氏宗谱·祖训》

【点评】此条祁门郑氏宗谱中的“祖训”也是要族众不要犯法。不能互相攘、窃、奸、侵以害自己，攘、窃、奸、侵总以为别人不知，殊不知你一旦犯了，祸机就埋下了，日久自然会暴露。一旦暴露，天理不容，国法难逃，就要自害其身。害自身就是害亲人，亲人能害吗？自己能害吗？“祖训”中的道理说得再清楚不过了。

朱子《治家格言》云：“国课早完，即囊橐无余，自得至乐。”旨哉斯言。吾族承祖考遗训，衣租食税，急公踊跃，世作良民，近因岁事不登，稍有逋欠，国家功令森严，催科限迫，民未投柜，官已临乡，胥役多人，排家骚扰，粮户典衣质器，医挖肉之疮，乡约鬻子卖妻，救燃眉之火。况于祠内银铛拖曳、鞭朴横施，祖宗在上能无恻乎。且交早交迟，总难逃逭，与其迟交而加倍受累，何如早纳而高枕无忧。

——《婺源翀麓齐氏敦彝堂祠规》

窝藏匪类及亲为盗贼行迹显著者，除永不许归宗外，禀官存案，以免后累。

——《黄山仙源杜氏家法二十二条》

在外为非结党、踪迹诡秘者，一经查实，除永不许归宗外，禀官存案，以免后累。

——《黄山仙源杜氏家法二十二条》

开场聚赌者，初犯跪香[1]，再犯者笞二十，屡犯不休者，照暂逐例，恃顽不遵者禀官惩治。

——《黄山仙源杜氏家法二十二条》

【注释】

①跪香：犯错者罚跪，以燃香计时。

好勇斗狠携带凶器伤人肢体者，除责令医治外，暂逐出境，令其改过自新，三年无过，其亲房具保归宗，从中帮殴者同。其逞凶致毙人命者，家法不足以蔽辜[1]，公同送官究治。

——《黄山仙源杜氏家法二十二条》

【注释】

①蔽辜：犹言抵罪。

夫不教而善，民之上也，教而后善，民之中也，教而不善，民斯为下。在子弟辈固不可甘自暴弃，而父兄长老尤宜禁于未然。其或有为群邪所诱者，必严绝其党羽，毋令作奸犯科，或邪谋之未遂，则理谕而势禁之，不可，则声其罪

而惩痛之，简不肖以黜恶，亦乡大夫之教也。率是而行，庶不善者畏而思儆。

——《黄山迁源王氏族约家规》

子孙赌博、无赖，及一应违于礼法之事，其家长训诲之。诲之不悛，则痛箠之。又不悛，则陈于官。而放绝之，仍告于祠堂。于祭祀，除其胙①（zuò），于宗谱，削其名，能改者复之。

——《茗洲吴氏家典》

【注释】

①胙：指宗族祭祀祖先时的祭肉。祭祀完毕，胙肉分给宗族各成员，犯错者不分。

身教的力量

长辈的身教其影响是很大的，往往影响着子弟一辈子的行为。

歙县商人程参，字得鲁。从小读书，后因身体不好，乃随父程子镖到淮扬经营盐业。父业本来就经营不错，有了程参帮助后，发展更快。程参平时很善于学习，他常常细心观察父亲的处人处事的做法，发现父亲在经营中从不玩假，一切依法办事。虽然赚钱不多，但非常稳当，商界信誉很好。在父亲潜移默化的影响下，程参也凡事“必轨于正经”，决不干昧着良心的事。

那时，虽然盐的利润很高，但税收及各种开支也很大。不少商人开始走私贩盐，因为私盐躲过了税收，又躲过了各种盘剥，因而能够获得暴利，很多人就此发了大财。有人就劝程参也去走私，但程参毫不为动，认为违法之事决不能干，仍然老老实实地去经商。

果然不久，走私盐的事被官府察觉，中央下令严查不怠。按照明朝的法律，走私贩盐要受到严厉处罚。经过官府明察暗访，数十百人被查出，关进监狱，受到了严惩。程参却一点事也没有。别人都夸程参有远见，可他却说：

“吾父以朴示子孙，即参不贤，愿师吾父朴。”意思是说，我父亲一向教育子孙要老实经商，我虽不是一个贤人，但愿意按照我父亲的教导去做。可见父亲的身教给了程参多么大的影响。

（事见明 汪道昆：《太函集》卷48《明故处士程得鲁墓志铭》）

朝廷赋税须要应时完纳，无烦官府追比，倘拖欠推捱，致受笞扑挛系，毋论于体面有伤，且非诗礼之家好义急公者所宜，各有钱粮之族丁，悉宜深省。

——黟县《环山余氏谱·家规》

【点评】 这是黟县环山余氏宗族的家规之一，专讲要按时缴纳赋税，不要等官府来催缴，倘拖欠推宕，导致受到笞扑或拘系，不仅有伤于自己体面，且也不是好义急公的诗礼之家所应有的事，每个应缴纳钱粮的族人，对此应好好思考，明白这个道理。我们从保存至今的大量宗族族规家训来看，“守

法”是它们的共性。这对培养良好的家风是有重要意义的。

毋犯國法

助　人

昔东平王苍[1]言“为善最乐”。夫世之所乐者声、色、货、利，而善则淡然无味，若无足乐者。然不知人而为善则明无人非，幽无鬼责，此心之天何等快足。此乐之在吾心也；况天之所佑、人之所助、鬼神之所庇恒在善人，而百顺之福集于厥躬[2]，此乐之在吾身也；不惟是也，积善之家必有余庆，积恶之家必有余殃。则为善之乐不惟见于身前，而且垂之身后矣。故人之处世，一言以蔽之曰：“为善。”

——《绩溪积庆坊葛氏族谱·家训》

【注释】

①东平王苍：指东汉东平王刘苍。汉明帝曾问刘苍：“在家干什么最快乐？”刘苍回答：“做善事最快乐。”

②厥躬：本身。

【点评】这是徽州绩溪葛氏专谈为善的家训。家训认为世上一般人都说声、色、货、利是最快乐的事，而说到行善则淡然无味，觉得没有什么可快乐的。可是他们哪里知道人做善事好处多多呢，明里没有人非议，暗里没有鬼神责备，此心是多么快乐！况且天所保佑、人所帮助、鬼神所庇护的都是善人，而百顺之福集于一身，此身又是多么快乐！不仅如此，积善的家庭，一定会有余庆，积恶的家庭，一定会有余殃。那么为善的快乐，不仅见于身前，还持续到身后呢。所以人之处世，一言以蔽之，就是“为善”。古人在这里真把为善的快乐分析得淋漓尽致。徽商在致富后，为什么那么诚心诚意去助人、

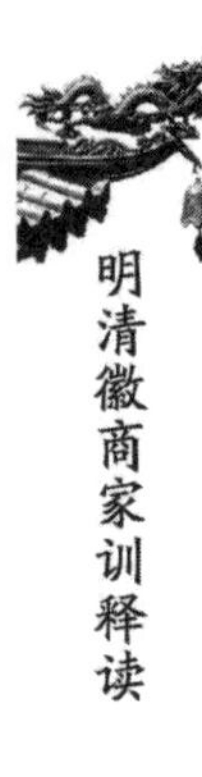

行义举,而且乐此不疲,正是这种思想指导下的结果。

家之盛衰,系乎积善与积恶而已。何为积善,恤人之孤,周人之急,居家以孝弟,处事以忠恕,凡所以济人者皆是也。何为积恶,欺凌孤寡,阴毒良善,施巧奸佞,暗弄聪明,恃己之势以自强,克人之财以自富,凡所欺心皆是也。是故能爱子孙者遗之以善,不爱子孙者遗之以恶。《诗》曰:"毋忝尔祖,聿修厥德[①]。"天理人欲,自宜修克[②]。

——《绩溪东关冯氏存旧家戒·家规》

【注释】

①毋忝尔祖,聿修厥德:不要有愧于你祖宗的德行,要修炼你自己的德行,来继续祖先的德行。忝:辱,有愧于。

②修克:坚持,克服。

【翻译】 一个家庭的兴衰,完全取决于是积善还是积恶,什么叫积善?抚恤他人的孤儿,周济别人的急难,居家遵循孝悌之道,处事遵循忠恕之道,只要是帮助别人都是积善。什么叫积恶?欺侮孤寡之人,阴谋毒害良善之人,投机取巧,耍小聪明,仗势欺人,霸占他人财产,只要是昧着良心干事就都是积恶。所以能爱子孙者一定要教他们为善,不爱子孙者才教他们为恶。《诗经》说:"不要有愧于你祖宗的德行,要修炼你自己的德行,来继续祖先的德行。"天理和人欲,每个人都应该坚持天理,克服人欲。

【点评】 家训将积善与积恶提到关系到家庭、家族兴衰的高度来认识,这是非常可贵的。所以我们看到,徽商所在的所有宗族家训,无不教育宗族成员要行善,做好事,帮助人。而徽商在实践中确实也践行了这一点。只有我帮大家,大家才会帮我。这个道理很好理解,可是现实社会中就是有那么一些人吝于助人,冷漠无情。更有一些人处心积虑,损人利己,有的甚至到了丧心病狂的程度。这都是积恶。积恶之家,必有余殃。历史反复证明了这一点。

财当为有用，用徒供口腹、美观听，是委诸壑也，孰若节适使有余以及人乎？

——清 魏禧：《魏叔子文集外篇·文集》卷17《汪翁家传》

【点评】 这是清代初年休宁商人汪可镇说的话。汪可镇在明末到浙江温州梧溪经商，因热爱这里的山水，就移居到这里。他很会做生意，渐渐业乃大起。但他生性俭朴，常年蔬食布衣，欣然一饱足矣。一见到家人铺张浪费，就很不高兴。他常和家人说："钱财应花在有用的地方，如果只为了满足口腹、观听需要，这是无异于将钱财丢到沟壑里，怎比得上把节约下来的钱帮助别人呢？"他这样说也是这样做的。长兄家生活困难，他就定期给予资助；兄嫂去世后，他就照顾其子，并分出房屋给侄子居住。并供养仲兄之子读书学文，后成为举人。对族人、乡邻，只要有难，他都会援之以手，慷慨解囊。他的这些做法，形成良好的家风，正是在这种家风的影响下，他的儿子汪淇也是"好行其德"，受到人们的赞扬。

造物之厚人也，使贵者治贱，贤者教愚，富者赡贫，不然则私其所厚，而自绝于天，天必夺之。

——绩溪《西关章氏族谱》卷26《例授儒林郎候选布政司理问绩溪章君策墓志铭》

【点评】 这是清代徽州绩溪商人章策说的话。意思是说，造物主之所以对某些人特别宽厚，让他们成为贵者、贤者、富者，是要让贵者去治理贱者，让贤者去教育愚者，让富者去接济贫者，如果你不去这样做，把造物主对你的宽厚当成自己应该得到的只供自己享用，这就是自绝于天，天一定会把它夺回去。

姑且不论有没有造物主，反正这是章策的信仰。正因为有这样的认识，他认为自己经商致富了，决不能只顾自己享受，而应该"富者赡贫"，这才符合天的意志。所以他大力行善。据宗谱记载，道光年间，绩溪发生灾荒，他和叔父捐出一千几百两银赈灾,县令赠以"克承世德"门匾。他所经商的兰溪县河岸圮坏,他首先捐银五百两并倡议众人出力修建,终于合众力将河岸修好。徽商在兰溪经营的很多,有的人因病就死在那儿,章策带头捐银并号召所有在兰溪的徽商捐款,将这些死者灵柩运回家乡,数年仍不归者则在当地募人安葬。大家觉得这个办法很好,竟形成了一种制度,前后埋葬了数百具不能运回的灵柩,在这一过程中,章策出力最多。有船在严滩翻覆,淹死七人,被人拖到岸上。时值盛夏,章策立即出银雇人将死者安葬,并厚赠船工。他的义举感动了很多人,长期被当地百姓传诵着。

吴君监资不饶而好行其德

歙县吴翁君监,非所谓善养人以自养者耶。翁尝游楚,舟人窃橐中金亡去,既获,释不问,怜其贫也,予金而遣之。楚书生避寇乱挈妻以行,有市猾将诿夺其妻,生不能抗,翁为白诸有司①,厚赀生以去。湘潭火延烧数百家,而霖雨作,老幼露处啼泥中,翁买籧篨数千俾作庵庐居焉。江北流寇蜂至,居民奔集北岸,渡无舟,男女呼号水次,翁买舟渡。既而南岸有孕妇将免,惶急不知所授,翁僦屋②以居,既生子,贫将不举,复捐金使人乳哺之。是时,翁虽服贾四方,资不饶而好行其德,为人所难能。

翁老既传长子自亮,筦家政,家以大起,益务济人事,乡里皆曰此翁教也。自亮月进缗钱待不时需,翁悉藏弆给病者,或杖及门见贫窭者周给之,岁以为常,故享年八十有七,至殁囊无长物焉。

——清 吴公洋纂修:《歙县长林吴氏宗谱·歙县吴翁墓表》

【注释】

①白诸有司:向官府说明白。

②僦屋:租屋。

【点评】吴君监并不十分富有,但他却能将有限的财富大量地帮助别人,确实为人所难能。为吴君监写传记的魏禧曾就此发了一通议论:"夫财以自养且以养人,专自养而不养人,失天所以养我,久必丧其自养之具。世之削人以自封者可见矣。能养人者,天必报之,养其身以及其子孙。故善自养者,未有不善养人,善养人者必自养。”这段话很有道理。有财只图自己享乐,不顾他人死活,“天”要找他算账的,迟早要将他的财富夺走。这里的“天”,实际上就是规律。无数事实证明了这个规律。吴君监懂得这个规律,并且作为家风一代代传下去,所以他的儿子吴自亮也是如此。见下文。

人生世间以利济人为当务之急也

(吴)君讳自亮,字孟明,为人孝友,敦族姓,乐施与,急人之患难。……业贾走四方,业日起。……君二弟皆早世,有遗孤,字而教之。君教子严,教诸子[①]严而慈。及析箸[②],诸子产与子均。君姊适罗氏贫,君致养,割宅居之。姊婿无子,为娶妾生子。姊夫妇殁,君殡葬尽礼,抚其子如姊子,授室而廪之,终其身。其友于兄弟有如此者……

族属繁衍,君置义田赡贫不能供赋役者,又开义塾于宗祠侧以教贫子弟。君再从弟贷君重赀不能偿,君竟不问;又与郡人同贾折阅,讼甚窘,君代偿之。族父贾盐而多贷武人钱,迫欲自经,又族弟贷人钱尽耗,君悉代偿。族弟殁,收恤其孤,而嫁其二女。凡所备责,几四万金[④]。再从子为巨猾陷大狱,家破几不免,君出赀营救,亲公庭对簿,得白,更厚赀给为生计。有族妹幼孤,转徙他方,君求得而嫁之。其推孝友之谊于其宗人有如此者。

君游淮上,有贫生贷势家钱,累子母[⑤]甚重,监奴詈辱之,生不能堪,欲以妻归势家而自经。君悉橐中金以偿,生夫妇获全。又营卒索逋金者欲逼其女以归,君为代偿。其急人之难有如此者。

京口瓜洲为南北冲,江岸四十里,渡者日夜不绝,风雨卒至无所避,往往及覆溺。君置救生船于金山傍,惧远不及事,又悬赏格,募渔舟救之,全活甚众,其死者给棺埋之。冬月置炕室,从瓜洲讫息浪庵,便日晚不及渡及无钱宿逆旅者。诸寠人[⑥]生子不能养,尝弃道路,君倡同志募乳母抚之。庚戌冬,大雨雪,逾旬死人枕道上,君悉部署赈饥者以粥糜,寒者以絮。明年辛亥,暑雨

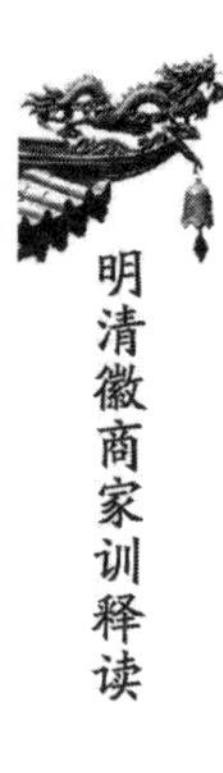

弥月,疫大作,君购良药救之,死者并给棺及葬埋费。癸卯、甲辰,楚越乱,师所掠妇女召赎,人至数十金,君自捐金,赎之不足,更倡同志共赎,难人相率持香诵佛号踵君门谢。其好施予有如此者……

尝训子荣芝等:“人生世间以利济人为当务之急也。”君未卒之夏,淫雨大作,扬属县田悉淹,君度秋冬多饥民,欲倡同志赈之,颇有成画而君病且卒矣。君卒距其生万历辛亥之六月,盖享年六十有六。

——清 魏禧:《魏叔子文集外篇·文集》卷18《歙县吴君墓志铭》

【注释】

①诸子:此指侄子。

②析箸:指儿子长大结婚后分家。

③廪:此处指养育。

④几四万金:几乎有四万两银子。

⑤子母:母指本钱,子指利钱。

⑥窭人:贫穷之人。

【点评】吴自亮教育儿子:“人生世间以利济人为当务之急也。”反映了他作为一名商人的思想境界。有了这种思想,他把助人看成最大的乐事。不仅对侄子、外甥能够养育约身,就是不认识的人,当处于困境时,他也能伸出援助之手。大量的事实证明了这一点。这种精神在物欲横流的今天尤值得大力提倡。吴自亮的精神得自于其父吴君监的教导,如今他又言传身教传给儿子,徽商家风就是这样一代代传承下去的。

程量越终身行善助人

程量越,字自远,歙人,业鹾淮北,居山阳。康熙九年(1670),淮北大水,量越募船筏拯救数千人。明年水益大,盐城、高宝尤甚,流民入山阳者千余户,量越筑庐栖之。十三年(1674)三藩构乱,温台诸郡妇女被俘过淮者甚众,量越出金赎千余人,各资给遣归,感其德者多立生祠祀之。雍正十一年

(1733),出资建育婴堂于北门府下坂,创建紫宵宫后楼,修前殿庑大门,他若赈饥民,偿逋赋诸善事,行之终身。

——清 王觐宸:《淮安河下志》卷13《流寓》

潘仲兰三世行德

潘仲兰,字谷馨,(歙县)大阜人。幼失怙恃,奋自孤童。敦行好修,兄弟同居数十年,尝解囊以救凶年,捐金以完破镜。……性好义,邻里乡党多周恤,而于族人尤笃。冬予被,夏予帐,生予钱榖,死予棺衾,凡有缓急无不取给焉。三十六年,岁大歉,发廪赈里中六阅月。置田百亩为义田,购阳山两处为义冢。族有鬻子女者,景文(潘仲兰之子)自外归知之,即赎还以养以嫁,以至于成人。修葺桥路,自浙之余杭以及本郡,所在多有。生平所出贷,积至十余万金,临殁取券焚之。谓子孙曰:"愿遗汝等以义耳。"子兆臣,字舜邻,岁贡生,出嗣景隆后。景文殁时,其第九弟兆垂甫二岁,抚之成立,终不忍析居。曰:"吾不敢忘先人之言也。"其第五弟兆夔,知台州府仙居县,以逋赋解任,兆臣倾囊补之,不足则鬻田鬻衣饰,百计广贷,而兆夔之累以释。其三世之笃于内行,好行其德也如此。

——道光《徽州府志》卷12《人物·义行》

程公琳助人以为常

程公琳,字蕴堂,号丹云,先世由歙迁桐。公事母以孝闻,既席祖业,又善治生,集赀百万。而五十无子,慨然慕范文正[①]之为人,广济乡里。有告贷者,见其跼蹐嗫嚅状,辄先谓之曰:"君得无有所缺乏耶?可告余,愿为之助。"无吝色,亦无骄容。康熙四十七(1708)、八年(1709),大疫,死者枕藉,公于县治之城隍庙、青镇之密印寺设局施棺,掩埋至万余口。后此局设至三十余年,未尝辍。复捐修文庙、城隍庙,重建程忠介公祠。每逢水旱,出粟赈

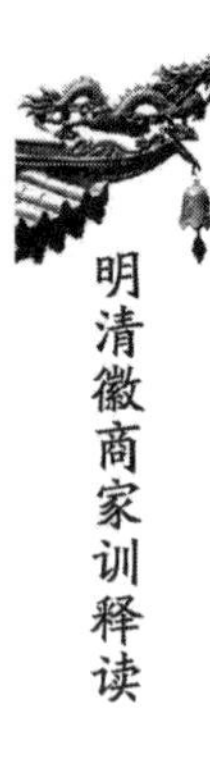

济。暑月施药，冬月施棉，岁以为常。后举四子十三孙，子登贤书[②]，孙捷南宫[③]，佥云："积善之报"。

——光绪《桐乡县志》卷15《人物下·义行》

【注释】

①范文正：即范仲淹(989—1052)，北宋初年政治家、文学家，累赠太师、中书令兼尚书令、楚国公，死后谥号文正，世称范文正公。他任杭州知州期间，曾出资购买良田千亩，田地收入全部用来资助范氏远祖后代子孙口粮及婚丧嫁娶(官员除外)。

②登贤书：科举时代称乡试中试，即考中举人。

③捷南宫：即指礼部会试中试。

孙仕铨独资建石桥

孙仕铨，字有衡，号毅庵，自少英迈，识度老成。贾宛陵[①]时，有县丞被诬赃罪，鬻女以偿。女已字人[②]，不得已谋纳于铨。铨怜丞枉，为偿其金而还其女。丞罢官贫甚，复资其归计。近居有溪，旧架木桥以通南北，水涨木坏，人以舟济，多覆溺。捐四千缗[③]独成石梁，列屋其上[④]，行者息者皆便之，称为"孙公桥"。

——清 佘华瑞：《岩镇志草》卷4《义行》

【注释】

①宛陵：今安徽宣城。

②字人：许配于人，指已订婚。

③四千缗：即四千两银。

④列屋其上：指在桥上盖屋，便于行人休息或避风雨、防烈日。

仇侳素焚券成父志

仇侳(suī)素,王充人。父有遗券[1]数千缗,发而焚之曰:"愿成父周急之志,且勿留后人衅也。"

——乾隆《歙县志》卷13《人物三·义行》

【注释】

①遗券:指父亲遗留下来的别人的债券。

【点评】父亲留下的债券,其实就是一笔资产。后人完全可以凭此债券向借债人索取。但仇侳素不这样想,他不仅不愿凭此享受一笔遗产,更不愿自己的后代坐享其成,甚至还会为这笔财产引起争斗。所以他干脆将债券烧掉,并说:"此举是成了父亲当初借钱给人助人急难的志向,而且不给后人留下衅争的由头。"可见,徽商对后代的教育真是用心良苦啊。试想今天,我们有几人能够做到呢?

黄氏积善成家风

古林黄氏为休邑大族,尝读其宗谱,每一支分丁逾千百,席丰履厚,累叶簪绅,而皆由积善以开其绪,传之数世,遂成家风焉。如菉园公者讳之淇,字子瞻,性端谨,随父周彝公客[1]浙余杭,代持家政,事亲以孝闻。且笃于宗族,时乡贤东山公暨苍梧公德望冠乡邑,尝器重之。有从叔母孀居无依,公以云林旧宅借棲,供其终身之膳。六世祖墓在临安青山,裔孙之贫者欲伐其荫树,公赠以金止之。族有贷公财物,又从而踞其市廛者,人皆为抱不平,公坦然卒不与较。又有凶服[2]而来称父丧者,公恻然相助,既而其父至,乃惊愕,未几其父果死,则又助之。有市僧负公百金,索之则誓于神[3],公遂慨然焚其券。凡此皆近世人情所难,而公行之出于性真,无所矫,可以想见其为人矣。

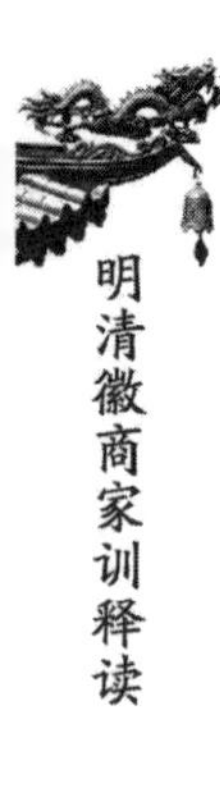

……寿七十有八而卒，病且剧，忆某戚四旬未娶，命助以十金为似续计，其人适死，藉以成殓焉。呜呼，如公之种德，其集庆于后，岂易量哉。

——清 黄治安纂修：《休宁古林黄氏重修族谱》卷9《赠修职郎菉园之淇公传》

【注释】

①客：此指经商。

②凶服：穿着丧服。

③索之则誓于神：指去要债时，某僧却对神发誓说是已归还了，其实是在赖账。

【点评】家风的形成是靠几代人的努力，休宁古林黄氏就是如此。黄之淇正是继承了这一家风，才能一生助人不倦，以此为乐。甚至自己临死前还想到某一亲戚因为家贫年过四十尚未结婚，于是命家人拿出十两银子供他婚娶。谁知此人就在此时逝世，这十两银子正好作为他殡葬之费。黄之淇真是处处种德，所以人们说他集庆于后，善报未有限量。

曹汝宏善气迎人

曹汝宏（歙县人），邑诸生。散财以济贫困，善诱以造人才。每腊月除夕，袖金[1]过穷者之门，暗中投赠，不使人知。子元敏，亦诸生[2]。孝友淳朴，善气迎人。岁饥，不居赈恤之名，乃建造园圃，邻人趋事，日赠米二升，工半者亦全给焉。

——道光《徽州府志》卷12《人物·义行》

【注释】

①袖金：衣袖里装着碎银子。

②诸生：指古代经过考试录取到中央、府、州、县各级学校学习的生员，也称秀才。

【点评】像不少徽商一样，每逢除夕，曹汝宏也在袖中装上碎银子，暗中投赠穷人。他们助人还不让人知，真是一片真心啊！不仅如此，曹汝宏在荒年助人也不愿沾上赈恤之名，而是通过自家修造园圃，邻家来干活，每天给二升米，名义上是工钱，实际上是暗中赈济，因此哪怕你做半天工也给你二升米。他这样做就是既照顾到邻人的自尊，也实际上帮助他们渡过灾荒。府志说他"孝友淳朴，善气迎人"，真是名副其实。

专务利济的汪景晃

汪景晃，字明若，西溪人。业贾三十年。年五十以生产付子孙，专务利济[①]。族之茕苦者[②]，计月给粟，岁费钱百五六十千。设茶汤以待行旅，岁费钱六七十千。冬寒无衣者给之衣，岁费钱约五十千。疾病无医药者给以药，贫不能亲师者设义馆，岁费钱约二十千。死而无棺者给之棺。岁岁行之，至年九十时，所费以万余计，给之棺者已三千余人。

——乾隆《歙县志》卷13《人物三·义行》

【注释】

①利济：救济，施加恩泽。

②茕苦者：指鳏寡孤独且生活贫苦的人。

【点评】汪景晃五十岁时将生意交给子孙，自己专门从事救济别人的事，到九十岁时，连续干了四十年，这是多么不容易的事啊！仅仅施给那些死后无棺之人的棺材就让三千多人受益，加上平时受到接济的人那就不计其数了。人们常说为富不仁，而景晃却富而仁义施焉，而且是四十年如一日，不能不令人钦佩！

洪翘，字楚珩，（歙县）虹源监生。父公寀赘武进[①]赵氏，因籍阳湖[②]。……翘走四方[③]……而勇于为义，与父同。……客游金陵值乡试[④]，士有渡江同载者六人，飓风覆舟，仅以身免。武进陈宾、通州盛某翘友也，踉跄走告翘，翘举一岁游资为六人治装，得蒇(chǎn)[⑤]试事。岁暮垂橐[⑥]归，妇迎问，告以故。妇忻然为酌清水祀灶神。

翘兄弟四人，友爱无间。季弟翱早慧，父以贫，使从贾人游，翱私持翘泣愿就学，乃质衣携之入里塾，日市饼饵给食。数月父始知之，命卒业焉。翘……乾隆十六年(1751)卒。有邻妪无子独居，闻之号曰："老妇从此为饿殍[⑦]矣。"又有丈夫者，闯然入门，哭尽哀，雪涕再拜去，不知何人也。时子礼吉甫数岁，贫不克葬，寄柩于天宁寺。(乾隆)十九年(1754)天宁寺灾，夜半火及门，众莫敢入，望见火光中有老人从数人挟重蹒跚[⑧]行突烟仆，呼曰："此洪楚珩柩也。"众谋曰："是当救，是当救。"争前举柩并掖老人出，鬓发尽燔肤如炙，审视则通州盛聪也，其报德者如是，其施德者可知矣。

——道光《徽州府志》卷12《人物·义行》

【注释】

①武进：今江苏武进县。

②阳湖：今属江苏武进县。

③走四方：意为在外经商。

④乡试：每三年一次在各省城举行的考试。考中者称"举人"，有做官资格。第一名称"解元"。

⑤蒇：完成。

⑥垂橐：钱袋空空。

⑦饿殍：饿死的人。

⑧蹒跚：跌跌撞撞，走路不稳。

【点评】洪翘一生做好事无数，我们仅从他去世后人们的反应就可看出来。他去世时，孤寡的邻妪哭着喊道："老妇从此就要成饿死鬼了啊！"有一男子闯进灵堂，号啕大哭而去，大家都不知他是何人，但一定是得到洪翘恩泽的人。洪翘死时，儿子洪礼吉才几岁，家中又穷，不能办丧事，只好将洪翘的灵柩寄放在天宁寺。三年后天宁寺发生火灾，并烧及大门，众人不敢进去。忽然望见火中有一老人跟随数人好像抬着什么东西跌跌撞撞向大门而来，呼喊道:“这是洪楚珩的灵柩。”门外众人商量道:“这个应该救,这个应该救。”众人一拥而进,抬着灵柩,扶着老人而出。老人鬓发尽烧,皮肤像烤焦了一样,仔细一看,原来就是通州盛聪,就是当年渡江考试受到洪翘资助的人。一个人生前怎样,看他死后人们对他的态度就知道了。从这次火中救柩来看,报德者能这样,那施德者就可想而知了。

苏源作伪书保友家庭

苏源,字于泉,(黟县)赤岭人,贡生[①]。族有子死,而母令妇改嫁者,妇以遗腹[②]不可,源义之,资以生养其亲费。汪某外贾无耗[③],妇将改适[④]人,源伪作家书,并白金寄其家,妇意始定,越三年而后汪归。源经商都昌[⑤],有中表假田券质银[⑥]而耗于赌,相扭投河,源为赎之。尝往来浮梁、乐平,于南村岭上建凉亭,施茶于三星庵,行人便之。又于邑之西武岭建如心亭,修亭至花桥路三十里,于陶岭归路修石桥,计十八洞。源好善不倦,施棺数百具掩葬邑厉坛露骸。年老,居赤岭三十载,村少争讼,乡人俱推服之。

——嘉庆《黟县志》卷7《人物志·尚义》

【注释】

①贡生:科举时代,挑选府、州、县学生员(秀才)中成绩或资格优异者,升入京师的国子监读书,称为贡生。

②遗腹:腹中原夫的孩子。

③无耗:没有音信。

④改适:改嫁。

⑤都昌:县名,隶属江西省九江市。

⑥质银:用田契为质去典铺当银。

【点评】徽商外出经商,多年没有音信,这种现象比较多,这种商人的家庭很不稳定,妻子没有生活来源,极易改嫁,一个家庭就这样破裂了。当苏源知道汪某妻子也想改嫁时,为了保住这个家庭,他冒充汪某给妻子写信,并寄

给银两,以稳妻心,从而保住了一个家庭。这就是与人为善、助人为乐的精神,有了这种精神,苏源做的其他好事也就不足为奇了。

徽商助人得好报

这是发生在明代万历年间一个真实的故事。

有一位徽商,姓名已不知道了,只知道他在九江经商,非常富有。万历十年(1582),有七个人坐船准备上京赶考。过去赴京参加会试,一去几个月,由于在京城花费很大,如果考中进士,花费更是不得了,所以士子们一般都会带上重金备用。谁知在江中遇上强盗,行李银两被抢劫一空,七人还被推入江中,他们在江中呼救。说来也巧,这位徽商正好也包了一只船在江上行驶,听到呼救声,立马让舟子将他们救到船上。待问清情况后,才知道他们是赴京赶考的士子,如今遭劫被难,丧魂失魄,十分可怜。商人非常同情,于是各人都给了衣食路资,让他们进京。七个人叫什么名字也没有问就分别了。

谁知这七人赴京后,第二年考试,竟然有六人登第中了进士。其中一人就是福建莆田的方万策。后来的故事也就与方万策有关。

再说这位徽商,想不到在一次生意中一败涂地,彻底破了产,穷途末路之际,只得卖身到当时按察副使屠谦家为仆,一干就是几年。这一年方万策以御史出任佥事,分巡嘉湖,屠副使设宴款待。宴中作为仆人的那位徽商自然案前案后侍候。当他在万策面前走来走去的时候,引起了万策的注意,觉得此人有点面熟,好像在哪见过他,越想越觉得蹊跷,于是就将仆人叫到一旁。

"你认识我吗?"

徽商这才敢抬起头来端详这位大人,然后摇摇头:"小的不认识大人。"

"那你可记得八年前你救活几条人命吗?"

徽商一脸茫然,仍摇摇头,沉思良久说:"啊!想起来了,八年前曾在江上救了几位被强盗打劫的人。"

万策非常惊喜,又问道:"你当时可给了他们什么?"

徽商说:"当时那几个人是上京赶考,遭强盗后衣服银两被抢劫一空,我很同情他们,于是每人给了一些钱,作为衣食盘缠之费,总不能让他们误了考试啊。"

话还没说完,万策离席,长跪在徽商面前说:"您就是我多年寻找的救命恩人,当时那七人中我也在呢。"

徽商被惊呆了,急忙将万策扶起,连连说道:"大人请起! 小人不敢!"

"这是怎么回事?"屠副使给搞得丈二和尚摸不着头脑,一头雾水:"请坐下慢慢说。"

于是方万策将事情的原委一五一十讲得清清楚楚,副使听了也十分感动。

宴后,佥事花钱将徽商赎回,请到他的公廨,款待了一个多月。徽商告辞,临行时万策又送了几百两银子给他。

徽商也没想到竟有这样的奇遇,有了这几百两银子作本钱,凭他的才能和经验,很快就翻身,并成了一位富商。

(此事见于清 盛枫:《嘉禾征献录·外纪三》以及清赵吉士:《寄园寄所寄》卷10)

叶明绣善人得善报

这又是一个善人善报的故事。

清代婺源人叶明绣,是个贩木商人。那时候的木商或是从徽州深山伐木运出来,或是到四川、云南、贵州深山老林里伐木,然后运到长江边,并且扎成木簰,顺江而下运到长江下游的江苏、浙江各地销售。南京、杭州是当时徽州木商的集散地。这一年叶明绣又运了大批木材通过钱塘江运到杭州,谁知海潮骤至,汹涌的海潮立即把木簰冲散了,明绣一半的木材给潮水席卷而去。他固定好这一半木材后,就去追那些漂在江上的散木。

当追木抵范村时,看到江岸有一老媪携一年轻女子哭而甚哀。明绣问故:"老人家为什么哭得这么伤心呢?"

老媪擦着眼泪,哽咽着说:"我丈夫姓林,曾向一个无赖借了二十两银子,利息是每年翻倍,利又变成本,第二年就变成四十两,第三年又变成八十

两,今年是第四年,已变成一百有六十两了。丈夫逃走了,无赖逼债,要夺走我的女儿,我女儿坚决不答应,奔到江边想投江自尽,幸亏被我追上拦住了。”老媪叹了一口气:“就是不死,后面的活路又在哪里呢?”说完又抱着女儿哭了起来。

叶明绣听后,一方面非常气愤无赖的强横无理,一方面又非常同情这母女俩。心想如果没人帮助她们,她们肯定是死路一条。他又想到这次自己的木材毕竟没有全部漂走,还留了一半,这是天意留给我帮助别人,于是对老妪说:“你们快回家吧,这笔债我帮你们来还。”

老妪听后立即拉着女儿扑通一声跪下:“你是我们全家的救命恩人啊!”

老妪解脱后到处打听叶明绣的情况,得知叶明绣已六十岁了,还没有儿子,于是她找到叶明绣,决定把自己的女儿给明绣做妾。

要知道,老妪做出这样的决定是非常不容易的。因为在那个社会,妾在家中是没有什么地位的,在妻子面前更像奴仆一样,妻子要骂便骂,要打便打,妾只能服从,不能反抗。如果遇到狠心的妻子,往往会将妾百般折磨致死,但凡良家百姓是决不会让自己的女儿为人做妾的。老妪之所以做出这一决定,一是这么大的恩情无从报答,同时看到叶明绣也是个善人,相信女儿做妾后不会受多少罪的。

谁知叶明绣听说后,连连摆手,断然拒绝:“难道你把我当成讨债的人吗?当初我决定帮你们还债时就没有要你们偿还的念头啊。”

又过了一年,老妪又找到叶明绣,坚持要将女儿嫁给他,并说女儿非常感激你,认为你是难得的好人,能够侍奉你是她的愿望。如果你再不答应,女儿就决定去死。

话讲到这个份上,还有什么可说的呢!显然他们是一片真心,只好听从了。这一年,叶明绣已经六十二岁了。

也是天意吧,叶明绣娶了老妪女儿后,竟然很快给他生了个儿子,取名文通,全家人多么高兴啊。叶家的香火能够延续,明绣更是喜笑颜开。

如果说善有善报,这不就是一个典型吗?

(此事见道光《徽州府志》卷12《人物·义行》)

朱大元名言

人饥我亦饥，人寒我亦寒。何妨以我余，而济人之难。不责人所负，但求心所安。

——清 朱栋：《干巷志》卷2《人物》

【点评】这是清代朱栋回忆高祖父朱大元说的话。大元本是歙县月潭人，清初由于祖上经商才迁到江苏。大元在世时乐于助人，从不求人回报，但求心安而已。正如他所说的"不责人所负，但求心所安"。此话值得我们每一个人深思。同时我们也要看到，朱栋与朱大元已隔了五代，至少有一百多年，但大元的名言却一代代传了下来，可见朱氏家风之正。好的家风一旦形成，就能一代代影响后人。

愚而多财，则益其过

汪肇基，字时育，（婺源）石井监生。……嗣经商在外十余年，获奇赢[①]以归。乡人劝买田为孙计，基曰："吾虽未读书，独不闻愚而多财，则益其过乎？"尽分财以周恤村邻。族夫妇某，供给至老。助王某完婚。凡施棺、救灾诸义举，皆不惜捐赀，年至六十，仅存薄田数亩而已。

——道光《徽州府志》卷12《人物·义行》

【注释】

①奇赢：赚了大钱。

【点评】汪肇基致富后，别人劝他多多买田留给子孙，他说："我虽没读过多少书，难道没听说过子孙愚而多财则益其过的话吗？"谢绝了别人的劝

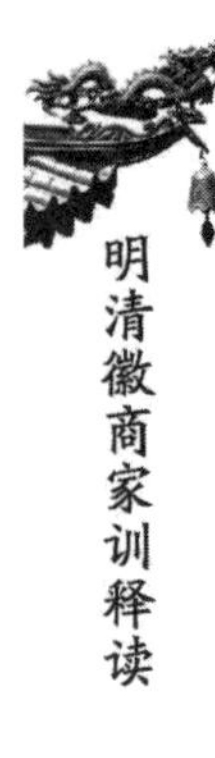

告。古人曾说过:贤而多财则损其志,愚而多财则益其过。意思是说,一个人贤惠,如果财富很多,就会损害他奋进的志向;一个人愚蠢,如果财富很多,就会贪图享乐,这就更增加了他的过错。这是很有道理的。汪肇基服膺这个道理,所以他把钱财拿出来帮助别人,这也是对后代的绝好教育。

俞魁恩及人不求报

公(俞魁)既终鲜[①]兄弟,一子晚生,以孑身独支旁午[②],当变故[③],其亦艰哉。凡收养孤穷五十六人,抚恤婚娶,周人急乏,有力不能偿者置弗问。死者焚其券,所逋金二百余两、谷千余石。阴德活人命者四,葬人不能葬者三十余丧。恩及人有不必报,怨在人有不必仇,容人所不能容,忍人所不能忍。凡狡险之欲肆而止,祸患之既作而旋消者,咸职此。

——明 俞汪祥纂修:《新安俞氏统宗谱》卷6

【注释】

①鲜:少。

②独支旁午:指独立解决一些错综复杂之事。

③当变故:承受那些突发事变。

【点评】俞魁是位商人,独自辛劳,积累财富,乐于助人。一生做了那么多好事,从不期望别人回报。这才是真善美。其实,有无数乐于助人的徽商也都像俞魁一样。徽商精神之所以值得我们今天继承,正在于此。

余梦罴散千金助穷人

梦罴公,万如公之长子也。性坦易,与人交掬诚相示,习商业以善筹算闻。咸丰时,粤寇[①]入黟,公举平日所积累数千金分赠于贫苦亲朋,或询以故,公曰:“时艰年荒,彼贫苦亲朋一饱难谋,若不稍一援手,势必转于沟壑[②],

况匪焰正炽，非一时可熄，留之亦必终失。与其为匪所掠，何如赠之亲朋，或不无小补也。”闻者服其识卓量宏。

——《黟县环山余氏宗谱》

【注释】

①粤寇：指太平军。

②转于沟壑：意为饿死，被扔到沟壑中。

【点评】余梦罴在动乱之时不是窖藏财富，或者携款逃避，而是认为时艰年荒，贫苦亲朋一饱难谋，若不援手，势必饿死。乃慨然将平生经商积攒的数千两银子全部拿出分给贫苦亲朋，帮他们渡难。时人认为他“识卓量宏”，真是确论。

助人不留名

清代乾隆年间，汉口的百姓每提到助人为乐的事，无不交口称赞一名徽商，他就是江承东。

江承东，字晓苍，是徽州歙县江村人。歙县是徽州六县经商人数最多的，十家有九家都在外做生意。汉口当时号称“九省通衢”，是全国著名的水陆交通枢纽，自然也是商贾云集之地。从明代中期开始，大批徽商纷纷来到这里寻找商机，创基立业。江承东因为家庭困难，年轻时也来到汉口打拼。

当然，可以肯定的是，与无数的徽商相比，江承东不是著名的大商人，甚至他从事什么行业历史上也没留下什么记载。但正因为他只是一个小商人，却能够慷慨助人、热心义举，就更显得难能可贵了。

方志上简单记载了江承东所做的这么几件事：

一是为久已去世的伯父母安葬。徽州有个习俗，人死后，家人必须找一块风水好的地方下葬，如果一时找不到，或找到了却买不起，宁可将棺木置于露天之下，也不草草下葬。这其实是个陋习。承东伯父母可能就是由于这个原因，几十年没有安葬，可能他的后人再也没有这个能力。作为侄子的江承

东一直对此念念于怀,所以当他稍有积蓄后,立即买了一块墓地将伯父母安葬了。

二是为堂兄和嫂子归葬。堂兄和嫂子也在汉口经商,不幸双双因病离世。按当时风俗,旅外之人如果去世了,一定要归葬家乡。可能堂兄已没有后人了,所以灵柩迟迟不能归葬家乡。承东一直将此事记挂在心上,在经济实力允许后,他就花钱将堂兄与嫂子的灵柩运回歙县家乡营葬。

三是为高祖以下先辈无后者营葬立碑。承东先世由于经商侨居扬州,从高祖算起也有五代人了,不少人由于无后死了也就草草埋了,连块墓碑都没有。承东知道后,回到徽州老家,查宗谱,访老人,高祖以下情况摸得一清二楚,尤其是高祖以下的先辈绝后的人都记下名单,然后回到扬州,一一为这些人营葬立碑,为本宗族尽了一份力。他还捐钱买田作为祭田,奉祀高祖以下先辈,那些无后者也得附祭。

四是最感人的助贫济困。那时汉口既是众多商人的淘金之地,也是无数穷人糊口之所。穷人来了后建不起房,只能找块空地搭个简陋棚子居住,当地人称其为“棚民”。棚民多了，就成了棚户区。每逢除夕，有钱人家杀鸡宰鸭，欢欢喜喜过年，无钱的穷人家徒四壁，何以卒岁？江承东深知这一情景。此前他就将整银换成很多碎银，分包成许多小包，每包都有足以供一家过个年的银钱。他暗中嘱咐自己的子侄，要他们怀揣若干小包，来到棚户区，发现哪家冰锅冷灶，就甩一包碎银进去，然后转身离去。不少徽商被他的行为所感动，也纷起效仿。就这样，救济了多少棚民啊。

义 行

陈芳培的义行

清之季也,土药(业)商股盛行一时,获利最厚,多以此起家大万者,最为殖财捷径,亲友欲要君与张帜是业,君太息曰:“祸国以肥家,殃民以益己,且海禁开后,一大耻辱也。虽其事致富如反掌,吾宁贫困,安忍更扬其波也?”后或又集巨资为成本,以屯积运,贩者因君负众望,环吁君总其事,并悬巨金为酬,君终弗之应。

性好俭约,衣冠非甚敝不易制,祖遗轻裘华服十数袭,缄之数箧,从不以加诸身。晚年偶逢宾祭宴会,才一御之。然君生平济难扶危则唯力是视,三党子姓婚丧学业引为己任,荷其成就之者甚众,或为之筹措生计。凡游士流寓星医卜算有一技可名来诣者,靡弗为之推毂延誉,俾有有所依倚而后已。君没后十余年,家属有患病者,延一时盛誉之医至,医贯皖北诊疾讫,赠以劳金,屏不受,曰:“昔在穷乡落拓中,荷若翁识拔绸缪,宛转资藉得地以有今日,兹幸一奏技而反受赠金乎?”尝间步治城街衢,见某米肆与一顾客方龃龉,问之,乃争银币真赝,亟为解释之,徉取视两家银币曰:“此物劣耳非赝也,予有用处,且为若收之。”遂以己之佳币给肆人,挥客去,事顿息。君既没,家人检理遗笥,而当时赝币赫然尚在也。

——《桂城陈氏族谱》

【翻译】清代末年,土药业商股非常时兴,由于卖的是假药,故能获得很多利润,不少人以此暴富,这在当时是取财的捷径。亲友纷纷劝陈芳培从事这个行当。陈芳培感叹道:“祸国以肥家,殃民以益己。况且海禁开后,一大耻辱也。虽然干这一行致富易如反掌,我宁可贫困,怎能跟在后面推波助澜呢?”后又有人集巨资囤积居奇,他们觉得陈芳培深孚众望,围着他恳求总领其事,并答应给以巨额报酬。但芳培认为他们行事不正,始终没有答应。

芳培虽然较富,但性好俭约,衣冠非甚破敝不换新装,祖上遗下轻裘华服十几套袭,他都放在几个箱子里,从不以加诸身。晚年偶逢宾祭宴会,才一穿之。然而他生平济难扶危则唯力是视,亲戚子姓婚丧学业都引为己任,给予资助,促其成就之者甚众。或者为亲朋筹措生计,凡游士流寓、星医卜算有一技之长来拜访者,无不为之推毂延誉,使有所依倚而后已。芳培逝后十余年,家属有患病者,延一时盛誉之医至,医生诊治后,家属赠以劳金,坚辞不受,说:“我当年在穷乡落魄中,正是得到芳培先生识拔,为我安排考虑,我才得以有今日,今天有幸效一次劳而反受赠金吗?”

有一次芳培在街道上行走,见某米铺与一顾客正在争执,问之,才知原来是争执银币真假,他上前竭力解释,取视两家银币说:“此物质量差但不是假的,我正好有用处,干脆我收下来。”遂以自己之佳币给米铺之人,并叫客人离去,一场争执顿时平息。芳培逝世时,家人检理其遗物,而当时赝币赫然尚在也。

江演世代见义必为

江演,字次羲,(歙县)江村人。孝友好义。郡北新岭峻险,行者艰阻,呈请制抚,捐金数万,开新路四十里,以便行旅。修建北关万年桥以利涉,又浚扬州伍佑河二百五十里及开安丰串场官河,盐艘免车运之劳。尤笃于族谊,本支祠宇湫隘,毅然改建,修葺宗祠,增置祭田,族中教养兼至。殁后百年,村党犹沾其泽。

子承瑜,字昆元,性仁孝,见义必为,助建宗祠,治村东道路,岁捐金以周

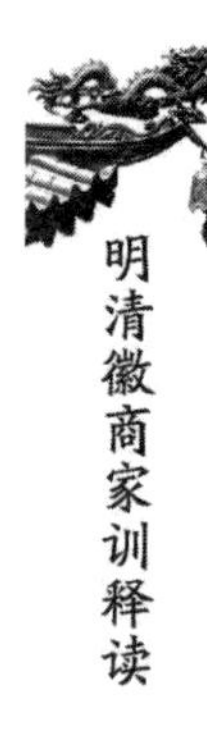

宗党。客维扬,见地湿,民多疾病。设局延医,全活甚众。民间被灾,恒出钱粟以奠其居。从子承元,字涵初。演重建支祠,开辟新路,倚为赞助。居乡以德化人,京江张相国书“德重天褒”表其闾。承元子,嗣崙,尝倡建宗祠,佽助婚嫁。族中节烈妇无力举报者,皆代为请旌。乾隆十年(1745),举乡饮宾。

——道光《徽州府志》卷12《人物·义行》

【翻译】江演,字次羲,是歙县江村人。孝友好义,见义必为。徽州北面有一山名新,高山峻岭,十分险阻,而这又是交通要道,行者无不感叹艰难万分。于是江演呈请地方长官巡抚,捐银数万两,雇工开辟新路四十里,以便行旅。修建北关万年桥以方便旅客,又疏浚扬州伍佑河二百五十里及开安丰串场官河,盐艘免车运之劳。尤笃于族谊,本支祠宇低洼狭小,毅然出资改建,并修葺宗祠,增置祭田,族中教养兼至。其逝后百年,村中乡民犹沾其惠泽。

其子承瑜,字昆元,性仁孝,见义必为,助建宗祠,治村东道路,每年都捐出银两以周济宗亲族党。在扬州经营盐业,见地潮湿,民多疾病。设医局延请医生,全活甚众。民间被灾,常捐钱粟以安其居。从子承元,字涵初。江演重建支祠,开辟新路,承元多为赞助。居乡以德化人,京江张相国书“德重天褒”表其闾。承元子,嗣崙,尝倡建宗祠,资助穷人婚嫁。族中节烈妇无力举报者,皆代为请旌。乾隆十年(1745),推举为乡饮大宾。

汪涛善行

汪涛,字亦山,西溪人。本郡试院岁久倾颓,独力更新,费不下万金。又尝贾于台州,其地滨海,值颠风怪雨,则败冢枯骸多狼藉斥卤中,涛捐袌瘗之高地。俗贫,多弃子女弗育,涛醵金建育婴堂全活甚众。邑古关至西溪岭路,甃石为坦途,行者称便。其他置义学、义冢、赈贫、恤孤,善行甚多。

——民国《歙县志》卷9《人物·义行》

汪应庚济人利物

公讳应庚，字上章……自高祖以来，即事两淮鹾务，遂侨居于扬，肩承鹾业，综理琐务，任厥劳瘁。秉性老成，孝思肫笃，沉默寡言，端庄不苟，耆宿咸重之。而处心积虑，常以汲汲济人利物为心。……在扬则施棺槥、给絮袄、设药局、济回禄、拯溺舟、育遗婴；海啸为灾，作糜以赈；江湖迭涨，安集流离；时疫疠继作，更备药饵，疗活无算。复运米数万石，使其得哺以待麦稔，是举计存活九万余人。令嗣讳起字震潜，于雍正六年（1728）除授刑部湖广司郎中，公寓书京邸，诫之曰："刑法至重，鞫讯维严，哀矜勿喜，汝为司属，宜殚心明慎，无偏执，无袒徇，务期研求再四而后安。"乾隆元年（1736），见江甘学宫岁久倾颓，出五万余金亟为重建，辉煌轮奂，焕然维新。又以二千余金，制祭祀乐器，无不周备。又以一万三千金购腴田一千五百亩，悉归诸学，以待岁修及助乡试资斧，且请永著为例。三年（1738），岁饥，首捐万金备赈之后，自公厂煮赈。期竣，复独力展赈一月，约用米三万石有奇，其赖以全活者共计九百六十五万三千余口，其博济众者，未有如斯之甚者也。他如兴修平山堂蜀冈，栽松十万余株，今皆拱抱。重价买堂旁民田，别浚一池，而第五泉真迹于是始出。冈左为观音阁，冈右为司徒庙，与平山鼎峙，修废举坠，顿改旧观。更建五烈祠、贞节墓，并请旌褒，不惜捐资而修而增广之者。己未春，年届杖乡，亲朋称觞者，预为力辞。潜避徽歙，展拜祖茔先祠，路过武林，遂发愿捐施云林寺僧，修葺殿宇。桑梓亲族婚丧，靡不隐相周恤。

——歙县《汪氏谱乘·光禄寺少卿汪公事实》

王一标拾金不昧

王一标，（歙县人）字士名，勤谨尚义，少贫负贩营生，嗣贾于繁昌荻港镇。竭力经营，家稍裕即增修祠宇，捐置祀田。里中有不平事辄赴愬焉，一出

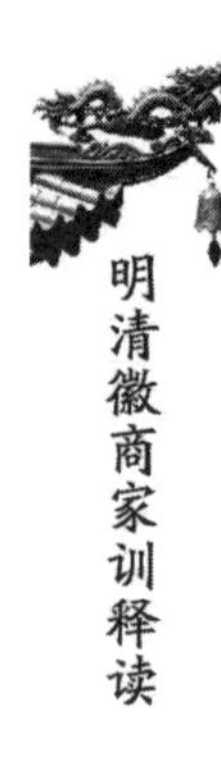

言而人信服。尝拾遗金百两于道，坐守至暮，失者至，询其实而还之，失者欲以金分谢，辞曰："吾欲贪此，何必守汝？"其人稽首而去。年八旬辞亲友庆贺，置米设局，凡乞者给米一升作开贺费，邑令延为乡饮宾，给额曰"祁山硕望"。

——道光《徽州府志》卷12《人物·义行》

洪桂根三十年行义不倦

洪桂根，字梅渚，（歙县）岩镇人，捐职运同。性慷慨，见义必为。嘉庆四年（1799）饥，岩镇平粜，桂根输六百金，越年旱荒又输三千金，全活甚众。十九年（1814）武进县岁大祲，桂根道经是邑，独输二千金……尝设义塾训族子弟，族妇之无夫者，月给银一两，赖以养节者常十余人，二者行之迄今已三十年。文儿山高塔为岩镇水口文峰，岁久将倾，桂根议亟修之，未行而殁，子炘即承遗志，修葺完固，费及万缗。他如修桥平路诸善举不可胜纪。

——道光《徽州府志》卷12《人物·义行》

吴鋐璋倾囊赈灾民

吴鋐璋，字礼南，昌溪人。幼受业于杭太史世骏之门，父被诬害，璋以身代，屡控于上，事乃息。乾隆五十九年（1794）大饥，掘石粉、刳树皮以食，璋倾囊得千余金，妻张氏亦典簪珥以助贩米，星夜运归，设厂赈给，每人日一升，全活数千人，至今口碑载道。他如置义冢，修道路，善事不可枚举。晚年延师课读，教训子孙。

——道光《歙县志》卷8《人物·义行》

许孟葵不爱财

许孟葵，(绩溪)十五都人，岁歉，捐赀给贫乏，减价以粜。客旅有汩某贷金无偿，欲鬻其妇，孟葵曰："吾何爱乎金，而使彼有室家仳离之苦哉？"持券还之。又歙人郑九韶挈家避难，埋金园内，孟葵锄见其金，召郑曰："君物也，速持去，少泄难保金无虞也。"

——道光《徽州府志》卷12《人物·义行》

胡学梓积而能散

胡通议学梓，字贯山，号敬亭，黟之西递人。其先世士良自婺源迁黟，代有闻人。祖丙培，助城工，赐八品顶戴。父应海，慷慨能施予，晋赠通议大夫。学梓幼而歧嶷，事亲以孝闻。母病盲，学梓舔之，目复明。……学梓精心计，重然诺，积而能散，周其族无间言，所识多佳士。性喜济人，及修治道路桥梁，计所费八万金，郡人多称道之。先是，邑人议建碧阳书院，久而不就，知县胡君琲与学梓言之，学梓曰："诚使书院议成者，当输白金五千两助费。"胡君甚喜。已而，胡君去，学梓亦卒，事遂不果，而遗嘱其子尚熷等竟成之。

论曰：予知歙，往来省会，道出休宁、祁门，见如砥如绳者亘百余里，闻知君所为。及来黟，方议碧阳书院，邑人皆踊跃助工，实恃君所输者以为质。以此二事，心甚善之，而惜未及见其人也。时方葺邑乘，所以入《尚义传》者，仅有所存账籍，不足见君为人，故为采舆论，择其可传者著之，时嘉庆辛未冬月厚郕吴甸华。

——嘉庆《黟县志》卷15《艺文志·国朝文》

何安禔祖孙好施不倦

翁姓何氏，讳朝名，字安禔，号蕚楼，太学生，（黟县）南屏人。……翁生平尚义，好施与，咸（丰）同（治）间黟屡遭寇扰，避乱者转徙流离，多饿莩，翁悯之。庚申冬，倡设粥厂于南屏山下之喜槐亭，用寓赈于售之法，全活者多以万计。时或雨给以笠，寒给以炭，无蔽者给以衣履，甚且病者施药，殁者施棺。兵燹后暴骨累累，倡买乌株山脚以瘗之，嘱子孙岁时祭祀。曾文正公（曾国藩）督两江时，奖额曰"义重乡闾"，又曰"敦善不迨"，时年五十也。六十后犹乐善不厌，凡义举靡不力为赞助。休邑复建蓝渡石桥，翁捐赀为倡。翁经商屯溪，且往返督工，不辞劳瘁。光绪十年（1884），与本邑程君辉堂、青阳曹君履安、绩溪胡君允恭倡修屯溪石桥，众推翁司理总账，捐赀不敷，多方垫款以蒇其事。他如造屯溪河街石路、置休邑义塚、建桥亭、购水龙及修油榨下咨口大路，善行不胜枚举。年七十，江苏巡抚吴赠额"齿德兼隆"；年八十，安徽学政钱赠额"杖朝硕望"。

光绪辛卯年三月初三日卒，距生于嘉庆壬申年三月初八日，享寿八十。……子乘龙，克继父志，服贾吴中，凡施棺掩骼、修道路、给旅费、济孤贫诸善举，屡为之；又精形家言，置鸡公山、黄坡、坦岭头等地为义塚；七十生辰，尽以寿赀赈皖北水灾。孙六……三致杰，随父商于吴，光绪丁未徽州水灾，致杰在苏省劝募洋六千元，先以四千元交屯溪公济局发赈，后事寝，仍剩二千元，添设苏省徽州会房舍……

——民国《黟县四志》卷14《杂志·文录》

非义之财，一介不取

（余）世修公……性狷介，家贫刻苦读书，不苟取与。平日为文，振笔疾书千言立就。场中有邻邑某君富家子也，适与同号，慕其才，啖以百金请为捉刀,公却之。某意公嫌轻,乃加至三百金,公曰:“非义之财,一介尚不可取,况三百金之重贿乎?”乃绝其请。后有知其事者,咸叹其操行为不可及。

——《黟县环山余氏宗谱》

佘文义年逾八十行义不衰

佘文义,字邦直,晚种梅以自娱,因号梅庄。少贫困,操奇赢[1],辛勤以振其家,性不好华靡,布袍芒履游名卿大贾间,泊如也。置义田以养族之不给者[2],义屋以居族之无庐者,义塾以教族之知学者。又市[3]隙地数千亩为义塚,以安乡人之不克葬者,所费不啻万缗。捐四千金建石桥以固水口以利行人。年逾八十而行义不衰。

——清 佘华瑞:《岩镇志草》卷4《义行》

【注释】

①操奇赢:指做生意。

②不给者:指生活没有来源的人。

③市:即购买。

【点评】佘文义辛苦经商虽赚了些钱,但他不是只顾自己享受,相反他不好华靡,成年穿着布衣芒草鞋,淡泊自如。可是却拿出银子买义田,以义田收入赡养族中无生活来源的人;又建义屋给那些无房的人居住;还办义塾教育那些想学习的人;又买了几千亩空地做为义冢,给那些无地的死者安葬。这几项花费了不下一万两银子。不仅如此,他又捐出四千两银子建了石桥,方便行人,甚至在八十岁后仍然不断地做好事。这种精神确实难能可贵。

吴如彬雇人杀虎安民

吴如彬,字均若,昌溪人,其父之求尝独建灞溪源石桥,倡建大昌桥,捐田

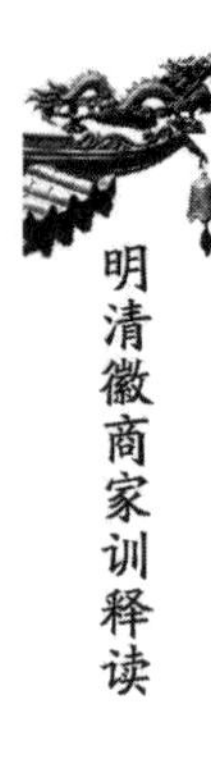

收四方暴骨。辛未岁饥，如彬捐赀平粜，赈贷不收息。大州源及英坑地连淳安、昌化，深山穷谷数百里，民至冬月以掘蕨烧炭为生。甲申、乙酉有虎白昼食人，伤男妇二百余，如彬访搏虎者，厚给工力期尽剿，阅月无所得，如彬益愤费至千金，连杀五虎，民乃安。

——乾隆《歙县志》卷13《人物三·义行》

【点评】吴如彬的父亲就是乐善好施，对吴如彬影响很大，所以他在荒年时，不仅平价卖粮，而且贷给别人粮食从不收利息。尤其是大州源及英坑地连淳安、昌化两县，这里深山穷谷数百里，百姓一到冬天以掘蕨根烧炭为生。这里老虎经常出没，甚至白天吃人，已经伤了男女二百余人，实为当地一大祸害。如彬访得搏虎者，厚给工钱期望把老虎捕尽，但一个月了并无所得，如彬益愤，费用加到千两银子，终于搏虎者连杀五虎，百姓乃安。吴如彬堪称舍小家保大家。

吴邦伟……所居丰南，族姓蕃衍。水旱荒歉，鳏寡孤独之人嗷嗷待食，邦伟与其兄邦佩尝慕范文正义田法，思得数人共之，及与叔祖禧祖，叔之骏、之鶱合意酌行，其出资万数千金于宣城沚水间置田千余亩，岁收其利，于季春、孟冬两月以赒恤之，殁则复助其丧。其他赈荒、平粜、修路、造桥，无不协力共举。

——乾隆《歙县志》卷13《人物三·义行》

【点评】吴邦伟所居的歙县丰南村，族众很多，每逢水旱荒年，鳏寡孤独之人就嗷嗷待哺，邦伟与兄邦佩想学宋代范仲淹的“义田法”，但两人力量有限，希望能数人共同来办，于是与叔祖禧祖，叔叔之骏、之鶱商量，得到他们支持，于是共拿出一万几千两银子在宣城湾沚水乡买了一千多亩田地，每年收获的稻米用来在春末和初冬这两个人们最困难的时段接济穷人，使他们在青黄不接之时免去了饥饿。如果有人去世了，他就拿钱帮助治理丧事。不仅如此，乡间其他赈荒、平粜、修路、造桥之事，吴邦伟无不协力共举。要知道，吴邦伟只是一个普通的商人，也没有任何人逼他这样做，完全是出于自觉，出于本心。这种精神确实可嘉。

鲍启运置义田济穷人

鲍启运，字方陶，（歙县）棠樾人。……初游扬州，以笔札佐乡人之业盐者，或慕之招以厚币不往，由是所佐者重之。以父生时好义而贫，于义举多未逮，有余资不汲汲居积[1]，辄遵父训先置义田。后渐业盐，家日起田亦日增。歙山多田少，历十七年乃得千二百十亩有奇归之宗祠，以七百余亩名“体源”，月给族之四穷[2]及废疾殁者，并给之以五百余亩名“敦本”，立春粜法，于岁二月粜贫族。其法以两田岁赋兵米计钱如干，按收谷升派钱数文，令籴者输以代偿，定于月之望前纳县，由是贫族得食贱谷，千亩历无逋赋，宗人嘉之。请官为立籍，禁侵削。时巡抚朱文正公珪、祭酒吴公锡麒、总督陈公大文及一时名流，各有文以美之。他如置义冢、助葬赀、育遗婴、掩枯骨、阴购菜子遍撒扬州、汉阳之野以济饥民，类者皆继父志所为者，尚书黄公钺为之立家传。

——道光《徽州府志》卷12《人物·义行》

【注释】

①居积：指积累财富。

②四穷：指鳏、寡、孤、独四类穷人。语出《孟子·梁惠王下》：“老而无妻曰鳏，老而无夫曰寡，老而无子曰独，幼而无父曰孤。此四者，天下之穷民而无告者。”

【点评】在传统社会，穷人是非常多的，如何接济他们，一般有两种办法，一是临时接济，其不足之处有于今年渡过难关，明年又怎么办？因此不少人就想出了第二种办法，即长期接济，这就必须要有稳定的经济来源，最好的办法就是置义田，田地每年都有收入，而且较为稳定，用这种稳定收入来接济穷人，就能持续不断了。鲍启运就是用的这个办法。当他业盐致富后，就一点一点买土地，花了十七年时间共买了一千二百多亩土地，要知道，歙县山多田少，田地价格极贵，这么多土地该花多少钱啊！他把这一千二百多亩土地全部捐给宗祠，作为祠产，以七百多亩土地命名为“体源”，每月接济族中鳏、寡、孤、独以及残者、病者和死者助葬等。另外五百多亩田地名为“敦本”,用来接济穷人。但这一千多亩土地每年要缴赋税,这怎么来呢?所以他又建立了“春粜法”,于每月阴历二月将米贱价卖给贫穷族人,因为两田(指“体源”田和“敦本”田)每年要缴赋税兵米计钱若干,按两田每年所收多少升稻米,每升派钱数文,令买者输以代偿,定于每月十五之前缴纳到县里,这样每升摊派几文钱,也不多,但合起来土地应承担的赋税就缴纳了,贫穷族人也能吃低价谷米,一千多亩土地多年来没有逃避或延缴赋税,得到宗族人一致肯定。为了使这个制度保持下来,启运还请官为立籍,禁止侵削土地。时巡抚朱文正公珪、祭酒吴公锡麒、总督陈公大文及一时名流,各有文以美之。其他如置义冢、助葬赀、育遗婴、掩枯骨之类的事非常多。同时,他每年都要在扬州、汉阳两地活动,看到青黄不接之时穷人到野外挑野菜充饥,为了帮助这些穷人,他就买了很多菜籽,暗中让人遍撒扬州、汉阳之野,等到菜苗长成后以供饥民采摘。这些事都是继承父亲志向所为。由此可见,鲍启运真是一心为了穷人,宅心仁厚啊!

程子谦父子两修屯溪桥

盖自率水东至于浙为濑四十有七,滩三百有六十,湍流惊急至屯溪而平。土人乃筑石为桥以通行道,创始于明嘉靖十五年(1536),历百年有余岁,民安其利。康熙丙辰桥圮,率口程翁子谦出私钱独任之,先后费钱六百七十万,阅二年,桥成,又十七年再圮。翁曰:“桥之不固是吾过也。”遂以丁丑之秋,复事兴建,仍独任之。桥未成而翁殁,其子……岳继翁志,匠石之费几倍。

——道光《休宁县志》卷22《艺文·纪述》

【点评】 率水东流至于浙江,其间有四十七处水流湍急,有三百六十个滩涂,水流至屯溪就开始平缓,所以屯溪水面较宽。当地人乃建筑石桥以便民众通行,此石桥创始于明嘉靖十五年(1536),经历了一百多年,民安其利。但康熙丙辰石桥终于垮塌,从此人们过河只得坐船,经常出现翻船事件。于是率口商人程子谦决定独资修建此桥，先后费钱六百七十万，花了二年时间终将石桥建成。谁知过了十七年桥又垮塌。子谦说："桥之不固是我的过错啊。"遂以丁丑之秋，复事兴建，仍独任之。但桥未竣工而子谦逝世，其子程岳继承父志，独自承担起建桥任务，匠石之费几乎翻了一倍，一座十分坚固的屯溪石桥终于建成了。

时人评价说，当今朝野之士，往往私心太重，只顾自己，君臣父子兄弟之间，遇事辄互相推诿，从不负责，处世之术精则精矣，但事关民众的大事谁去做呢？假使居其乡者都能像子谦父子之用心，不私其财，恒以济人为念，推而将此用到邦国天下，那么还有什么利之不可兴、还有什么害之不可去呢？

吴翥(zhù)奉母命建亭庇行人

翥不敏不获，与吾乡父老兄弟习处里闬，恭桑敬梓，有益于地方公共之举。频年服贾，远涉申江，迎养慈亲，聊承色笑。前年吾母七十生辰，戚友之沪渎[1]者，相与谋献一觞为太夫人寿。而吾母闻之，则进翥而命之曰："祝嘏[2]虚文也，慈善实益也。余与汝去乡久，独不念故乡父老兄弟行者无所憩，炎暑雨雪道路无所庇荫乎？汝其扩此筵资多为亭以翼之，以承吾志。"翥唯唯敬受教。他日择中途之要者，筑亭十有二所。吾母又进而命之曰："有举莫废，古之训也，岁月迁流，风霜剥蚀，亭讵能终无坏哉？汝其捐赀修葺，求所以永久之。"翥唯唯敬受教。今年春，暂归自申，因捐田数亩以为善后之费。窃愿吾乡父老兄弟，一念吾母之诚，相与顾惜而保存焉，庶吾母之垂老不忘桑梓者，为不虚矣……

——民国《黟县四志》卷11《政事志·亭宇》

【注释】

①沪渎：指今上海。

②祝嘏：即祝寿。

【点评】 清末民初，黟县吴翥长年在上海经商，于是就将母亲从黟县接到上海奉养。有一年母亲七十大寿,很多亲戚朋友都到上海来准备给吴母祝寿。吴母知道后就对吴翥说:“祝寿真是虚文啊,做点慈善才是实益呢。我与你离开家乡已经很久了,你难道不念及故乡父老兄弟行者无所憩,炎暑雨雪道路无所庇荫乎?你就拿此次祝寿的筵资再加上自己的钱,在家乡路边多多建亭以供路人休息和避风雨,以继承我的夙志。”吴翥唯唯敬受教。他日,吴翥回到家乡勘察,选择中途之要道者,筑亭十二所。回来向母亲复命后,母亲又进而命之曰:“有举莫废,古之训也,岁月迁流,风霜剥蚀,亭难道能终不损坏吗?你干脆捐赀修葺,求所以永久之。”吴翥又唯唯敬受教。今年春,吴又回到家乡,捐田数亩,以田地收入作为善后之费。由此可以看出,吴母思想很开明,不为自己做寿,用这笔钱在家乡建亭供行人休息避雨,又安排以后修缮费用,真是处处想到家乡父老乡亲。吴翥更是不错,遵母命建亭,又捐钱买田,以供修缮。真是有其母必有其子。徽商家风对后代的影响,于此可见一斑。

程茂梓遗言建义仓

程茂梓,字丹彩,(婺源)东溪头人。幼读书,以贫易业,家渐充,自奉甚约,见义必为。尝欲创建义仓,遘(gòu)病不起,嘱其子世炘、世炳曰:“予一生勤劳,所置薄产,足供尔辈衣食,尚存银一千六百两,欲建义仓,有志未逮,尔辈须陆续置田,约满五十亩,并建仓屋,归于族众,以备荒歉,必成吾志毋怠。”时二子尚幼,及长奉命举行。岁歉,藉举火者不下千指[①],族中德之。

——道光《徽州府志》卷12《人物·义行》

【注释】

①千指:一人十指,千指即是百人。

【点评】程茂梓勤劳一生,临死前,除了一些薄产外,尚有一千六百两银子,他没有将这些银子留给二个幼子,而是想到穷苦的族人,一心要建义仓。这种精神难能可贵。尤其难能的是两个儿子长大后终于实现父亲的遗愿,建立了义仓,每逢灾荒年份,凭借义仓得以存活的穷人不下百人。徽州正是由于有众多的像程茂梓父子这样的商人，才帮助穷人渡过了一次次难关，没有出现社会动荡。

父子慕义乐施，造桥惠民

这又是一个感人的真实故事。

清代康熙年间，婺源县长田有一人叫江汝元，兄弟五人，汝元排行老四。也许是生来命苦，十二岁母亲去世，不久，父亲又撒手西归。临死之际，挂念幼子太小，始终不能闭眼。汝元跪在床前，哭着发誓："我已经十六岁了，我一定把弟弟带大，父亲放心吧。"父亲听了才瞑目而逝。

父母双逝，家中又穷，且负了很多债，其艰难困苦之状可想而知。此时三个兄弟都已成家，汝元独自带着弟弟生活。白天就上山砍柴卖点钱勉强度日。村里亲戚邻居同情其贫穷，有时送点食物给他，他婉辞不受。过了二年，平时省吃俭用，终于有了一点积蓄。族人都知道他能安贫自立，且抚爱弱弟，于是纷纷借钱给他，劝其弃樵就商。于是他去饶州做了一个小贩，三年后又结婚成家，妻子非常贤惠。在妻子的帮助下，生意逐渐做大，积累的财富也多了，终于连本带利还清了原来父亲的欠款，也偿还了族人给自己的贷款。

族人都认为他讲诚信，又会经商，都愿意出资帮助他把生意做大。本钱多了，赚的钱也就更多了。不仅把弟弟带大，助其成家，还生了四个儿子，儿子长大也因贫穷不能成婚，汝元就割产分金，代为娶妇，始终不忘父亲临终前的遗虑。

汝元乐善好施，灾荒年份，饥民嗷嗷，他与妻子商量："岁歉人饥，道多积殍，吾欲毁家以纾之，可乎？"妻子说此是义举甚好，但我们微资末田，能救多少人呢？广赈不如贵买贱卖为好。汝元觉得有理，乃倾囊往休宁买米，归则降价以售，帮了很多人免于饿死。

高奢这个地方是七省通衢，每遇大水，舟子就抬高渡价，行人叫苦不迭。汝元看到这一情况，就买了一条船，设为"义渡"，过河不收钱，深受百姓欢迎。谁知有一次山洪暴发，本来不宜开船，但行人还是争相上船，这是非常危险的。汝元隔岸摇手,又大声疾呼,制止进船,但船上人听不见,船仍在开行,汝元叹道:“本来我设义渡是为了方便行人,如今却成害人了。”于是他毅然跃入水中,准备游到对岸制止开船,谁知被巨浪卷入河中,幸亏他熟悉水性,没被淹死,而船上之人在洪水冲击下仅以身免。

多危险啊!汝元决定卖掉船只,干脆在河上建桥,由于资金有限,只能造一木桥,并在河边建一佛庵,又捐良田十六亩,建茶亭供行人饮茶。但他常念木桥不能长久,发誓要继续积蓄资金建一座石桥,以为永久之计。谁知又逢三藩之乱,兵燹后资产消耗,遂一病不起。弥留之际,望着诸子叹曰:“吾欲造石桥,已没办法了,你们要勉力为之。”此时次子江德功表示要独任其责。父亲去世后,他资金不够,于是捐资为倡,在大家的努力之下,终于不到五年石桥建成,实现了父亲的遗愿。

汝元生前除造桥外,还做了不少好事。曾有人卖稻给他,结果多发了数石,汝元立即把款补上,不敢模糊妄取。亲戚朋友不能完嫁娶者,贫乏不能自存者,急难不能猝办者,皆向汝元借钱,汝元不计其人能偿与否也。他生前曾教育其子说:“可人负我,毋我负人。天之报施,铢两悉称,定不爽也。”

从汝元父子造桥的义举来看,其家风是很好的。江德功能继志述事,追思父亲遗嘱,倡建高奢石梁,不独不吝其资重,而且昼夜勤劳,大道与梁经之营之,五年见成,使民无病涉之忧,其利甚普,其孝诚可达矣。江德功不惟尽子责,慰父愿,而平生亦乐善好施,真可谓有其父必有其子。

(事见清 江廷霖:《婺源济阳江氏宗谱》卷2《汝元公传》)

汪拱乾孝义传家

汪拱乾是清代婺源县人,从小父亲就去世了,因而家境十分贫穷,常常饥一餐饿一顿,母亲实在无法,只得让他去经商。他小小年纪,只能当学徒。虽然学徒生活十分艰苦,但他都挺下来了。几年下来,他在踏实干事的同时,又认真学习虚心求教,掌握了不少生意经。

学徒期满,他就走向商场,独自经营了。先从小本生意做起,一方面维持生计,一方面积累资金。经过十几年的努力,他的生意渐有起色,慢慢开始发家了。待到五十岁时,生意已做得很大,自然利润也很多了。他在家乡买了不少田地,又盖了新房。即使这样,在生活上汪拱乾还是自奉俭约,像贫穷时一样。

经受过贫穷的人,即使富了也会同情那些穷人。所以不少穷人往往向汪拱乾借钱,汪拱乾总是有求必应,借出的钱也不管他们什么时候归还。久而久之,箱中的借券已经装满了。

当他快到六十岁时,有天晚上从儿子的房间走过,听到几个儿子正在议论家事,他不禁停了下来,站在外面听。一个儿子说到近几年家中的生意做得不错,又赚了一些钱。另一个儿子说:“世上的事物有盈就有亏,凡事总得留有退路啊。”

“大哥,你这话是什么意思?”一个儿子不解地问道。

“你们听说过陶朱公的故事吗?”大儿子问道。

“知道呀。”

几个儿子从小就读书,司马迁的《史记》更是他们的必读书,他们当然知道陶朱公了。陶朱公就是范蠡,他是春秋末年著名的政治家、军事家和经济学家。他辅佐越王勾践灭了吴国,自己却急流勇退,隐姓埋名远走经商了。谁知他三次经商三次成为巨富,自号陶朱公,被后人誉为“商圣”。令人惊叹的是,他三次都把千金散尽给穷人。后来他的次子因杀人而被捕,最后还是被处死。

“你们想想看,”大儿子接着说道:“陶朱公屡积屡散,他的儿子仍不能免祸,何况我们家聚而不散啊!”

“那大哥你说怎么办?”

“我认为还是要积而能散才好,但不知父亲同意不同意啊?”

听到这里,王拱乾快步走进房间,对几个儿子说:“你们说的好,我有这样的念头已很久了,就怕你们不同意啊。”

父亲这么一说,几个儿子非常赞同。大家都想到一块了,十分高兴。

第二天,几个儿子分头通知让每个借款人都来汪家,汪拱乾拿出所有借券,与来人一张一张核对,合上了就把借券还给对方,从此不再归还了。那些

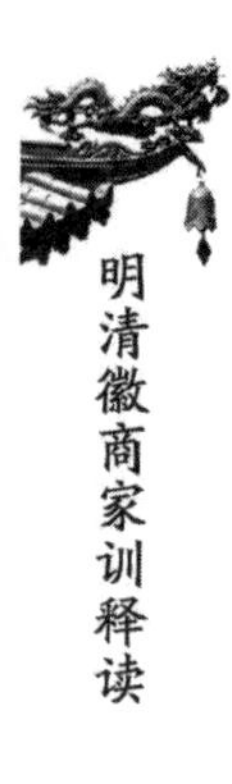

借款人个个笑逐颜开、千恩万谢。一个儿子在旁统计,结果一算竟然有八千多两银子,这可是一笔巨款啊!

汪家的义行,很快传遍当地。乡里绅士反映到官府,希望给予表彰。总督于成龙奖给冠带荣身,并赠以匾额"满门孝义";布政使柯永升题写匾额"惠施流布"赠之;县令宁鹏举也赠以"旷古高义"匾额。这件事在当地百姓中一直传为美谈。

(事见光绪《婺源县志》卷31《人物·义行》)

江灵裕重义好施

徽商重义,确是普遍现象。只要翻开徽州地方志的"义行"篇,就可看到徽商大量义行的故事。

江灵裕是婺源县江湾人,本来从小读书,兄长在外经商,生活也还过得小康。不幸父母先后离世,兄弟俩顿成孤儿。书显然念不成了,江灵裕只得也去经商。

商场如战场。战场有胜有负,商场也有亏有盈。兄弟二人虽然都在外经商,但两人命运却不一样,灵裕赚了一笔钱,而哥哥却欠了一堆债。可就在这时,哥哥结婚,按理就要分家。灵裕想,这一分家,哥哥的日子就更难过了。于是他做出一个重大决定,自己代哥哥偿还所有债务,好让哥哥卸掉一切负担去经营新家。哥哥嫂嫂感动不已。

然而,哥哥似乎命运一直不顺,若干年后生意也没多大起色,而且又染病在身,最后竟沉疴不起,不幸去世。丢下孤儿寡母,这日子怎么过呢?

好在灵裕极重兄弟手足之情,他带领侄子一起经商,向他传授商业经验。他知道嫂嫂一人在家生活肯定困难,所以他每次给家里寄东西,总是有嫂嫂一份。有时东西不够分,他就在信中特别交代,这是给嫂嫂的,其他人不能动。后来侄子结婚,所有费用都是灵裕一手承担。正是在灵裕的关心爱护下,嫂侄两人才得以过着安定的生活。

当然,江灵裕不仅仅重兄弟之情,对其他人也是讲情讲义。族中有人欠了灵裕一笔钱，但此人后来又死了，那人的妻子打算把家里仅有的几亩薄田卖掉还债，灵裕知道后坚决不同意，他想如果把田卖了，那她们孤儿寡母更无法生活了，索性将这笔债务勾销了。灵裕曾在温州经营茶叶，经常与恒泰银号打交道。有一次，恒泰银号根据账簿记录，还了四千两银子给灵裕。但灵裕记得这笔款项上次已经还清了，可能银号在账簿上忘记注销了，所以这次又误兑了。灵裕立即将这四千两银子退了回去。

灵裕重义好施的事迹一直在当地传颂。

（事见光绪《婺源县志》卷35《人物·义行》）

吴鹏翔义焚毒胡椒

明清时期，湖北汉口镇由于地处要冲，四通八达，与京师（北京）、佛山、苏州并称为"天下四聚"，是"楚中第一繁盛处"。这里商业十分发达，各地的商人都来到这里寻找商机，买卖淘金。大批徽商也在这里聚集，形成了很强的势力。

清代休宁人吴鹏翔也经常来此经商，并侨寓在汉口。他从事的是粮食贩运业务。那时，长三角一带的农民由于"舍稻种桑""舍稻种棉"，发展丝绸业和棉布业，粮食也就常缺了。徽商正是看到了这一商机，一部分人把此地所产棉布、丝绸运到外地销售，另一部分人则把四川、湖广（湖南、湖北）所产的粮食运到长三角一带出售。

吴鹏翔虽是一名商人，但他很讲究商业道德，经常做好事，所以在同行中声誉很好。有一次他从四川运了几万石粮食来到汉阳，正逢汉阳闹灾荒，到处都是饥民，粮价也涨了几倍。同行见到他，纷纷告诉他这一消息，认为他这一次能大发一把了。但吴鹏翔看到当时饥民的情况，毅然做出决定，将所有粮食全部按平价出售。这下饥民得救了，社会恢复了安定。

还有一次，吴鹏翔在汉口买了八百斛（一斛等于五斗）胡椒，准备运到外地销售，钱已付过，胡椒也拉回来了。后来他发现此次胡椒有点异常，马上请内行人来鉴定，鉴定结果证明此胡椒有毒。吴鹏翔感到万幸，他认为如果将

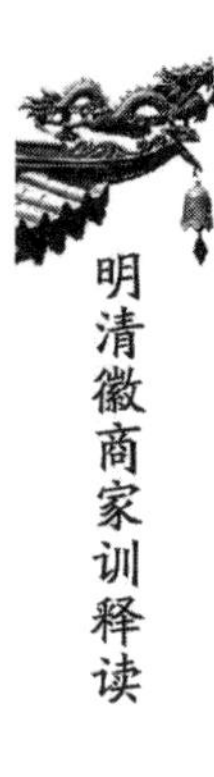

这些卖掉,那要害多少人啊。于是,他立即找到卖主,卖主知道真相败露,还有什么话可说呢,只得把钱全部退还。

想不到吴鹏翔没有接收退款,仍然把胡椒全部买下了。回到家中,他叫来一帮伙计,将八百斛的胡椒全部倒在大院里,然后一把火将其全部烧得一干二净。

这不是在烧自己的钱吗?天下哪有这样的傻子啊?但吴鹏翔却冷静地说:"我如果将这些毒胡椒退掉,那人肯定要把它再卖给其他顾客,这不仍然是要害人吗?"

(事见嘉庆《休宁县志》卷15《人物·乡善》)

瘠人肥己,吾不忍为

不同的人经商,会有不同的行为。有的人为了赚钱,可以不择手段,卖假掺假,损人利己,无所不为;但有的人经商,讲究道德,以义取利,昧心钱坚决不要。清代婺源商人詹元甲就是这样的人。

詹元甲从小就爱读书,本来想走科举入仕之路。后来由于家境贫寒,不得不放下书本,走向商途。他在安庆设了个瓷器铺,专门从景德镇贩运一些瓷器到这里销售。

别看他是个商人,实际上他的才学绝不亚于一个文人。他虽然被迫经商,但书本典籍可以说一日未丢。平时只要有空,必然拿起书本认真阅读,因此掌握了很多中国传统文化的精髓。为了"抒胸臆,涤烦襟",他爱上作诗。古代名家诗作,背诵起来,朗朗上口,滔滔不绝。他不但能吟诗,而且会作诗。只要有感,必有诗作问世。凡是读过他的诗的人,无不啧啧称叹。久而久之,积篇成帙,竟汇成一本诗集,命名为《苍崖诗草》,准备将来付梓留念。

安庆府知府陈其崧是个不凡的人,才名藉甚,更有很多诗作问世。上任不久,就想打听当地名士,有人将詹元甲写的诗推荐给他。他读后大加赞赏。当他得知詹元甲只是一位商人时,更惊讶万分,一定要在第二天亲自去拜访詹元甲。

知府屈尊登门造访,这还了得！一般人早就受宠若惊,不知所措了。但詹元甲却不卑不亢,以礼相待。经过交谈,陈其崧感到詹元甲确实不同于一般商人,他不仅知识渊博,举止文雅,而且淳朴老实,真是一个值得信赖的人。陈其崧当场就和他交上了朋友。

有一年,安庆遇到大灾,粮食颗粒无收。饥民载途,嗷嗷待哺。身为父母官的陈其崧看到这一情景,忧心如焚。他决定拿出公款二十万两银子去外地采购粮食拯救朝不保夕的饥民。但是,在派谁去的问题上,他犯踟蹰了。这是关系到几十万人性命的大事啊,如果所托非人,不仅自己官位不保,千万黎民生命也难保啊。此人一要精明干练,二要稳妥实在,衙门里的人难以胜任啊！

想来想去,他突然想到詹元甲,"对！唯有元甲,堪此重任。"他立马找到詹元甲,说明来意。詹元甲也认为,救人如救火。知府如此信任,还有什么话说呢？

詹元甲带人火速赶到采购地,刚一住下,就向旅店老板打听粮价。旅店老板听说他带了二十万两银子要采购粮食,马上把他独自引到房间,悄悄对他说:"到我们这里买米,照例都给回扣。自数百两到千万两都有回扣。回扣多少,要看你买多少粮食。先生带了如此重金前来采购,我算了一下,可以拿到几千两银子的回扣啊。而且这是多年的惯例,不会伤害你廉洁的名声的。"

詹元甲听后,毫不为动,毅然说道:"当今我们那里饥鸿载途,嗷嗷待哺,哪个不在眼巴巴盼着救命的粮食啊。我如果多拿一钱回扣,灾民就要少一勺粮食,说不定性命就没了。瘠人肥己,吾不忍为。"旅店老板也被他的真心所感动,泪水止不住流了下来。他接触过无数前来采购粮食的人,真还没见过像詹元甲这样讲良心的人。他立马把詹元甲领到一家信誉很好的商人那里。

詹元甲一钱回扣都没拿,买了二十万两银子的粮食火速运到安庆,灾民得救了。陈其崧握着詹元甲的手,激动得半晌说不出话来。

(事见光绪《婺源县志》卷34《人物·义行》)

通大义的汪啸园

汪啸园，名士嘉，字国英，啸园是他自己取的号。世代为歙县人，家居住在一个叫芦溪的村子。他的祖父汪良璧是越国公汪华的七十四世孙，父亲汪凤冠也是一个具有隐德的人。

汪啸园自幼就表现得颖悟过人，读书能够通晓大义，本期望通过奋斗在科举仕途上取得成就。但稍长大后，他便感到家境难以维持，他不愿拖累家庭，于是放弃科举之途，外出经商。他经商之处在楚地（今湖北湖南一带），隔一年就要返乡侍奉父母，必要兼具珍馐美味以孝父母，而且常在父母跟前承欢说笑，以使父母欢悦。到他中年时，父母先后逝世。他的商业经营虽然日益兴旺，钱财也愈来愈多，但每每思念起双亲不能得到享受，便在夜间潸然泪下，流湿了枕席。

汪啸园在自己的生活上很节俭，然而他对自己的诺言却丝毫不苟，有一种出自天性的抱义好施的品格。秦地（今陕西一带）有一个人落魄在楚地已经多年。汪啸园与他相识后，觉得那人通过努力会振兴起来的，就慷慨地借钱给他经营一些小生意，而且没有要他立下借据，也不收取利息。不料那人做生意却亏本了，汪啸园没有责备他，依然如故地借给他钱，鼓励他刻苦经营，希望继续帮助他渡过难关。然而那人却为疾病所缠绕而突然回秦地去了。汪啸园也不问债务的事情。隔了一年，那人疾病加重了，临去世前，他对儿子说："徽州汪啸园先生慷慨助我，我不可以辜负汪先生啊！你当将我欠他的债务予以还清啊！"那秦人逝世后，他的儿子在经营有成的数年以后，立即奉父亲临终遗命，来到楚地，如数还清了汪啸园出借父亲的钱。人们都赞扬这是两位君子，两个贤人。

楚地濒临长江、汉水，经常造成重大水患，把岸边的一些坟墓冲荡出来。汪啸园不忍心故去的人尸骨飘散，便拿出资金购置一些小棺材，招募人收拾亡者尸骨，予以埋葬。这样的事一做就是许多年，花费的钱也难以计数。

汪啸园回到家乡，就把善事做到家乡。他看见宗族祠堂损毁多年，便首先捐资同宗族的人一起，经过数月时间，把宗祠修葺一新。芦溪村有一条溪流穿村而过，汪啸园便接着出钱，和村人一起修建了桥梁，并整治了道路，使家乡的交通状况大为改观。他对族中人的生活也很关心，有的人婚嫁时遇到困难，有的人衣食不能自给，他往往会给以资助。

汪啸园生平沉默寡言，不苟言笑，行事低调，闲暇时则静坐在家中，不喜欢跟随他人征逐于世。但只要有人以急难的事告诉他，他经过深思熟虑后，必会使求助的人得到满足，他自己也感到心安。他喜欢购买书籍，收藏经史子集无数，从不厌倦。有人问他为何如此？他说："我只想把这些留给后人，让他们也做一个通晓大义的人。"

（张恺编写）

仁义之士许涧洲

明朝年间，在徽州府绩溪县华阳镇东的云川村，有一位名满乡里的仁义之士，姓许，名金，字廷，号涧洲，人称涧洲公。

他之所以能成为一名仁义之士，乃是他的祖上传有良好家风之果。先说他的祖父，许杰，字良士，是一位饱读诗书，积学一身，但不肯当官求禄的守节隐士。可惜的是，在生下儿子后，未能享尽天年便辞世而去，留下贤妻章氏守志，章氏对上侍奉公婆极尽孝道，对下抚养孤儿竭施慈爱，被当时官府呈奏朝廷，旌表旗门并恩赐建坊，以奖励章氏贞节之举。

再说他的父亲许本玉，在当地遇上灾荒之时，积极地捐输粮食，赈济灾荒，被官府授以冠带。此后，还多次修建道路桥梁，给乡党带来便利。正德年间，从浙江过来一群匪寇侵扰徽州绩溪，作孽骚乱。徽州府和绩溪县衙委任许本玉担任守备之职。他不辜负所委，带领所组建的乡丁们昼夜巡逻，从而使匪寇不敢再入徽境，给郡县带来安宁。

许本玉四十岁时才生下许涧洲，可谓中年得子，十分宝贵，而且许涧洲生下来就有异于一般孩子的禀性。还是在许涧洲周岁的时候，有一位僧人特地到许家造访，在仔细观察了小许涧洲一番后，即对许本玉说："这个孩子啊，据贫僧观察，相骨实属不凡，长大后，不是大贵，便是大富，耀祖光宗者，必是此儿！"突然造访的僧人说的这番话，许家听在耳里，记在心里，但也没有特别印在心中。

不过，待到许涧洲逐渐长成人后，却颇显出器宇轩昂、气质端庄的模样来，而且做事慎重，待人接物，宽宏大度，从不作锱铢计较。有与他家田地相邻耕种的，侵占了他家的田地，他并不与之争论，反而将田地割让给人家。有人借了他的钱，久拖不还，他也不主动去催讨。他的宽宏大度，得到当地许多人的尊敬和推重。在距云川村二十里外有座万富山，山中蕴藏有许多可燃烧的黑色石头，当地人们缺乏知识，都感到很惊讶，不知如何是好，便来央求许涧洲把此山买下来。许涧洲就出钱买了下来。原来这就是石煤矿，许涧洲加以开发利用，也因此而致富。

致富后的许涧洲更体现出宽宏大度来，乐善好施，凡是乡邻有需要行善仗义的事，他都尽力资助并全力董办。宗族中有因为贫困而不能婚嫁的，他都拿出钱来予以帮助；穿衣吃饭有不足的，他则拿出钱来予以周济；对寡妇孤儿则加倍给以资助。不是本宗族的乡党人众，他也一样对待。

当时，江苏省连年发生大旱，以致道路上可见饿死的人，民不聊生。许涧洲经商经过，眼见得满目蒿莱，心中非常伤痛。他见太湖边的洞庭山下有许多荒芜的滩涂，便向当地官府呈上报告，允许自己造田济众。在得到官府准许后，他就在那里投资开垦造田十顷，并取名为"义田"，让当地百姓耕种，不收一粒田租，因此救活了当地灾民数万人。直至清末民国初年，那"义田"的名号，还在苏州、无锡一带传颂。

许涧洲所居村之东城郭，有田一百余顷，由于经常苦于无水灌溉，一直很难丰收，尤其是到了干旱之年，那就是颗粒无收。眼见这副情状，许涧洲拿出万两银子，到山中采伐巨石，运来此地，开掘垒砌了十公里长的水圳，从远处引来了灌溉之水，从而使这片难以保收的贫瘠之田，成为旱涝保收的良田，给当地农民带来了长久的丰收年成。

而有一个叫湖村的地方，是徽州与浙江的交通要衢，只因为村前有条大河，岸阔水深，给往来行人造成很多不便。在枯水时，人们还可以涉水而行；但到雨多季节，人们只有望河兴叹了。许涧洲见状，又慷慨捐资建造了一座石桥，从而免去河水阻隔之苦。几百年过去了，到民国初年，人们还在享用许涧洲所制造的便利。像这样修桥铺路，寒冬施舍衣物等善义之事，对许涧洲来说，可谓举不胜举。邑令陈公闻知他的许多义行善举，便授他以政治荣誉性的冠带，并多次邀请他担任乡饮大宾。但许涧洲对这些虚名不感兴趣，多次谢绝了邑令的邀请。正因为如此，人们更加推崇他的高义。

许涧洲最看重的还是乡村教育事业，尤其愿意培植贤士，因而出资在村中建造了一座“涧洲书楼”，作为义塾，招收宗族、亲戚、乡邻的佳良子弟入学读书，对贫困者也一并招入。还延请名师前来教学，承担他们的工资和众学子的膏火费。他对教育事业的热忱，也感动了众学子，大家发愤读书，以求将来功成名就。事实上也确是涌现了一些有成就的人才。如日后曾任少保之职的胡屏山、曾任内翰之职的殷鏁，都是涧洲书楼中培育出来的佼佼者。

如胡屏山，本是一个贫穷人家的孩子，童年时曾随父亲到许家去借钱。许涧洲见他头角峥嵘，举止端庄，用些话来试问他，他都应对得体，且很警敏，比一般孩童有超异之处。所以许涧洲不仅慷慨贷款给他父亲，而且还赠送他一些有用的物品。后多次往来，许涧洲更加看重胡屏山，而胡屏山对许涧洲也有依依不舍之态。于是他父亲便将胡屏山带到许涧洲跟前，请许收他做义子，要胡屏山称许为义父。从而，许涧洲对胡屏山更是抚恤备至，既供应他穿衣饮食，还让他随着自己的儿子一起读书，并经常周济胡家。不仅在生活上抚养他，而且在品德学问上给以教育，从而使他日后成才成名。人们都称赞许涧洲心中有一面知人的明镜。

再如后来官任宫廷内翰的殷鏶，在没有发达的时候，家境也很艰辛，但在学塾众学子中学习刻苦，成绩出类拔萃。许涧洲闻知他的才干后，在他学业期满时就延请他作为自家的西席嘉宾，以教育自己的几个孩子。一天，殷鏶偶然间起了一点痴心妄想，以为许家这么富有，家中必定有丰厚的窖藏，于是到夜间，趁大家安睡以后，他竟然在自己的住房内撬开地板，掘地数尺，希望能够挖到窖藏的金银宝贝。然而挖了很久，毫无收获，他便为自己的行为感到很惭愧。于是在草草收拾后，鸡叫头遍时，就悄悄地离开许家而去。天亮后，许涧洲发现殷鏶不辞而别，并见住房内的情状，当即骑着快马，携带一百两银子追了上去。脚步总没有马步快，许涧洲追到了殷鏶，拿出银子赠送给他，并安慰道："据我对你一贯的看法，你这次作为，并不是你的品德不好，而是你因为家贫，顾虑自己无财力继续深造，今后难有发达前途了。以我看来，你若是真有远大志向，何必把今天所做的一桩不妥的事情记挂在心呢？你果真要辞别我许家，也不要紧，这一百两银子可以帮助你继续深造，请你收下吧。我觉得你的前程远大，我还把希望寄托在你身上哩！"殷鏶见许涧洲说得如此诚恳，不仅没有责备自己的不良之举，而且还追踪过来，赠送银两，鼓励自己继续上进，当即非常感动，叩首接过银子深深致谢。此后，殷鏶在这笔赠银的支持下，到徽州府学紫阳书院深造数年，后来成就显著，以致官居内翰（即在宫廷中担任文秘）。

许涧洲对贤士就是如此宽厚善待。然而当胡、殷二人官居高位时，许涧洲依旧淡泊自如，并不因为他们的地位来向他人夸耀，也没有私下写信请他们为自己办事。他常常检点自己的言语和行为，恐怕伤害到别人。古圣人说，富而不骄的很少。然而许涧洲就是这很少的富而不骄的一个。

许涧洲活到高龄八十二岁才辞世而去。逝世后因儿子之贵，得赠奉政大夫候选通政司知事的衔号。他的发妻何氏，继妻冯氏、胡氏，也都是淑贤谨慎和睦，具有母仪风范的女子。故世后，他们一同安葬在霞水村东大坑。许涧洲生有四子，长子许时溥，为礼部儒士；次子许时泽，早夭；三子许时清，诰授奉政大夫；四子许时润，由太学生累官至广西都司断事。直至民国二年（1913），他的后裔许威还担任建平县商团团长。可谓仁风代传。

（张恺编写）

“还珠里”的故事

在徽州府婺源县丹阳乡有个村子名叫“还珠里”。为何叫这个名称呢？说起来还有一番故事。

相传很早以前，有个贩卖珍珠的商人，雇了挑夫，担着珍珠到了这里。当时，眼看天色已晚，只能在这个山村里找个旅店住下。或许是挑夫觉得商人给的报酬太少，便心生不满，商议着要到县衙控告珠宝商人漏税之罪，让商人受到处罚，以解心头之恨。他们正在商议着如何去报官，却不知他们商议的话语已被珠宝商人暗中听到了，遂采取了对付的办法。

当珠宝商人和挑夫把珠宝挑进旅店住下后，那两个挑夫就借口离开了。珠宝商人立即把旅店店主拉进了内室，要同店主借一步说话。

他们进了旅店内室，珠宝商人即“扑通”一声跪下叩起头来，道：“老板，请救救小商！”

这旅店店主是个慈眉善目的老人，见住店客商向自己叩求，连忙扶道：“客官，何必如此？有何事情，请讲，老汉我定当相助。”

珠宝商人起身道：“老板，你看见没有，那两个挑夫帮我把货物挑进店后，立即借口走了。”

旅店店主说：“不错，他们说是另有事情，就走了。这有什么不妥吗？”

珠宝商人道：“你哪里知道，他们是要算计我。他们一路上的秘密商谈，已被我听到了，他们是要到县衙去告我偷税漏税，好让我受到官府的处罚。所以请老板务必救救我，把这些货物藏到一个秘密之处。届时，官府搜不到货物，就没有办法处罚我了。”

旅店店主听了珠宝商人这番话，很是同情，就答应了他的请求，把货物藏到了从来无人知晓的地窖里。

果然，那两个挑夫离开旅店，就直接跑到县衙，控告了珠宝商人偷漏税的罪过。县官听了控告，即刻派衙役到了那个乡村旅店中，见到珠宝商人，不容分说，就把他逮了起来，然后仔细地搜查了他的商囊，竟没有搜到一粒珍珠。

衙役不敢怠慢,就把珠宝商人带到县衙,向县官禀告,商人带到,但没有搜到一粒珠宝。

县官讯问了一番,珠宝商人不承认自己有偷漏税行为,而衙役们又没有找到证据,只有把他放了,遂判了两个挑夫妄言诬告之罪,给他们每人各打40大板、下牢关押一周的处罚。

珠宝商人被释放出了县衙,就向那山村旅店而去。但一路上,他又不免担心起来:啊呀,仓促之间,我将货物交给了那旅店老板秘密收藏,却没有留下任何可以佐证的物件,这可是空口无凭啊!况且我已经诉讼到县衙了,他若不肯归还我,我又有什么办法呢?可以说是没有丝毫办法。唉,也罢,没有受到处罚,已是万幸了,那货物我也不去索取了。考虑至此,他便径直向他处而去。

谁知,当珠宝商人走到一个叫五岭的地方,远远就看见,在一棵偌大的松树下坐了一个人,这个人不是别人,正是那个山村旅店店主。

珠宝商人见了,心中不由一惊:“啊?是你!”

那旅店店主从松树下站了起来,微笑道:“客官,我已携带你所寄存的货物,到此等候你多时了。现在原物归还给你,请你检验一下当时的封识和货物吧。我也算尽自己之责了。”

珠宝商人闻说,既有喜出望外之感,又有些歉疚之心,当即表示道:“啊,老店主,十分感谢你对我的救助,又大老远地将货物送还给我。这实在是永久不忘之恩哪!”说着,他从货囊里拿出了一些珠宝,向旅店店主递了过去,道:“这点东西,请老店主收下,权作感谢之意。”

旅店店主连忙推辞道:“客官,你不必酬谢。我若是贪财的话,我就全部秘而不宣的占了,你也无可奈何。是吧?还是请客官一路走好。”说完,告辞而去。

珠宝商望着他离去的背影,情不自禁地潸然泪下。

后来,当地人听说了这件事情,也纷纷称赞旅店店主的善义品德,并称这个山村叫“还珠里”。

(张恺编写)

仁义的国学生汪源茂

清代徽州府婺源县大坂村人汪源茂，字学川，是一位国学生。他本来读书业儒，以期走科举仕途。只因为自己是家中的顶梁柱，管理家政事务，无法全副身心地去攻读学业，遂只得在家乡故里开一间商店，使家庭生活能够正常持续下去。

汪源茂本是一位儒生，遂以儒家的思想经营商业，平素讲究诚信仁义，自然使商店经营得很是生气勃勃。于是就有一些人向他的商店投资以获利。有一年，一个朋友拿了数百两银子存放汪源茂的商店以生利息，却不愿以自己之名存入，而是托以汪源茂的名义，这里自然有某种缘故。后来，这位朋友身患急病突然去世,他留存在汪源茂店里银两所产生的红利,迟迟无人领取。掌管财务的伙计不知道是朋友托以汪源茂之名存入的,就把这笔银息交给了汪源茂。汪源茂是知道其中缘故的,自然不接受这笔银息。他就把朋友的儿子招来,将他父亲寄存的银子和利息全部交还给他。那朋友的儿子也从来没有听父亲说过这件事,所以十分感谢汪源茂。

汪源茂有个堂弟,在商业经营中拖欠了人家一笔重债,如若完全归还,那么就要倾家荡产,陷入十分严重的经济困境。汪源茂得知这一情况后,立即向堂弟伸出援助之手,慷慨解囊,拿出分量不少的钱来,替堂弟归还了重债,把堂弟一家从艰难的经济困境中挽救出来。

汪源茂的诚信仁义,使他在家乡一带享有崇高的声望。在居住乡里的四十多年中,乡党亲邻中,凡是遇到因是非曲直而产生争讼的事情,都请他前来判断解决。而他也都在充分地调查研究、了解事实之后,从法度、道德、事理等种种角度,公正而分明地予以调解处理,使当事者双方心服口服,从而消除了不少隐患,给社会带来了安宁与和谐。所以人们都十分尊敬他,给予崇高的礼遇。

(张恺编写)

吴蘬捐建无锡钢桥

吴蘬,字子敬,清代黟县横冈人。像其他徽州人一样,由于家乡田少人多,为了活命,纷纷背井离乡,踏上商途。鸦片战争后,上海通商,大批外国商人和资本来到上海,带来了很多商机。外地人前赴后继涌往上海,吴蘬也来到这里。他经过艰苦奋斗,逐渐闯出一片天地。后来他经营丝业,又兼充英怡和公司买办。由于他慷慨好义,诚信待人,中外商人都倚重他。因此他生意发展很顺利,积累了很多资金,成为上海滩著名的商人。

吴蘬也像很多徽商一样,好善乐施,热心从事各种公益事业。光绪末年,他想在无锡县建造一座钢桥,与工程师商讨时,造价估为六万两银子。后来由于欧洲爆发战争,工料价格上涨一倍多,地方绅士劝他把钢桥改成洋式木桥,这样还可赢余四万两银子。而他却说:“议定而悔,如信用何?县造桥,善举也,于善举中而自利焉,诉诸良心亦不之许,不敢闻命。”意思是说,当初商议已经定了,现在又要反悔,那我的信用哪里去了?县里造桥,本是善举,于善举中却要谋取私利,我良心上也不允许,所以不敢遵命。谢绝了对方的好意。最后还是按照原来协议造了一座钢桥,后人称之为“吴桥”。有了这座钢桥,不仅方便了广大民众,而且也不怕洪水冲噬,确保桥梁平安无事。无锡人感恩戴德,将吴翥像移到县里的尊贤祠,享受民众百姓的祭祀。

吴翥的黟县老家石山,山下有座挹秀桥,是人们来往的交通要道,由于年久失修,早已倾圮,给人们出行带来极大的不便。吴翥虽然身在上海,但仍牵挂着家乡的父老们,当他得知这一情况后,毅然捐出一万二千两银子建造石桥,并在桥之东端建亭,以供行人休息。民国年间,各乡村多办起新式中学,校舍也多建在祠堂里,显然容纳不了多少学生,使得不少希望上学的少年因没有校舍而“望校兴叹”。吴翥又亲自到乡下丈量土地,选择面积广者买下建造学校,为此捐出两万多两银子,不仅中学校舍大大扩充,而且还兴办了敬业小学校。为了接济贫穷乡亲,他还买下大量土地,雇人种桑,每年蚕茧之费可获数百两银子,他就用这些银两作为济贫的费用,使得这些穷人每年都有一笔固定资助,以保基本生活之需。

令人极其遗憾的是,吴翥由于生病,过早地去世了,年仅四十二岁。但他的一系列善举一直被人们广泛传颂着。他的事迹也被县志所记载。好人永远活在人们心中。

(参见民国《黟县四志》卷7《人物·尚义》)

感人的阮翁桥

清代皖南宁国府有一座阮翁桥,又称新安桥。说起这座桥的来历,确实感人。

宁国府的地形可以说阻山带水,四面皆高。东有东溪,北有水阳江,西有青弋江,南有夏家渡。夏家渡在府治宣城南十里的地方,这是一个重要的渡口,可通往浙江及其他县,是个交通要道。宁国府南面从山之水都汇集到夏家渡,因而这里一旦湍急水涨,则浩漾无际,而一旦水涸则舟楫不通。为了便于通行,人们则在渡上架木覆土为桥,可一遇水涨,冲激震撼,顷刻而尽,故屡修屡坏,民甚苦之。

早在明代弘治年间,地方官员就想建一座石桥以一劳永逸,然而一经预算,需要很多钱,地方政府根本解决不了这笔开支。知府正在为难发愁之际,在这里经商的徽州人阮辉、阮杰堂兄弟找上门来,表示愿意建这座石桥。知府真是喜出望外。阮辉、阮杰说干就干,马上鸠工庀材,短短时间就从外地运来木材和石料,雇来的工徒也都集中来了,可谓蜂屯蚁聚,从头年五月到来年四月,花了近一年时间建成。桥长一十六丈,阔一丈九尺,高二丈,下空五个桥洞,阮氏兄弟共花了二千五百多两银子。

说到桥的命名还有段趣事。建桥过程中,工人在挖桥基时掘得一方古刻,上面的字已漫灭不可认,但隐然有"新安"二字。新安是徽州的古称,今阮氏二兄弟就是新安歙县人,建桥其事就像隐隐前定一样,人们遂更其渡之旧名,而名其桥曰"新安",然当地人因桥乃阮氏兄弟所建,乃直呼为"阮翁桥"。

到了清代顺治年间,阮翁桥已经经历了一百几十年了,经过山洪的不断冲刷,此桥也快倾圮,恰逢阮杰之孙阮士鹏在这里经商,他看到这一情形,毅然继承祖父的精神,捐钱又将此桥进行整修。《诗经》载谓:"昭兹来许,绳其祖武。"意思是说祖先光明照耀着贤能的后代,遵循着祖先的足迹前进。阮士鹏正是这样啊。这就是家风的力量。

又过了几十年,由于这里水势湍悍,冲击力强,在一次山洪暴发中,阮翁桥又冲垮了。人们议论,修是很难的了,只有重建。可这又是一笔大开支,地方财政根本拿不出,那怎么办呢?就在这时,有人挺身而出了。这个人也是阮氏后人,而且是个女子。她就是阮赞之妾林氏。阮赞曾经做过章丘县令,后因病去世。林氏守志抚孤,把孤儿维瑾养大,后来经商,谁知维瑾年纪不大就病逝了,留给妈妈林氏有两千多两银子。林氏可是个热心肠的人,她想自已年纪还不老,完全可以自食其力,这两千多两银子就用来建桥吧。于是她和阮赞的几个儿子维玠、维璋、维琛,暨嫡孙廷荣商量,大家都欣然支持,并且承揽此事。在大家的共同努力下,始自雍正九年(1731)冬开工,于乾隆三年(1738)春竣工,前后花了近八年时间,期间经费不足,林氏就变卖自己的首饰来补充。阮赞的几个儿子和孙子也是既出力也出钱,终于又建了一座新桥。

一个家族从明代到清代几百年时间,不断地建桥、修桥、再建桥,前后相继,一脉相承。尤其是林氏更难能可贵,一位女子,丈夫离世,儿子也病逝,剩下的钱谁不用来养老?可她不但全捐了,而且搭上自己的首饰簪珥,这种精神真是感人。可见家风对后人的影响有多大啊!

(参见光绪《宣城县志》卷29)

簸箕桥的故事

这是发生在清代康熙年间的真实故事。

歙县杨充这个地方有一个老头,人们都称他郑叟,他的名字叫郑成仙,一生靠编织簸箕为业,是个篾匠。郑叟用竹子编的簸箕细密坚固,既好看又耐用,远近村落数十里的乡亲都要买他的簸箕。年轻时他常要到镇上买一些物品,必须要过坤沙前涧的小桥,这个小木桥由于年久失修,有的木头已经腐烂了,走上去东倒西歪,摇摇晃晃。尤其是有一次刮风下雨,郑叟走在上面差点就掉到涧里去了。他回来后仰天发誓:“吾有生之日,当积箕为石,以缮此桥。”意思是有生之年,一定要用卖簸箕的钱建一座石桥。听到此话的人都窃窃私笑,传为笑谈。

可郑叟说到做到,每当他卖簸箕获得一些钱时,除了留下必要的生活费,其余的全都存在一个小罐里,装满后再埋到院子里,他的老婆和儿子都不知道。谁知,他埋罐时还是不知被谁看见了,过了几天竟被人偷走了。郑叟十分懊恼,但没有消磨他的志向,继续存,存满了再埋起来。可是不久又被人偷走了。就这样他埋了三次,被偷三次。怎么办?难道桥就不建了?不行!每当想起人们走在桥上的危险情景,他又坚定了自己的意志,对自己说:我可是对天发过誓的,决不能半途而废。他开始缩减家中的生活费,即使家里人吃不饱肚子,他也不管。这次他开始谨慎了,将钱罐藏在家中一个十分隐蔽的地方,家里人根本不知道。

康熙六年(1667),郑叟已经七十多岁了。有一天,他把村上的老人都叫到自己家中,说:“我当初发誓要在坤沙前涧上修一座桥,由于三次被偷,耽误了不少时间。如今我已老了,干不动了,但存了一些银子,今天全拿出来,你们去建桥吧。”说完,拿出钱罐,将银子全倒了出来,共有六十多两银子。村里老人被他深深感动了。而郑叟的老婆和儿子看到这一幕却瞪着眼睛惊呆了,没想到家里生活这么艰难,还存有这么多银子。按当时的物价,六十多两银子可以买到近百亩良田啊。

村老一号召,全村人都认为郑叟多少年来省吃俭用,积余的钱全用来建桥,我们一定不能辜负郑叟的期望。当即遂组织起来,请人设计完毕,动工时大家一齐上阵,年小的扶锤,壮者挑石,妇女送水。大家挥汗趋役,穷日不休,不到一个月,一座石桥就建成了。通桥那天,远近很多人都来参观,桥面如砥,十分平稳坚固,无不赞叹不已。郑叟拄着拐杖也站在旁边乐呵呵地笑着,没有丝毫矜持,就像平日编好了一个簸箕一样。

郑叟的精神感动了许多人,有人专门写了《簸箕桥记》,刻石勒碑,永志不忘。还写了《簸箕桥铭》:

高亭之南,坤沙之阳。有磵弥弥,欹木以梁。郑叟过之,屡蹶而僵。猛发弘愿,易木以石。曷以奏功,惟箕是织。累数十年,三聚三析。倒瓶而出,趋工以营。向之笑者,且拜且惊。分劳助役,不日以成。硕哉郑叟,忍寒缩口。肩高于顶,桥成于手。叹羡洋溢,掩耳却走。谁谓身微,而德不扬。后千百余载,其名益香。东邻积金,西邻积仓。风师郑叟,何用不臧。

(参见清 许楚:《青岩集》卷 11)

箬岭道上见精神

徽州由于处在万山丛中,可谓开门见山,到处皆山。只要外出,非得爬山不可,山路崎岖,非常难走。有的山路特别难爬,真可用“蜀道之难,难于上青天”喻之。徽州的箬岭,其难行程度恐怕堪称之最了。

箬岭界宣州和歙县之间,为徽州府的歙县、休宁县和宁国府的太平县、旌德县四县外出的交通要道,其高直线距离有二十里,如果弯弯曲曲算来有四十里,南北上下山大约有百里。这条路啊,可真难走！别说晚上了,就是白天行走其间,只见蓁莽塞天地,藤蔓翳日月,简直见不到阳光。至于涧水、荦石之碍路者,遍地皆是。这还不是险要的,除此之外还会经常遇到毒蛇猛兽,狼虎时隐时现,人遇上大多丧命。更危险的是深山中还隐藏着盗贼奸宄,他们杀人劫财,乃家常便饭。一年当中总有些人在山上消失,所以山上白骨累累,望之真惊心动魄。两府的人都将此山视为畏途,但舍此又无他路可走,要出去还得非走不可啊！

像程光国就不得不走这条路。他是个诸生,也就是我们通常所说的秀才,既是秀才,当然想进一步考举人,考进士,考进士要到首都北京去,而考举人就要到当时的省城安庆去,必须要走这条山路。那时他家庭十分贫困,每次去考试,就是一个包袱一把伞。虽然东西不多,又是青年,但从上岭以至平地,也得要休息几百次才能走出大山。沿途他看到其他行人艰难的样子,实在很同情,但也爱莫能助啊。当时,他就立下志向,一定要整修箬岭的上下道,那时显然力不能及也。

程光国为了考试就在这条路上走了五趟,但举人还是与他无缘,于是他就弃而经商了。由于他有文化,又坚持儒家的商业道德,为人诚信,义中取利,所以生意比较顺畅,发展较快,经过一段时间就积累了相当财富。

他在富裕以后,并没有忘记当初的志向,决定拿出自己的钱财一定要整修箬岭的上下山路。他不假手于人,而是亲自指挥,雇人剃莽、凿石、铲峰、填堑,危险的地方平整好,狭窄的地方拓宽它。由于歙县山上的石头不够坚固耐用,本山上的石头虽然坚固,但不够用,于是他就雇人自新安江运载大批浙江青白坚久的石板来铺路。石板长四五尺至七八尺不等,皆随道之广狭筑之。这一切全是他亲自现场指挥施工。花了几年的时间终于将上下山道彻底整修了一番,几十年前立下的心愿最终实现了。道路两旁的杂树榛莽都砍光了,这样野兽毒蛇无处藏身,奸宄强盗也无可托足,安全性大大增加。于是行者,始不避昼夜,不虑霜霰霖雨,往返百里,均若行大路一样,再也不像过去那样累得精疲力竭甚至丧魂失魄了,更不会有去无回了。

程光国的心真细,他又考虑到山上的行人如果累了渴了怎么办？本来半

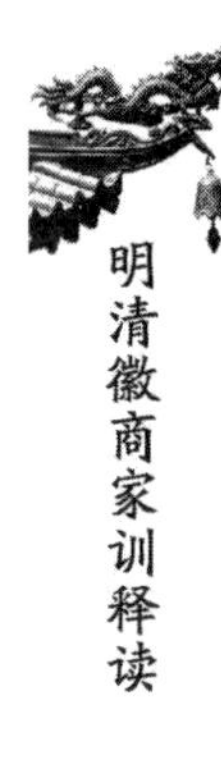

山上有一旧庙,但太小又破。于是他又捐资兴工庀材筑楼数十楹,原来的和尚就搬了进来,可以烧水做饭,从此以后行者有所憩,渴者有所饮,暮夜者有所栖宿。走在这条山路上的行人无不感恩戴德,称颂不已。

程光国的修路精神感动了很多人,也教育了自己的后代。他的儿子程振甲虽然走上读书科举之路,在京城做官,但也能继承父亲遗志,随时修整此道,不使圮坏,这就是家风的影响啊。

(参见清 洪亮吉:《更生斋集·文甲集》卷4)

数十年行善不绝的闵善人

清代康熙年间,在扬州只要提到闵象南,人们无不啧啧称其为闵善人。他数十年行善不绝,坚持不懈,感动了无数人。

闵象南的名字叫闵世璋,象南是他的字。他是歙县岩镇人,从小就失去父亲,读书读到九岁就被迫辍学。家中无钱,不能具束脯,从师学,他就自学,不认识的字,不懂的意思,就请教大人,这样就逐渐懂得不少知识,甚至能读《史记》了。他被《史记·蔡泽传》深深吸引,战国时期的蔡泽是一辩士,游说诸侯,皆不见用,后拜见秦昭王,一番议论,秦王大悦,立马拜为秦相。象南认为:"大丈夫当如此矣!"后来他到了扬州,为同乡人掌计簿,像是会计之类的工作。由于他眼快手勤,为人忠信,深得东家倚重。久之,他也积累了千两银子,于是自己独立从事盐业,终于致富。

象南致富后就不再到远处经营了,每年所得利润,除了自家生活费用外,其余全都用来从事公益活动,说起他做的善事,真是说也说不清。

如扬州育婴社的建立,就是他的一大功劳。有一年蔡商玉见有遗婴在地,嗷嗷待哺,已是奄奄一息,十分可怜。他马上告诉象南,象南立刻找人雇到奶妈喂养,每月给五钱银子,救了孩子一命。象南知道,扬州乃南北交通要道,女子号称佳丽,四方游宦贵富者多在这里买妾并安家,所以新生儿较多,他们有钱,往往用高价聘请乳妇,贫穷人家的妇人往往为了生活去应聘,乃将自己子女投入水中或弃之道旁。故扬之弃婴比起其他地方更甚,耳目所不见闻者不可胜数也。为了挽救这些弃婴,象南决定建立社馆,并出告示希望把弃儿放置社旁,令蔡商玉主持这事。很快婴儿多到二百余人,象南出钱雇乳妇、请医生等,又因一人力量有限,动员了一些志同道合之人参加。有一年,海上有寇来犯,育婴社里的同仁很多都跑走避难了,资金奇缺,乳妇也准备弃婴离去。象南知道后立马赶去说:“不能走,有我在呢。”他独立出资,维持了几个月。后来社人回来,一切才恢复正常。为了使育婴社能长久办下去,象南与同仁建立了一套制度,弃婴来了有人接管,婴儿病了有医生,饿了有乳妇。社中同仁每人每年值班一月,当月如有经费不足者,由值班人补贴。而象南自告奋勇每年值班两个月。正是在象南和众同仁的努力下,育婴社维持了二十三年,存活的婴儿达到三四千人。

大江数千里,折而至京口,岸最寥阔,又势将趋海,金山中峙,波涛激驶,往往覆舟,每年都有很多人葬身大江。为此,象南每年租了几艘渡江船停在金山旁,高价雇募善驶船者,一旦遇到江中翻船,则飞桨救之,他还担心舟子贪图他利,不能及时救援,乃与吴孟明、程休如、汪子任、吴道行等订立条约:凡渔船皆得救人,得生者酬以银一两,得一死者酬十分之六,再给埋葬费,由京口瓜洲各庙僧侣主持其事。虽然这一措施每年象南要花不少钱,但却挽救了许多性命。

有一年夏天,扬州四乡瘟疫大作,象南延医施药于三义阁下,扶病就药者每天有五六百人,医药延续了一百天。过了两年又发生瘟疫,象南再施药浮山观一百天。两年后疫又作,象南继续施药高家店,凡两月。三次所济,几乎达到九万人,象南所费约千金。

扬州下邑有一年发生水灾,饥民日集扬城,象南出六百金,首倡募米,以赈于南门外净慧园,设厂煮粥,日食二万余口,凡数年。既而大水不退,来扬就食者更多,象南乃倡同仁请于巡盐御史,计盐引捐助米薪,四境设粥厂,并施棉衣。从当年九月至第二年三月,每日就食者四万余口,所全活不可胜计。

水灾后,死者枕藉,象南捐了很多棺木仍然不足,就继以草席,雇人埋葬之,所费三百九十余金,还不包括棺木费用。清初清兵打下扬州,屠城十日,死人遍城野,尸场积骸,堆如山丘,象南并雇僧收简,择地葬之,十余年不绝,凡所花费,不可数计。

有一次象南渡江准备去谒九华山，见下河饥民蜂屯江口，无吃无喝，朝不保夕，乃停船不行，买米三日，赈之而去。

扬州运河距南门五里处，不知什么原因，盐艘粮船及其他巨船过者，每遭破坏，害数百年，多少财货沉没河底，甚至不少丧命鱼腹。象南问之故老，都说河下有神桩，为灵怪所操纵。某年正月，河水涸竭，一看才知原来河底有巨楠桩无数，涨水时人们看不见，船一触碰楠桩，立马将船撞裂或撞翻。象南问曰老人，老人说："以往僧人尝募人于水中斫之，计日受直，但也不能拔出一桩。今水涸而桩现，时不可失也！"象南乃同程休如冒雪往视之，嘱方子正、汪彦云主持其事，象南乃出金匣中，号于众曰："有能起一大桩者，予银一两，出小桩者给银递减。"人争趋利，凡三日拔起一百六十余桩，自是舟患永绝。仅仅过了三日而水大至，但船行河中却安然无恙。

至于救人之急，帮人解困，完人家庭，脱人之难等，真是不计其数。而且象南做这些善事，多自隐讳，或假名他人，或辞多居少，从不扬名。但是士君子普通行旅之人，一讲到闵象南，无不称其"闵善人"。

象南老好读书，年七十余，每夜读书，手不释卷。他曾自己抄录古人格言贴于墙壁，以自勉并教育子孙。他曾对人说："吾生平不赌博，不美食袨服，不游娼妓，无他嗜好也。"他的居室陈旧狭小，又无园亭之娱所。每天坐卧小室，人们每每劝他拆掉建一新房，象南却说："想想我当初连遮风避雨的地方也没有啊，如今已经很不错了。再说这个房子我住久了也习惯了，就像老朋友一样不忍离弃啊。"直到临终也没有建新居。

也有人劝象南宜节啬布施，留财以给子孙者，象南说："扑满有入无出，吾惧其扑，故不敢满，且吾子孙固未尝贫也，使至于扑，欲求为中人产得乎？"他拿扑满做比喻，扑满就是陶制成的储蓄罐，只有一个小进口，人们平时有余钱放进去，但取不出来，直到装满了，人才把陶罐摔碎，取出钱来。象南从中得到启示，一个人的钱财不能满，一满就要"扑"（摔碎）。所以他说我有钱就要做善事，就是怕扑。况且我的子孙并不贫穷，如果给他们的财产多了，以至于扑，那时他们想过一个中等人家的生活也不可能了。

闵象南的财富观对我们今天仍然是有很大启迪的。

（参见清 魏禧：《魏叔子文集外篇·文集》卷 10《序》）

附　录

休宁陈研楼传家格言①

袁孟琴　节录　　男伦中　谨校

笃伦常第一

父还有父，追远必极真诚；儿更生儿，诒谋务期至善。家庭之内，兄弟之间，和气可以致祥。而致和之法，惟在容忍。见如不见，闻如不闻，则小忿小利，自不足以动之矣。

教子弟只是令他读书，他有圣贤几句话在胸中，有是(时)借圣贤言语，照他行事开导之，他便易有省悟处。

兄弟比做手足，虽是四肢，实为一体。圣人说，父母之所爱亦爱之，故真能孝顺的人，断无薄待兄弟的。

骨肉之失欢，有本于至微，而终至不可解者。盖由失欢之后，各自负气，不肯先下气耳。朝夕群居，不能无相失，相失之后，有一人能先下气，与之话言，则彼此酬复，遂如平时矣。

和睦勤俭者，家必隆；乖戾骄奢者，家必败。人之至亲，莫过于父子兄弟，而父子兄弟有不和者，父子或因于责善，兄弟或因于争财。有不因于责善争

① 陈研楼是休宁人，此人详细情况待考，想必不是商人，也有商人家庭背景。故作附录。

财而不和者，世人见其不和，或就其中分别是非，而莫明其由。盖人之性，或宽缓，或偏急，或刚强，或柔懦，或喜闲静，或喜纷扰，或所见者大，或所见者小，所禀自是不同，父必欲子之心合于己，子之性未必然。兄必欲弟之心合于己，弟之性未必然。其性不可得而合，则其言行亦不可得而合，此父子兄弟不和之根源也。况临事之际，一以为是，一以为非，一以为当先，一以为当后，一以为宜急，一以为宜缓，其不齐如此，若互欲同于己，必至争论，争论不胜，至于再三，至于十数，则不和之情，自兹而启，或至于终身失欢。若悉悟此理，为父兄者，通情于子弟，而不责子弟之同于己；为子弟者，仰承于父兄，而不望父兄惟己之听。则处事之际，必相和协，无乖争之患。

唐彪曰，枝条从小治，则曲可使直，直可使曲。凡物改于初时则易，改于已成则难。故曰："教子婴孩，教妇初来。"①若姑息因循，是害之非爱之也。

孝悌忠信，礼义廉耻，此八字是八个柱子，有八柱才能成屋，有八字才能成人。

吾之一身，常有少不同壮，壮不同老之时。吾之身后，焉必子能肖父？孙能肖祖，如此期望，尽属忘想。所可尽者，惟留好样于儿孙而已。一心可以交万友，二心不可以交一人。

朋友即甚相得，未有事事如意者。一言一事之不合，且自含忍宽缓，则雾释冰消，过而不留。不得遂轻出恶言，亦不必逢人愬说，恐怒过心回，无颜再见。且恐他友闻之，各自寒心，彼无望德，此无市恩。穷交所以能长，望不胜奢，欲不胜厌，利交所以必忤。

泛交则多费，多费则多营，多营则多求，多求则多辱。惟省事足以养廉，慎交可以成德。

毋以小嫌疏至戚，毋以新怨忘旧亲。

隐恶扬善，待人且然，自己子弟，稍稍失欢，便逢人告诉，又加增饰，使子弟遂成不肖之名，于心忍乎。

子幼必待以严，子壮毋薄其爱，故不以骄败，亦不以怨离。

安详恭敬，是教子弟第一法；公正严明，是做家长第一法。

---

① 教子婴孩，教妇初来：指教子要从婴孩教起。教育媳妇，要从她刚嫁过来时教起。

谗言谨莫听，听之祸殃结。君听臣当诛，父听子当决，夫妻听之离，兄弟听之别，朋友听之疏，骨肉听之绝。堂堂八尺躯，莫听三寸舌。舌上有龙泉，杀人不见血。

人能诚心和气，愉色婉容，使父母兄弟间，形体两释，意气交流，胜于调息观心万倍矣。

家人有过，不宜暴扬，不宜轻弃，此事难言，借他事隐讽之。今日不悟，俟来日正警之。如春风之解冻，和气之消冰，才是家庭的型范。但念身从何来，父母从何往，新枝既起，旧本为枯，则子心自然疼痛，安能不及时尽孝？古人云，俭以自奉，不以事所尊。故人之事亲，必不可吝惜钱财。

子孙与我，焉能一心？顾恋不必太深，责备不宜太重。兄弟与我，原同一体，事亲胡为相让，分财何至相争。

雨泽过润，万物之灾也；恩宠过礼，臣妾之灾也；情爱过义，子孙之灾也。

人心喜则志意畅达，饮食多进而不伤，血气冲和而不郁，自然无病而体充，安得不寿？故孝子之于亲也，终日乾乾，惟恐有一毫不快事到父母心头。自家既不惹起，外触又极防闲。无论贫富贵贱，常变顺逆，只以悦亲为主。盖悦之一字，乃事亲第一传心口诀也。既不幸而亲有过，亦须在悦字上用工夫，几谏积诚，耐烦留意，委曲方略，自有回天妙用。若直诤以甚其过，暴弃以增其怒，不悦莫大焉。故曰：不顺乎亲，不可以为子。

子弟之贤不肖，只以二端察之：若昆虫草木之类，无故而好戕杀，他日必是贼仁之人；衣服饮食、书籍楮墨之类，一概苟且，不分别爱惜，他日必是贼义之人。

父无不慈，而子有不孝。巽隐诗云：岂无远道思亲泪，不及高堂念子心。三复斯言，为人子者，可返求而所自责矣。

勉学问第二

人生在世，岁月如梭。年方幼壮，切莫蹉跎。世务日拙，家事日多，失今不学，老大奈何，学之不进，都由于因循二字。吾人为学，只要立志，立志若专，反难为易。

贵莫贵于为圣贤，贱莫贱于不知耻，贫莫贫于未闻道，富莫富于蓄道德。

流芳百世曰寿，得志一时曰夭，贫不安分曰穷，士能宏道曰通。

从善如登，从恶如崩。古人深叹善难而恶易也，攀跻分寸不得上，失势一落千丈强，学者不可不畏。

朱子云：要做好人。则上面煞有等级，做不好人，则立地便至，只在把住放住之间耳。

资质美，又贵驯良；读书多，又须明理。

志不立，天下无可成之事，虽百工技艺，未有不本于志者。志不立，如无舵之舟，无衔之马，漂荡奔逸，何所底乎？

陈眉公曰：人生有书可读，有暇得读，有资能读，又涵养如不识字人，是为善读书者。享世清福，莫过于此。

勿谓今日不学而有来日，勿谓今年不学而有来年，日月逝矣，岁不我与，呜呼老矣，是谁之愆？

心慎杂欲，则有余灵；目慎杂观，则有余明。案上不可多书，心中不可少书。读书贵能疑，疑乃可以启信；读书贵有渐，渐乃克底有成。读书有四个字最要紧，曰阙疑好问；做人有四个字最要紧，曰务实耐久。学者当有日新之功，所谓日新之功者，惟有常程，不贪多而务博，不一暴而十寒，积以悠久，自然日新。乃若骤勤而遽怠，方得而旋失，虽欲日新，岂可得哉？

杨慈湖①静坐返观，时时有得；陆象山②鼓震窗棂，豁然有悟。皆非虚言也，人当瞑心静坐，自然别有一段光景。

读书不见圣贤，如铅椠傭；居官不爱子民，如衣冠盗；讲学不尚躬行，如口头禅；立业不思种德，如眼前花。

学者有段兢业的心思，又要有段潇洒的趣味，若一味敛束清苦，是有秋杀无春生，何以发育万物？

古今格言，当镂于骨，书于绅，染于神，熏于识。

---

① 杨慈湖：南宋慈溪（今浙江宁波西北）人，字敬仲，世称慈湖先生，哲学家。

② 陆象山：南宋抚州金溪（今江西金溪县）人，即陆九渊，字子静，号存斋，哲学家。因讲学于象山书院，世称象山先生。

读书能使人寡过，不独明理，此心日与道俱，邪念自不得而乘之。

学问之道无他，只是培养那自家好处，救正那自家不好处便了。吾辈聪明不在人先，年力不在人后，安得岁月蹉跎，成就一个懒惰，断送驹隙哉？去日难追，来日宜当爱惜；昨宵已往，今宵切莫错过。须要乘时鼓壮，埋头芸窗，冬不炉，夏不扇，下几年无渗漏工夫，方成万选青钱。

大丈夫生世，年过三十，上不能进德修业，及时而行，次亦不能特立独行，廉顽立懦，下复不能博学多闻，显身荣亲，终年碌碌，与流俗俯仰，何为哉？

志无求易，事不避难，则德日进，而业日新矣。

做有用人，必读有用书，戒无益事，先绝无益友。

魏环溪先生曰：每闲坐想古人无一在者，何念不灰。余谓还想古人至今尚在处，何念不奋。

谨言动第三

纵与人相争，只可就事论事，断不可揭其父母之短，扬其闺门之恶。

倚高才而玩世，背后须防射影之虫，饰厚貌以欺人，面前恐有照胆之镜。

自谦则人愈服，自夸则人必疑。我恭可以平人之怒，我贪必致起人之争。是皆存乎我者也。遇沈沈不语之士，切莫输心；见悻悻自好之徒，应须防口。内要伶俐，外要痴呆。聪明逞尽，惹祸招灾。谦卑何曾致祸，忍默没个招灾，厚积深藏大器，轻发小逞凡才。遇疾恶太严之人，不可轻易道他人短处。此便是浇油入火，其害与助恶一般。

戒谗言以寡孽，戒邪言以正心，戒忿言以释仇，戒狂言以避祸。

怒多横语，喜多狂语，一时偏急，过后羞惭。人不自重，每每取辱。非但亲友班辈之间，即一切细人，亦不可轻易肆言动手，倘彼一时不逊，必受耻辱。

凡遇谈人家闺阃，即宜缄默退避，切勿同声附和。

开口讥诮人，是轻薄第一件，不惟丧德，亦足丧身。

盛喜中不可许人物，盛怒中不可答人简。

与人言须和气从容，如气愤则不平，色厉则取怨。

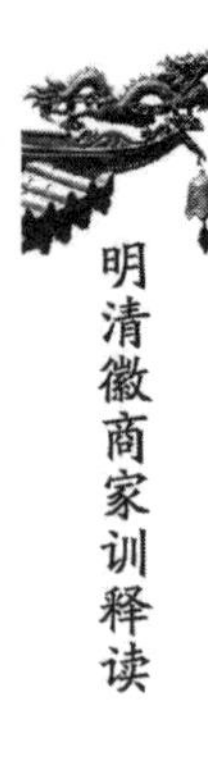

处富贵勿听仆隶之言，值贫贱勿信妻孥之计，恐妻孥之计短，而仆隶之言狙险也。

凡见贫贱之人，不可倨傲，当益谦和，我以礼待之，则彼虽贫贱，亦当屈服于礼。我一倨慢，则小人蓄怨于心，必借端生衅，而我反受其害。语云：勿轻小物，小虫毒身；勿轻小事，小隙沈舟。能善御小人者，然后能为大人。

是非只为多开口，烦恼因皆强出头。

一星遗火，能烧万顷之薪；半句虚言，折尽平身之福。对失意人，休谈得意事；处得意日，尚思失意事。

言语不慎，最为祸胎。昔人每因私语而受大祸，予谓不独显言之当慎也，欲发一言，必先虑前顾后，虽背地之语，亦须当面可信者，方可出口。若事当避讳，总不如不言之为妙也。

以言讥人，此学者之大病，取祸之大端也。稠人广坐之中，切不可极口议论，逞己之长，非惟惹妒，抑且伤人，岂无有过者在其中耶？惟有简言语，和颜色，随问而答，庶几可耳。若一言有失，惭愧无及，不可不慎也。谚云：饱知世事慵开口，看破人情只点头。若使连头也不点，更无烦恼更无愁。

今人病痛，大段只是傲，千罪百恶，皆是傲上来。傲则自高自是，不肯屈下于人。为子而傲，必不能孝；为弟而傲，必不能悌；为臣而傲，必不能忠。象之不仁，丹朱之不肖，皆是一傲字结果了一生①。傲字反为谦，谦字乃对症之药，非但是外貌卑逊，须是中心恭敬，撙节退让，常见自己不是，真能虚己受人是。为子而谦斯能孝，为弟而谦斯能悌，为臣而谦斯能忠。尧舜之圣，只是谦到极处，便是允恭克让，温恭允塞也。凡于匆忙急迫之时，若说话行事，以及发书柬与人，定要细心检点，多有因忙而错误者，后悔何及。

前人劝人谨言之语甚多，予最爱“口开神气散，舌动是非生”，二句极简切。

群居守口，独坐防心。先须言语简默，当启口且缓措词，最要气象和平，有拂意更宜含忍。生人之恶，不可言也；死者之恶，不忍言也。俗语近于市，

---

① 象之不仁，丹朱之不肖，皆是一傲字结果了一生：语出王阳明。象，指虞舜的异母弟姬象，不讲仁善；丹朱，乃唐尧之子，不像前辈，没有出息。他们都是因为一个“傲”字，结果了自己的人生。

纤语近于娼,浑语近于优。

谈人之善,泽于膏沐;暴人之恶,痛于戈矛。凡宴会,宾客杂坐,非质疑问难之时,不可讲说诗史,自矜博雅,恐不知者愧而恨之。

文中子曰:事事反己,世上无可怨之人;时时问心,腹中少难言之隐。颐卦,慎言语,节饮食。然口所入者,其祸小;口所出者,其祸大。故鬼谷子云:口可饮,不可以言。

不可乘喜而多言,不可乘快而易事。

欲人无闻,莫若勿言;欲人无知,莫若无为。

人生惟酒色机关,须百炼此身成铁汉;世上惟是非门户,要三缄其口学金人。

揖让周旋,虽是仪文,正可观人之敬忽。宋儒云:未有箕倨而不放肆者。其在少年,尤当斤斤守礼,不得一味率真。

陆桴亭先生云:昔人有言,天下甚事,不因忙后错了。世仪道,天下甚事,不因怒后错了。怒则忙,忙则错,气一动时,不可不即时检点。

慎交与第四

有人告我曰,某谤汝,此借我以泄其所愤,勿听也。若良友借言以相惕,意在规正,其词气自不同,要视其人何如耳。

诈人变幻百端,不可测度,吾以至诚待之,其术自穷。

人言未必皆真,听言只听三分,还要虚心审察,不可听说便行。

事事顺我意而言者,小人也,急宜远之。待小人宜宽,防小人宜严。凡观人须先观其平昔之于亲戚宗族也,邻里乡党也,即其所重者,所忽者,平心而细察之,由其肺肝如见。

一座之中,有好弹射人者,切不可形之于口舌争论,惟当端坐沈默以消之。

交财一事最难,虽至亲好友,亦须明白,只可将来相让,不可起初含糊。语云:先明后不争。

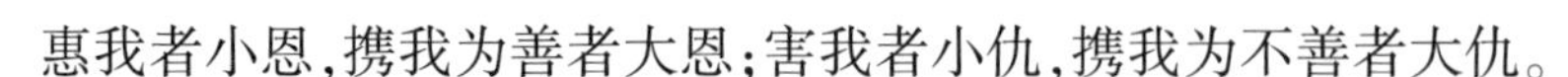

惠我者小恩,携我为善者大恩;害我者小仇,携我为不善者大仇。

正人君子,邪人不喜。你又恶他,他肯饶你?经目之事,犹恐未真;一面之词,岂容深信?结怨于人,谓之种祸。舍善不为,谓之自贼。凶险之人,敬而远之;贤德之人,亲而近之。彼以恶来,我以善应;彼以曲来,我以直应。岂有怨之者哉?

人之恩,可念不可忘;人之仇,可忘不可念。不邀人敬,不受人慢,大抵情不可过,会不可数,抑情以止慢,疏会以增敬,然后相交可久。小人固当远,然亦不可显为仇敌;君子固当亲,然亦不可曲为附和。

喜传语者,不可与语;好议事者,不可图事。志不同者,不必强合。凡勉强之事,必不能久。

谦,美德也,过谦者多诈;默,懿行也,过默者藏奸。

不蹈无人之室,不入有事之门,不处藏物之所,非以避嫌,亦以远祸。

两人相非,不破家亡身不止,只回头认一句错,便是无边受用。两人自是,不反面稽唇不止,只温语称人一句,便是无限欢忻。

无以雠隙而语尽,无以新交而欢尽,无以小人过失而法尽,无以顺风使帆而力尽。

与人讲话,看人面色,意不相投,不须强说。闻恶不可遽怒,恐为谗人泄忿;闻善不可就亲,恐引奸人进身。

好便宜者,不可与共财;好狐疑者,不可与共事。

观人于临财,观人于临难,观人于忽忽,观人于酒后。

凡亲友中有口出仁义之言,惯慷他人之慨者,急宜远之。

人之性情,各有所偏,如急躁迟缓,奢华鄙吝之类,我知而早避之,可以终身无忤。

仇人背后之诽论,皆足供我箴规,盖寻常亲友,当面不尽言,背后亦多包荒。惟与我有嫌者,揭我之过,不遗余力,我乃得知所行之非,返躬自责,则仇者皆恩矣。

鹰立如睡,虎行如病,正是他攫人噬人手段,奸恶之辈,多同此态。初与人交往,未知其立心做事,生平品行如何,其言虽可听,貌若可亲,亦未可遽然相信,就以机密之事,心腹之言吐露,倘或彼非正人,则祸根由此而伏矣。

孙武子云：知彼知己，百战百胜。此不独兵法然也，一切涉世待人，俱当如此。

何以识君子？只消一个厚字；何以识小人？只消一个薄字。

与刚直人居，心有畏惮，故言必择，行必敬，初若不相安，久而有益多矣。与柔善人居，意觉和易，然言必予赞，过莫予警，积尤悔于身，而不自知，损莫大焉。

小人当远之于始，一饮一啄，不可与作缘，泛然若不相识，则无怨无尤，若爱其才能，或借其势力，一与亲密，后来必成大仇。

闻君子议论，如啜苦茗，森严之后，甘芳溢颊；闻小人谄笑，如嚼糖霜，爽美之后，寒沍①凝胸。

施恩望报，势且成仇；为善求知，弊将得谤。与朋友交，只取其长，勿计其短。如遇刚鲠人，须耐他戾气；遇俊逸人，须耐他冈气；遇朴厚人，须耐他滞气；遇佻达人，须耐他浮气。不徒取益无量，亦是全交之道。

无钱能不忧，不过五侯宅，其人必有可取者。萧松山曰：交道滥于今矣，意气伪也，声名浮也，风雅迹也，恭敬文也。朋友人之大伦，本之孝悌，施及友生，劝善规过，以道相勖。毋貌承，毋面从，毋腹诽，毋背訾，毋穷达渝，毋常变易。

凡遇权要人，声势赫然，切不可犯其锋，亦不可与之狎，敬而远之，全身全名之道也。

练事情第五

大有识力人，凡事提得起，看得破，算得到，做得完，撇得开，放得下。才疏学浅者，决不能，然亦要习学。

亏人是祸，亏己是福。怪人休深，望人休过。省你闲烦，免你暗祸。暗箭射人者，人不能防；借刀杀人者，己不费力。自谓巧矣，而造物尤巧焉。我善

① 沍：音互，冻，闭塞。

暗箭,造物还之以明中之箭,而更不能防。我善借刀,而造物还之以自己之刀,而更不费力。然则巧于射人杀人者,实巧于自射自杀耳。

大聪明人,小事必朦胧;大懞懂人,小事必精察。盖精察乃懞懂之根,而朦胧正聪明之窟也。

锄奸杜恶,要放他一条去路,若使之一无所容,譬如塞鼠穴者,一切去路塞尽,则一切好物俱咬破矣。

王阳明曰:金之在冶,经焰烈,受甜锤。当此之时,金亦甚苦,然自他人视之,方喜金之益精练,而恐火力锤煅之不至。其既出冶,则金亦自喜其摧折煅练之有成矣。某平日每有傲视行辈,轻忽世事之心,后虽稍知惩创,亦惟支持抵塞于外而已。及谪贵州三年,百难备尝,然后能有所见,始信孟氏生于忧患之言非欺也。

人用刚,吾以柔胜之;人用术,吾以诚感之;人使气,吾以理屈之,天下无难处之事矣。

处事最当熟思缓处,熟思则得其情,缓处则得其当。处事最不可轻忽,虽至微至易者,皆当郑重以处之。

炎凉之态,富贵甚于贫贱;妒忌之心,骨肉甚于外人。此处若不当以冷肠,御以平气,鲜不日坐烦恼障中矣。孙思邈云:长短家家有,炎凉处处同。须添心上焰,只作耳边风。真达者之言也。

事未至,先一着。事既至,后一着。凡名利之地,退步便安稳,只管向前便危险。当得意时,须寻一条退路,然后不死于安乐;当失意时,须寻一条出路,然后可生于忧患。

凡人应事接物,胸中要有分晓,外面须存浑厚。

处事不可不斩截,存心不可不宽舒;持己不可不严明,与人不可不和气。

做人无成心,便带福气;做事有结果,亦是寿徵。为人谋事,必如为己谋事,而后虑之也审;为己谋事,又必如为人谋事,而后见之也明。自己做事,切不可迂滞,不可反覆,不可琐碎。代人做事,极要耐得迂滞,耐得反覆,耐得琐碎。

自处超然,处人霭然,无事澄然,有事斩然,得意淡然,失意泰然。世俗烦恼处要耐得下,世事纷扰处要闲得下,胸怀牵缠处要割得下,境地浓艳处要淡得下，意气忿怒处要降得下。

以和气迎人，则乖沴①减；以正气接物，则妖氛消；以浩气临事，则疑畏释；以静气养身，则梦寐恬。

不与居积人争富，不与进取人争贵，不与矜饰人争名，不与少年人争英俊，不与盛气人争是非。

一能胜予，君子不可无此小心；吾何畏彼，大丈夫不可无此大志。居处必先精勤，乃能闲暇，凡事务求停妥，然后逍遥。

天下最有受用的是一闲字，然闲字要从勤中得求；天下最讨便宜的是一勤字，然勤字要从闲中做出。

无事时戒一偷②字，有事时戒一乱字。

处人不可任己意，要悉人之情；处事不可任己意，要悉事之理。

只人情世故熟了，什么大事做不到；只天理人性合了，什么好事做不到。

严著此心以拒外诱，须如一团烈火，遇物即烧；宽著此心以待同群，须如一片阳春，无人不煖。

遇事只一味镇定从容，虽棼若乱丝，终当就绪；待人无半毫矫伪欺诈，纵狡如山鬼，亦是献诚。

任难任之事，要有力而无气；处难处之人，要有智而无言。

处事要留余地，责善切戒尽言。

人未知己，不可急求其知；人未己合，不可急与之合。

临事须替别人想，论人先将自己想。

遇人轻我，必是我无可重处。置珠玉于粪土，此妄人耳。若本是瓦砾，谁肯珍藏？故君子必自反。

杨修之躯，见杀于曹操，以露己之长也；韦诞之基，见伐于钟繇，以祕己之美也。故哲士多匿采以韬光，至人常逊美而公善。

害人之心不可有，防人之心不可无。此戒疏于虑者，宁受人之欺，毋逆人之诈，此警伤于察者，二语并存，精明深厚矣。

---

① 乖沴(lì)：不和之气，邪气。

② 偷：苟且，敷衍。

君子不辱人以不堪，不愧人以不知，不傲人以不如，不疑人以不肖，果决人如忙，心中常有余闲，因循人如闲，心中常有余累。

君子应事接物，常赢得心中有从容闲暇时便好。若应酬时劳扰，不应酬时牵挂，极是吃累的。

吕新吾曰：仕途上，只应酬无益人事工夫占了八分，更有甚精力时候。修正经职业，我尝自喜行三种方便，甚于彼我有益，不面谒人，省其疲于应接。不轻寄书，省其困于裁答。不乞求人看顾，省其难于区处。士君子终日应酬，不止一事，全要将一个静定心，酌量缓急轻重为后先。若应情轇轕①，处纷杂事，都是一味热忙，颠倒乱应，只此便不见存心定性之功，当事处物之法。

正气不可无，傲气不可有。正气者明于人己之分，守正而不诡随；傲气者昧于上下之等，好高而不素位。自处者每以傲人为正气，观人者每以正气为傲人，悲夫。

露才是士君子大病，痛尤莫甚于饰才。露者不藏其所有也，饰者虚剽其所无也。

钱鹤滩東友云：天下有二难：登天难，求人更难；有二苦，黄连苦，贫穷更苦。人间有二薄：春冰薄，人情更薄。有二险：江湖险，人心更险。知其难，守其苦，耐其薄，测其险，可以处世矣。

好我者之知我恶，不如恶我者之知我恶也，敬察恶我者之言而改之，为人不可不辨者，柔之与弱也，刚之与暴也，俭之与啬也，厚之与昏也，明之与刻也，自重之与自大也，自谦之与自贱也，似是而非，差之毫厘，失之千里。

好名是学者之病，是不学者之药。愚不肖之人，惟恐其不好名。贤智之人，惟恐其好名，出处取予，惟恐其不好名。学术政教，惟恐其好名。

宏度量第六

林退斋先生临终，训子孙曰：无他言，若等只要吃亏。从古英雄，只为不

---

① 轇轕(jiāo gé)：纵横交错。

能吃亏,害了多少事。

吕文穆,初参政事,入朝堂,有朝士于帘内指之曰:“此子亦参政耶?”文穆佯为不闻而过,同列令诘姓名,文穆止之曰:“若知其人,则终身难忘,固不如无知也。”

人情愤争责备,生于恩怨,或非意相加,度其人贤于己者,我当顺受,待其自悟。其同与己者,大则理遣,小则情恕。至不如己者,则不足以校置之。乃若我有德于人,则不责其报,人有德于我,则受施勿忘。如此则以之处人,而愤怨息;以之自处,而地位宽。昔人云:“宁我容人,毋人容我。宁人负我,毋我负人。”

人之器量,最宜宏大。宏大则能容人之所不能容,忍人之所不能忍。昔之名人硕士,未有气量宏大而不能保身全名者。在朝当如吕蒙正,不问朝士之名;在家当如张公艺,九世同居之忍,则善矣。

人誉己,果有善,但当持其善,不可有自喜之心;无善,则增修焉可也。人毁己,果有恶,即当去其恶,不可有恶闻之意;无恶,则加勉焉可也。

遇横逆之来,当思古人所处,有甚于此者。人遇拂乱之事,愈当动心忍性,增益所不能行。有窒碍处,必思有以通之,则智益明。今人一相抵触,忿谤猬兴,岂忠厚存心者哉?孔子以为人之所信目,然目亦有不可信者,况传闻之言,吠声绘影,挈清白之人,而置之腥秽之坑堑乎?涉世应物,有以横逆加我者,譬犹行草莽中,荆棘在衣,徐行缓解而已,彼荆棘亦何足怒哉?如是则方寸不劳,而怒可释。故古人言受横逆者,如虚舟之撞我,如飘瓦之击我,便能犯而不校。孟子说三自反,固是持身之法,亦是养性之方。盖一味见人不是,则朋友兄弟妻子以及童仆鸡犬,到处可憎。若每事自反,十分怒减却五分,真一帖清凉散也。学得一分痴呆,多一分快活。学得一分退让,多一分便宜。凡涉世待人,一切贤愚好歹,都包容和霭,即明知某某是恶人、小人、奸人、佞人,亦要自己心中明白晓得,却不可在脸面言语上,露一些憎嫌厌恶之意,此吾夫子泛爱众三字,须要时刻体贴。

我施有恩,不求他报。他结有怨,不与他较。这个中间,宽了多少怀抱。忍不过时,着力再忍,受不得时,耐心强受,这个中间,除了多少烦恼。

己情不可纵,当用逆法制之,其道在一忍字;人情不可拂,当用顺法调之,

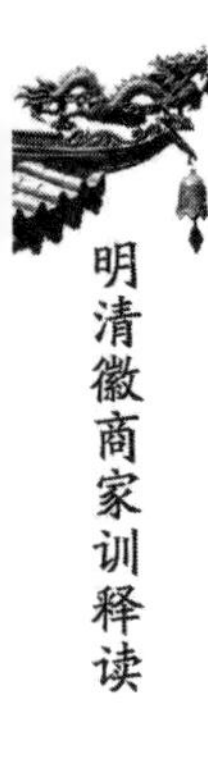

其道在一恕字。

年高而无德，贫极而无所顾惜，此二种人，不可与之较量。

闲居耐俗汉，亦是无可奈何处，寻常亲故往还，安得皆胜侣，以礼进退，勿蹈浮薄。

大丈夫当容人，无为人所容。

耐贫贱不作酸语，耐炎凉不作激语，耐是非不作辨语，耐烦恼不作禅语，此诚世间大度汉，有无穷作用，有无穷受用。

持身不可太皎洁，一切汙辱垢秽，要茹纳①得。处世不可太分明，一切贤愚好丑，要包容得。心气和平，而有强毅不可夺之力；秉公持正，而有圆通不可拘之权。可以语人品矣。

铃铎有触即鸣，由其中偏浅，不能容物也。爆竹有声即散，由其性躁急，不肯留余也。

郭祖慰继光，著家训六则，有曰：天下最便宜处，无若学吃亏。但自居学吃亏之名，而与人以要便宜之号，则我仍是要便宜，不是学吃亏。又曰：与人以惠，要使人可受，不见为惠。若所施一一向人称说，使人难受，非所以处人也，皆见道语。

忍过时堪喜，杜牧之遣兴诗也。忍事敌灾星，司空表圣诗也。寒山问拾得曰：世人谤我、欺我、妒我、笑我、害我、轻我、辱我、骗我，如何处之？拾得答曰：我只是忍他、让他、耐他、由他、避他、敬他、不理他，再过几年看他。

吾人处财，一分定要十厘，便是刻；与人一事一语，定要相报，便是刻；道理上定要论曲直便是刻。刻者不留有余之谓，过此则恶矣。或问亲属如何不论曲直，曰：若必论曲直，便与路人等耳。

容得几个小人，耐得几桩逆事，过后颇觉心胸开溪，眉目清扬。正如人嗽橄榄，当下无不酸涩，然回味时，满口清凉。

吴康斋②先生曰：因暴怒、徐思之以责人，无恕故也。欲责人须思吾能此事否？苟能之，又思曰，吾学圣贤，方能此，安可遽责彼未尝用功与用功未深

---

① 茹纳：适应，容忍。

② 吴康斋：即明代吴与弼，所著《日录》多为读书心得与讲学语录。

者乎？况责人此理，吾未必皆能乎此也。以此度之，平生责人谬妄多矣，信哉。躬自厚而薄责于人则远怨，以责人之心责己则尽道也。四戒夤汇曰：气准于理，乃人生正气，即孟子所云浩然之气，至刚大而塞天地者也。根本于至性至情，而又必集义以生之，不参以因循畏法之私，亦不假以矫强激昂之概，古今来忠孝节义，撑宇宙之纲常，振庸流之委靡者，全赖此一团正气，一往无前，独行其是。如古人之有气节者，气正未可少也。若兹所谓气之当戒者，血气也。人有禀质刚僻，量偏浅而少容，性躁暴而难忍，平居既无涵养之功，临事又无抵制之力，偶有拂意之事，外侮之来，辄不胜忿懑不平，必欲逞吾气以求胜。甚至有一朝之忿忘其身，以及其亲者，此全以血气用事，若不急为警省，则太刚必折，吾未见任性使气之人，而不至覆败者也。亦有平时以理自处，反之一己，若无不是之处。而横逆之徒，忽以非礼相加，直令人按捺不下，不得不拂然生气者，然亦当稍为退步，且就其人其事而熟思之，权其轻重缓急，如果万不得已，亦必静以镇之，从容以处置之，所谓退步自然宽也。不得徒以浮情胜气，一直作到尽头，不留余地以处人，并不留余地以自处也。至于理如难受，而事本细微，情固不平，而人无足较者，亦惟稍示宽容，自必渐归冰释，于己原无所损。若逞一时忿恨，必且尚虚气而酿实祸，天下有小不忍而至决裂难收者，皆血气浮气之为害也。气字须有分别，有一时浮气，有生来禀气，若只言制浮气，不言变化禀气，则无根本之功。若仅平日调养，而临事不加抑制，则发动必不中节。吕东莱云：二十年治一怒字，尚未消融得尽，故人生于气不可无根本功夫也。治浮气惟在惩忿，而惩忿惟在能忍，盖忍者众妙之门。小忍小益，大忍大益，暂忍暂益，久忍久益。化有事为无事，变大事为小事，忍之忍之，凶人小人无奈我何也。

人有未是，以理谕之。我谕理，彼亦论理，理胜者气必伸焉。人有未是，以气加之，我负气，彼亦负气，两负气，财势弱者，理胜亦屈焉。人情世态，甚可畏也。是以君子处世，宁任理而行，不可负气。

横逆之来，心不能平，然有当思四：一思岂我毫无不是，而彼以横逆加我乎？恐咎未必尽在彼也，即使不是在彼，我亦何必与之相较？再思凶人气质愚昧，礼义是非，全未之晓，所言所行，即如亲父亲兄，尚欲争胜，何况他人？如此凶夭，与之较量，徒自吃亏以招祸也。三思量大者福始大，故宁我容人，毋宁人容我也。四思公道自在人心,彼豪横,我退让,则善必归我,何必以忿怒置胸中也。

古箴曰:人之七情,惟怒难制。制怒之药,忍为妙剂。医之不早,厥躬斯戾。滔天之水,生乎其微。燎原之火,起于其细。两石相撞,必有一碎。两虎相斗,必有一毙。怒以动成,忍以静济。怒主乎张,忍主乎闭。始怒之时,止须忍气,忍之至再,渐无芥蒂,再忍三忍,即张公艺。必能忍人之所不能忍,方能为人之所不能为。凡人具大受之才者,必有大受之量。子房不以为人纳履而耻,韩信不以受人胯下为辱,后日皆成莫大功名。乃知当屈辱之境,横逆之加,乃锻炼豪杰之炉锤,琢磨圣贤之砥锉,能受其琢磨锻炼,斯成大器,不能受者,其器不大故也。

老子云:知其荣,守其辱。谓荣之将至,辱必先之,贵乎能守以待之也。古来豪杰之士,遇大屈辱,坦然受之而若不知者,正欲留此身以为日后用也。人苟小有挫折,辄忿懑抑郁,夭折其身,则虽有无限奇才,亦湮没不彰矣,何济于事乎?故昔人称勾践、范雎之量宏,讥屈原、贾谊之量隘也。

励志行第七

颜子四勿,要收入来闲存工夫,制外以养中也。孟子四端,要扩充些格致工夫,推近以暨远也。

世路风霜,吾人炼心之境也;世情冷暖,吾人忍心之地也;世事颠倒,吾人修行之资也。

清天白日的节义,自暗室屋漏中培来;旋乾转坤的经济,自临深履薄处得力。莫轻视此身,三才在此六尺;莫轻视此生,千古在此一日。不让古人,是谓有志;不让今人,是为无量。敬为千圣授受真源,慎乃百年提撕紧钥[①]。

欲理会七尺,先理会方寸;欲理会六合,先理为一腔。

闲暇出于精勤,恬适出于祇惧,无思出于能虑,大胆出于小心。

---

① 提撕紧钥:保全自身的关键。

气欲忍而心欲慈，体欲劳而心欲逸。

终日端坐，略无劳事，未饥而饭至，未寒而衣添，饮酒食肉，呼奴使婢，居有华堂，出有舟舆，可谓色色如意矣，不于此时为善，岂不大可惜乎？常思及此，善念自生。遣妄念如伐树，非一斧可倒；求名利如啖饭，非一口可饱。不学之谓贫，无成之谓贱，心死之谓夭，失身之谓无后。

朱叔元与彭宠书云：凡举事毋为亲厚者之所痛，毋为见仇者之所快。

刘忠宣公教子读书兼力农曰：习勤忘劳，习逸忘惰，吾困之正以益之也。

王公设险以守其国，君子设险以守其身。纲纪者朝廷之险，礼义者形体之险。宁受人唤迂唤腐，必不可使人说得个薄字上；宁受人唤假唤矫，必不可使人说得个邪字上。

初学最要紧是恭俭二字，恭非貌为恭，以敬存心，则颜色言语步趋之际，节文自谨。在家庭敬父兄，在学舍敬师长，是恭之实事。俭非吝啬琐细，日常遇小物，有不敢暴殄之意，凡居处饮食衣服，有不敢过求之意，是俭之实事。以是二者驯习不舍，则侈肆之念，渐渐不萌，久则渐渐消化，心思自然能向正，上达之基，定于此矣。人之败德丧行，未有不根于侈肆者。

平居寡欲养身，临大节则达生委命；治家量入为出，徇大义则芥视千金。

气节二字，士君子立身之大端，然却根无欲来。人有欲则不刚，而遇事颓然。

凡人立生，断不可做自了汉。人生顶天立地，万物备于我。范文正做秀才时，便以天下为己任，便有宰相气象。今人岂能即做宰相，但设心行事，有利人之意，便是圣贤，便是豪杰，为官可也，为士民亦可也。无如人只要自己好，总不知有他人，一身之外，皆为胡越。志既小，安能成大事哉？

省愆尤第八

常有小不快事，是好消息，若事事称心，即有大不称心事，随后至矣。知此理可免怨尤。

争名利，要审自己分量，不要眼热别人，更生妒忌之心；撑门户要审自己

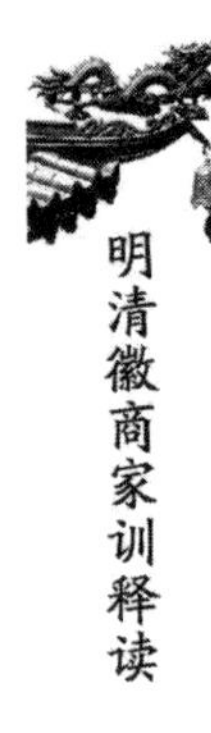

来路，不要步趋别人，妄生扳扯之计。

不到极逆之境，不知平日之安；不遇至刻之人，不知忠厚之善；不逢别离之苦，不知聚处之欢。

祸到休愁，也要会救；福来休喜，也要会受。名胜不如实胜，却忧没世无称。责己严于责人，方能内省不疚。

汤潜庵先生临没，漏下二鼓，犹戒子云：孟子言乍见孺子入井，皆有怵惕恻隐之心。汝等当养此真心，时时发见，则可与天地通，若依成规袭外貌，终为乡愿①无益也。

势到七分即止，如张弓然，过满则折。

害与利遂，福与祸依，只个平常，安稳到底。凡遇不得意事，试取其更甚者譬之，心地自然凉爽。智者不与命斗，不与势斗，不与法斗。以患难心居安乐，以贫贱心居富贵，则无往而不泰矣。以渊谷视康庄，以疾病视强健，则无往而不安矣。

朱子告陈同父云：真正大英雄人，却从战战兢兢、临深履薄处做将出来。若是血气粗豪，却一点使不着。

欲不除，如蛾扑灯，焚身乃止；贪无了，如猩嗜酒，鞭血乃休。

为恶畏人知，恶中冀有转念；为善欲人知，善处即是恶根。

嗜欲正浓时能斩断，怒气正盛时能按纳，此皆学问得力处。

充一个公己公人心，便是吴越一家；任一个自私自利心，便是父子仇仇。

见遗金于旷途，遇艳妇于密室，闻仇人于垂毙，是一块试金石。

未观相貌，先看心田。有相无心，相随心灭，有心无相，相随心生。

王梅溪曰：室明室暗两奚疑，方寸尚存不可欺。莫问天高鬼神恶，要须先畏自家知。

四十二章经云：视老如母，视长如姊，视少如妹，视幼如女，敢不忍乎哉？

祸福在天地间，取之无禁，用之不竭，专待世人自召耳。自召之道，只在说话、存心、行事三件。

有福莫享尽，福尽身贫穷；有势莫使尽，势尽冤相逢。福兮常自惜，势兮

---

① 乡愿：指乡中貌似谨厚，而实与流俗合污的伪善者。

常自恭，人生骄与奢，有始多无终。

居心不净，动辄疑人，人自无心，我徒烦扰。昔唐李文公翱，问于药山禅师曰：如何是恶风吹船，飘落鬼国？师曰：李翱小子，问此何为？文公勃然怒形于色。师笑曰：发此嗔恚，便是黑风吹船，漂入鬼国。

暗里算人，算的是自己儿孙；空中造谤，造的是本身罪孽。

凡不可与父兄师友道者，不可为也；不可与父兄师友为者，不可道也。薛文清自少即厌科举之学，慨然有求道志，为御史，差监察湖广银场，手录《性理大全》，晨昏览读，精思密玩，值雪盈几不辍，有得则秉烛疾书，或通宵不寐。尝曰：某二十年，治一怒字，尚不能消磨，方信克己之难。刘文静曰：某生平最受此字之害，敢不奉斯言为师训。

伊川先生曰：人于外物奉身者，事事要好，只一个身与心，自家却不要好。苟得外物好时，却不知自家身与心，已先不好了。

庐山之麓，有老儒杜了翁者，或劝之从阳明先生讲道，了翁曰：吾闻圣人之道在《论语》，某于其中言忠信行笃敬六字，敏求之四十余年，未之有得，又恶乎讲哉？或曰：道岂言行可尽耶？了翁曰：吾闻言行，君子之枢机，荣辱之主也。又闻言行，君子之所以动天地也。若外言而行讲道，某不愿闻也。他日阳明先生闻之，叹曰：不可谓深山穷谷无人。

诸恶莫作，众善奉行，此八字乃振纲提领语。宋理宗御笔书于感应篇之首，诚卓识矣。昔白香山问于乌窠禅师，师举此二语以对，香山曰：三岁孩儿也道得。师曰，三岁孩儿虽道得，八十老翁行不得。香山乃作礼而退，夫香山盖世奇才，犹作此语，况其下者乎？愿学者时时身体力行，切勿以其浅近而忽之也。

一部《大学》，只说得修身，一部《中庸》，只说得修道，一部《易经》，只说得善补过。修补二字极好，器服坏了，且思修补，况身心乎？

存养宜冲粹，如春温；省察宜谨严，如秋肃。就性情上理会，则曰涵养；就念虑上提撕，则曰省察；就气质上陶镕，则曰克治。

宜静默，宜从容，宜谨严，宜俭约，四者切己良箴；忌多欲，忌妄动，忌坐驰，忌旁骛，四者切己大病。

常操常存，得一恒字诀；勿忘勿助，得一渐字诀。

忿如火,不遏则燎原;欲如水,不遏则滔天。名誉自屈辱中彰,德量自隐忍中大。

喜来时一检点,怒来时一检点,怠惰时一检点,放肆时一检点。

想自己身心,日后置之何处?顾本来面目,在古时像个甚人。

事当快意处须转,言当快意时须迟。

花繁柳密处拨得开,方见手段;风狂雨骤时立得定,才是脚根。

慎言动于妻子仆隶之间,检身心于食息起居之际。

品诣常看胜如我者,则愧耻自增;享用常看不如我者,则怨尤自泯。

静坐自无妄为,读书即是立德。

怒宜竭力销镕,过须细心检点。

白日欺人,难逃清夜之愧赧;红颜失志,空遗皓首之悲伤。

贫贱时妄思富贵,恶念即于此而萌;富贵时回思贫贱,善心即于此而动。

先去私心,而后可以治公事;先平己见,而后可以听人言。

衣垢不湔,器缺不补,对人犹有惭色;行垢不湔,德缺不补,对天岂无愧心。

求静是初学收心之法,若只在静上用功,久之习成骄情,遇事便不可耐,孟子四十不动心,正是从人情物理是非毁誉中磨练出来,到得无动非静,乃真静矣。

人于平旦不寐时,能不作一毫妄想,可谓智矣。

憎我者祸,仇我者死,皆当生悲悯,若有一毫庆幸之意,便于心术有伤。

忙处事为,常向闲中先检点,过举自稀;动时念想,预从静里密操持,非心自息。

为善而欲自高胜人,施恩而欲要名结好,修业而欲惊世骇俗,植节而欲标异见奇,此皆善念中戈矛,理路上荆棘,最易夹带,最难拔除者也。须是涤尽渣滓,斩绝萌芽,才是本来真体。

无事时便思有闲杂念想否,有事时便思有粗浮意气否,得意时便思有骄矜词色否,失意时便思有怨望情怀否,时时检点,到得从多入少从有入无处,才是学问的真消息。学者动静殊操,喧寂异趣,还时锻炼未熟,心神混淆故耳。须是操存涵养,定云止水中有鸢飞鱼跃的景象,风狂雨骤处有波恬浪静的风光,才见处一化齐之妙。

念头昏散处,要知提醒;念头吃紧时,要知放下。不然恐去昏昏之病,又来憧憧之扰矣。

事稍拂逆,便思不如我的人,则怨尤自消;心稍怠荒,便思胜如我的人,则精神自奋。

人生祸区福境,皆念想造成。故释氏云:利欲炽然,即是火坑;贪爱沈溺,便为苦海。一念清净,烈焰成池;一念惊觉,航登彼岸。念头稍异,境界顿殊。可不慎哉。

人只一念贪私,便消刚为柔,塞智为昏,变慈为惨,染洁为污,坏了一生人品,故古人以不贪为宝。

养心必先去欲。人之心胸,有欲则窄,无欲则宽;人之心境,有欲则忙,无欲则闲;人之心术,有欲则险,无欲则平;人之心事,有欲则忧,无欲则乐;人之心气,有欲则馁,无欲则刚。须把心头打叠干净,浑如楼阁在空中,然后可。

人生折福之事非一,而无实盗名为最;人生取祸之事非一,而恃强妄行为最。

暑中尝默坐,澄心闭目作水观,久之觉肌发洒洒,几案间似有爽气,须臾触事,前境顿失,故知境由心造,真非妄语。

威仪养得定了,才有脱略,便害羞赧;放肆惯得久了,才入礼群,便害拘束。习不可不慎也。

吕新吾先生云:用三十年心力,除一伪字不得。所谓伪者,岂必在言行间者,实心为民,杂一念德我之心,便是伪;实心为善,杂一念求知之心,便是伪;道理上该做十分,只争一毫未满足,便是伪,汲汲于向义,才有二三心,便是伪;白昼所为皆善,而梦寐有非僻之干,便是伪;心中有九分,外面做得恰像十分,便是伪。此独觉之伪也,余皆不能去,恐渐溃防闲,延恶于言行间耳。

胸中只摆脱一恋字,便十分爽净,十分自在,人生最苦处,只是此心沾泥带水,明是知得,不能割断耳。

心一放松,万事不可收拾;心一疏忽,万事不入耳目;心一执着,万事不得自然。

久视则熟字不识,注视则静物皆动,乃知蓄疑者乱真知,过思者迷正应。

而今士大夫聚首时，只问我辈奔奔忙忙热热煎煎，是为天下国家欲济世安民乎？是为身家妻子欲位高金多乎？世之治乱，民之生死，国之安危，只这两个念头定了。

一念孳孳，惟善是图曰正思，一念孳孳，惟欲是愿曰邪思。非分之福。

期望太高曰越思；先事徘徊，后事懊恨曰萦思；游心千里，歧虑百端曰浮思；事无可疑，当断不断曰惑思；事不涉己，为他人忧曰狂思；无可奈何，当罢不罢曰徒思；日用职业本分工夫，朝维暮图，期无旷废曰本思。此九思者，日用之间，不在此则在彼。善摄心者，其惟本思乎？身有定业，日有定务，暮则省白昼之所行，朝则计今日之所事，念念在兹，不肯一字苟且，一时放过，庶心有着落，不得他适，而德业日有长进矣。

入庙不期敬而自敬，入朝不期肃而自肃，是以君子慎所独也。见严师则收敛，见狎友则放恣，是以君子慎所接也。

猥繁拂逆，生厌恶心，奋忍耐之力；柔艳芳浓，生沾惹心，奋跳脱之力；推挽冲突，生随逐心，奋执持之力；长途末路，生衰歇心，奋鼓舞之力；急遽疲劳，生苟且心，奋敬慎之力。吃这一桌饭，是何人种获底？穿这一匹帛，是何人织染底？大厦高堂，如何该我居住？安车驷马，如何该我乘坐？获饱暖之休，思作者之劳，享尊荣之乐，思供者之苦，此士大夫日夜不可忘情也。不然，其负斯世斯民多矣。

盗只欺人。此心有一毫欺人，一事欺人，一语欺人，人虽不知，此未发觉之盗也。言如是而行欺之，是行者言之盗也。心如是而口欺之，是口者心之盗也。才发一个真实心，骤发一个伪妄心，是心者心之盗也。谚云：瞒心昧己。有味哉其言之矣。欺世盗名其罪大，瞒心昧己其过深。某楗斋曰：人之自知，有如耳鸣；人之不自知，有如鼾声。

已往事不追思，未来事不迎想，现在事勿留念，随觉而知，习以为常。每想病时，尘心自灭，常防死日，善念自生。王荆石锡爵与赵定宇书云：凡事遇发舒处，慎毋忘霜降水落时，十九在心，十一在口，则豪杰而圣贤矣。

赵忠毅公南星云：兢兢业业，常如养病之时，则可以却病矣；兢兢业业，常如省过之时，则可以寡过矣。又云：知天地鬼神，顷刻不离，自然常存敬畏；知祖宗父子，荣辱相关，自然爱惜身名。邓文度黻与孙子啬书云：当自求入水不濡,入火不焦之道,得大安稳,乃为胜义,而欲世界之不火不水不可望矣。

桐城张文端尝云:五六年来,得一法,一身五官百骸,任其自然,独守方寸灵府之地,制为一城,不许忧喜,荣辱、进退、升沉、劳苦、生死、得失、烦恼,一切之念,阑入其中,或稍疏虞,打入片刻,即忙驱逐,仍前坚守。若此外之声音笑貌,惟有听其波委云属,与忧喜相浮沉而已。更有安心一法,非理事决不做,费力挽回事、败坏生平不可告人事决不做。衙门中事,一切因物付物,一事当前,只往稳处想,不将迎于事前,不留滞于事后,所以每卧辄酣,当食辄饱,视斗室如千岩万壑,烛下浊酒一杯,清琴一曲,以调气心,较之昔时,急于求退,以致形神交困者差胜也。

许敬庵曰:诸火不静,其病多端。调治要诀,只一静字。凡事放得下是静;忿怒不作是静;撇得家累是静;欲念不起是静;谢得世俗应酬、置是非毁誉于度外是静;起居惟时,不自拘碍是静;诸不如意处,不生烦恼是静;病痛作苦时,且自甘受,不求医药速效是静。心下常令空空荡荡,不著一毫游思妄虑。持此一诀,祛病不难也。

忽闻贫者乞声哀,风雨更深去复来。多少豪家方夜饮,贪欢未肯暂停杯。

一曲笙歌一束绫,美人犹是意嫌轻。不知寒女机窗下,几度抛梭织得成。

古人造字,皆有深意,佚字从人从失,盖言佚则失其所以为人也。

为学自不欺始,不欺自尊长始。人于亲长之前,忍用其欺,则无所往而不为欺。

吾人自著衣至于解衣,终日之间,所言所行,须知有多少过差。自解衣至于著衣,终夕之间,所思所虑,须知有多少邪念。有则改之,此为修身第一事。

吾人一日之间,能随时随事,提撕警觉,使不到为汩没。当睡觉之初,则念鸡鸣而起,为善为利之判。平旦则念平旦之气,好恶与人相近否?日间则念旦昼之所为,不至牿亡否?以至当衣则思不下带而道存之义,临食则念终日不违之义,及暮则思向晦宴息以及夜以继日计过无憾之义,如此则庶几无勿忘矣乎。若其稍忘,即当自责。

可言也,不可行,君子勿言;可行也,不可言,君子弗行,只此检点,庶乎鲜失矣。

知命者不立乎岩墙之下,岩墙处处有之,不必登高临深,即饮食寝兴,失其当然,无非岩墙也。古人集木临谷,所以无时不然。

常思一日之间,不负三餐茶饭否?人若不蹈论语两处难矣哉,两处末如之何,孟子两处哀哉,虽使内无父兄之教,外无师友之匡,犹未足忧也。暗室中须问心得过,平地处亦失足堪虞。静坐当思过,闲谈勿论人。

一丛深色花,十户中人赋。白乐天谓牡丹也。岂知两爿云,戴却数乡税。郑云叟遨谓珠翠也。侈靡之蠹甚矣。

邵伯扬曰:余自忖好胜心,好名心,贪嗔痴爱心,无所不兼,且热肠时露,辄喜见才,招揽是非处,又不能已,反是而结香火缘,说仙佛果,看诗读画,问水寻山,亦无所不恋。不知多一事,即受一事之累,多一物即受一物之累,多一人,即受一人之累,多一念,即受一念之累。总由嗜好太纷,故耗削愈速,自后宜为心血留有余步。

改过之人,如天气新晴一般,自家固是洒然,人见之亦分外可喜。

人之处事,能常悔往事之非,常悔前言之失,常悔往年之未有知识,其德之进,所谓日加益而不自知也。

做人最忌是阴恶,处心常阴刻,作事多阴谋,未有不殃及子孙者。语云:有阴德者先必有阳报。先人有言,存心常畏天知,当于斯夙夜念之。

培福德第九

富贵人家,不肯从宽,必遭奇祸。聪明子弟,不肯从厚,必夭天年。

急难济人,一善可以当百善。

进一步想,有此而少彼,缺东而补西,时刻过去不得;退一步想,只吃这碗饭,只穿这件衣,俯仰宽然有余。

俭而能施,仁也;俭而寡求,义也;俭非为家法,礼也;俭以训子孙,智也;俭而悭吝,不仁也;俭复贪求,不义也;俭于其亲,非礼也;俭以积遗子孙,不智也。

现在之福,积自祖宗者,不可不惜;将来之福,贻于子孙者,不可不培。现在之福如点灯,随点则随竭;将来之福如添油,愈添则愈明。

昔人云:谁知盘中餐,粒粒皆辛苦。吾辈安逸而享之,岂可狼藉以视之乎?明理惜福之士,当体察之。

勤为无价之宝,慎是护身之符。

惠不在大,赴人急可也。

为善须确实坚定,不可游移作辍。

朱子云:天地一无所为,惟以生物为事。人念念在好生利济,便是天地了也。

富家一席酒,贫士半年粮。每诵斯语,不觉豪华消归乌有。

钱财不可不惜,然亦不可苛刻,我能宽一分,则人受一分之惠。

李文节燕居录云:凡生计只专认一件,便足一生受用。若兼为并及,营此图彼,必至两失。即有所就,算来只与认一件者一般,盖分定也。

入百钱,费不百钱,守己乐同富足;进万镒,出逾万镒,求人苦倍饥寒。

当权若不行方便,如入宝山空手回。

阴德须向生前积,孽债休令身后还。

有好儿孙方是福,无多田地不为贫。

贫不能济人一物者,遇人痴迷处,出一方提醒之,遇人急难处,出一方解救之,便是无量功德。

以俭胜贫,贫忘;以施代侈,侈化;以果去累,累销;以逆炼心,心定。

善保家者,有余时常作不足想;善养生者,无病时常作有病想。张无垢云:余生贫困,处之亦自有法,每日用度不过数十钱,亦自足,至今不易也。盖俭有四益,凡贪淫之过,未有不本于贪侈者,俭则不贪不淫,是俭可养德也。人之受用,自有剂量,省俭淡泊,有长久之理。是俭可养寿也。醲醉鲜饱,昏人神智,若素食菜羹,则肠胃清虚,无滓无秽,是俭可养神也。奢则妄取苟求,志气卑俗,一从俭约,则于人无求,于己无愧,是俭可养气也。

司马温公曰:积金于子孙,子孙未必能守;积书于子孙,子孙未必能读;不如积阴德于冥冥之中,使子子孙实受其福。

每做一事,必令之宽然有余地,不独自身能享厚福,还可留与子孙,若急促狭隘,好行刻剥,事事自己算尽,焉有余泽及人。

富贵如传舍,惟谨慎可以久居;贫贱如敝衣,惟勤俭可以脱卸。

高公曰:酒筵省一二品,馈赠省一二器,少置衣服一二套,省去长物一二件,切切为穷人算计,存些盈余,以济人急难,此为善中一大功课也。

积德于人所不知,是为阴德,阴德之报,较阳德倍多;造恶于人所不知,是为阴恶,阴恶之报,较阳恶加惨。

凡欲子孙隆盛者,除积德之外,无他道也。盖德厚则贤贵之子孙生,不期兴而自兴,无德则收(放)荡之子孙生,虽与千万镒不能守也。区区财产,何济于事?

化书曰:奢者富不足,俭者贫有余,奢者心常贫,俭者心常富。

季元衡寿南,俭说曰:贪饕以招辱,不若俭而守廉;干请以犯义,不若俭而全节;侵牟以聚怨,不若俭而养心;放肆以遂欲,不若俭而安性。皆要言也。

与其贪而豪举,不若俭而谨饬。

存一点天地心,不必责效于后,子孙赖之;说几句阴骘话,纵未尽施于人,鬼神鉴之。

事事培元气,其人必寿;念念存本心,其后必昌。

勿谓一念可欺也,须知有天地鬼神之鉴察;勿谓一言可轻也,须知有前后左右窃听;勿谓一事可逞也,须知有身家性命之关系;勿谓一时可逞也,须知有子孙祸福之报应。

终日说善言,不如做一件;终身行善事,须防错一件。

贫贱忧戚,是我分内事,当动心忍性,静以俟之,更行一切善以斡旋之;富贵福泽,是我分外事,当保泰持盈,慎以守之,更造一切福以凝承之。

沈青斋观察启震,述其母孔太恭人训戒曰:毋虑不足而多取一钱,毋恃有余而多用一钱。稽文恭公韪其言,为题“慎一斋”额。

凡有望于人者,必先思己之所施;凡有望于天者,必先思己之所作。此欲之未来,先察已往。

富贵者之制财也,其义有三:一在知足。高堂大厦,冬温夏凉,绮罗轻暖,不脱于身,肥甘膏粱,不绝于口,岂知有草房茅舍,厨灶栏厕皆一室者乎?岂知有寒无棉被,直卧于稻草者乎?一日三餐薄粥,尚有不饱者乎?当以此自反于心,自然知足矣。二在明于道理。我虽积财如山,身既死则不能分毫带去,惟因财所造之孽,反种种随吾身也。三当知子孙贫富有命。彼命优,我不遗之财，而自然有之。彼命薄，虽以万金与之，亦终不能担受，或不数年而败去矣。知此三者，慎毋争利而伤兄弟手足之天伦也，毋争利而令亲戚朋友乖情谊绝也，毋因人借贷典押，而取过则之息也，毋因交易而斗斛权衡入重出轻也，毋悭吝太过而令诸礼咸废也，毋淡泊太过，而令婢仆怨恨也，此富贵者以义制财之法也。俭之一字，其益有三：安分于己，无求于人，可以养廉；减我身心之奉，以赒极苦之人，可以广德；忍不足于目前，留有余于他日，可以福后。

安义命第十

孔子见荣启期衣鹿皮裘，鼓瑟而歌，孔子问曰：先生何乐也？对曰：吾乐甚多。天生万物，惟人为贵，吾既得为人，是一乐也。人之男为贵，吾既已得为男，是二乐也。人生不免夭折，吾已年九十五，是三乐也。贫者士之常，死者民之终也，处常待终，吾何忧也？吁，此知命之士也，非独三者可乐，其寓物适情，无求无欲，安往而非乐境耶？予谓人能常存此药，忧虑尽去，神思可固，而寿命延长矣。

身者家之本也，身不能保，况能保其家乎？夫所谓保者，非特顺寒暑，节饮食，时起居而已，凡敬谨不蹈危机，不撄宪纲，皆保也。

乐不可极，乐极生哀；欲不可纵，纵欲成灾。盖盛德必享乎禄寿，而福泽不降于淫人。

养命诀云：口如哑，心如愚，目如瞽，耳如聋。人人但能如此，可保长生。

早饭要早，中饭要饱，晚饭要少，此三句是居家出外，养生却病之妙法。

宠辱不惊，肝木自平；动静以敬，心火自定。饮食有节，脾土不泄。调息寡言，肺金自全。恬然寡欲，肾水自足。

毋以妄想戕真心，毋以客气伤元气。不忍祸从外至，不遣病从内出。我不如人，我无他福。人不如我，我当知足。知足不辱，一饭两粥。谢天谢地，平安是福。有有无无且耐烦，劳劳碌碌几时闲。人心曲曲湾湾水，世事重重叠叠山。古古今今多变改，贫贫富富有循环。将将就就随时过，苦苦甜甜命一般。得失乘除总在天，机关用尽也徒然。人心不足蛇吞象，世事到头螳捕蝉。无药可延卿相寿,有钱难买子孙贤。家常安分随缘过,便是逍遥自在仙。

胶扰劳生,待足后何时是足?据现定,随家丰俭,便堪龟缩,得意浓时休进步,须知世事多翻覆,莫漫教白了少年头,徒碌碌。谁不爱,黄金屋?谁不羡,千钟粟?奈五行不是,这般题目。枉费心神空计较,儿孙自有儿孙福,又何须采药访神仙,惟寡欲。

为善的朝朝不乐,为恶的夜夜笙歌,修行的每无饭吃,骗人的倒有钱多,我将此言问弥陀,佛亦无言回答我,两旁罗汉笑呵呵,且看他收成结果。

却病十法:静坐观空,览四大原从假合,一也。烦恼现前,一死譬之,二也。常以不似我者,强自宽假,三也。造物劳我以生,遇病稍闲,反生庆幸之心,四也。宿业现逢,不可逃避,欢喜领受,五也。家室和睦,无交谪之言,六也。众生各有病根,常自观察克治,七也。风露谨防,嗜欲淡薄,八也。饮食宁节毋多,起居务适毋强,九也。觅高朋亲友,讲开怀醒世之谈,十也。会享福,存心快乐常知足;会享福,少思少言少色欲;会享福,清晨一餐滋润粥;会享福,明窗净几娱心目;会享福,早完赋欠免催促。要长寿,多积阴功天保佑;要长寿,嬉嬉笑笑眉无皱;要长寿,远离美色如仇寇;要长寿,热身莫使风寒受;要长寿,大小物命都怜救。康节尝诵希夷语曰:得便宜事,不可再作;得便宜处,不可再去。又曰:落便宜是得便宜。

昔有行路人,路上见五叟。年各百余岁,精神加倍有。诚心拜求因,何以得长寿?大叟向我言,心宽不忧愁。二叟向我言,山妻容貌丑。三叟向我言,话少常闭口。四叟向我言,夜卧不覆首。五叟向我言,食量节所受。妙哉五叟言,所以寿长久。

忍片时风恬浪静,退一步海阔天空。

人生不涉险峻,历风波,不知坦途之福;不遇事变,遇利害,不知平安之福;不染疾病,受困苦,不知康强之福;不值饥馑,忍冻馁,不知丰稔之福;不逢苦极,经流离,不知太平之福。

人在病中,百念灰冷,虽有富贵,欲享不可,反羡贫贱而健者。故人能于无事时,常作病想,一切名利心自淡。

西蜀黄慎轩先生楹联云:有三闲,门以冷闲,官以拙闲,心以淡闲;无诸苦,能忍不苦,能俭不苦,能譬不苦。

家坐无聊，亦念食力担夫，红尘赤日；官阶不达，尚有高才秀士，白首青矜。

慎风寒，节饮食，是从吾身上却病法。少思虑以养心气，寡色欲以养肾气，勿妄动以养骨气，戒嗔怒以养肝气，薄滋味以养胃气，省言语以养神气，多读书以养胆气，顺时令以养元气。

忧愁则气结，忿怒则气逆，恐惧则气限，拘迫则气郁，急遽则气耗。行欲徐而稳，立欲定而恭，坐欲端而正，声欲低而和。

心神欲静，骨力欲动，胸怀欲开，筋骸欲硬，脊梁欲直，肠胃欲净，舌端欲卷，脚根欲定，耳目欲清，精魂欲正。

玩古训以惩心，多静坐以守心，寡酒色以清心，去私欲以养心，悟至理以明心。

作德日休，是谓福地。居易俟命，是谓洞天。心地上无波涛，随在皆恬风静浪；性天中有化育，触处见鱼跃鸢飞。

世网那能跳出，但当忍心耐性自安义命，即网中之安乐窝；尘务岂能尽捐，惟不起炉作灶，自取纠缠，即火坑中之清凉散。

纷扰固溺志之场，而枯寂亦槁心之地。故学者当栖心元默，以宁吾真体。亦当适志恬愉，以养吾圆机。

随缘便是遣缘，似舞蝶与飞花共适；顺事自然无事，若满月与盂水同圆。忧勤是美德，太苦则无以适性怡情；淡泊是高风，太枯则无以济人利物。

知止自能除妄想，安贫须要去奢心。

万物随天，便为安乐法，自是藏身妙诀；一心不校，同结欢喜缘，岂非涉世良方。

沾泥带水之累，病根在一恋字；随方逐圆之妙，便宜在一耐字。

心牵于事，火动于中，心火既动，真精必摇。故当死心以养气，息机以死心。

吃食须细嚼缓咽，以津液送之，然后精味散于脾，华色充好，粗快则止令糟粕填肠胃耳。

世之欲恶无穷，人之精力有限，以有限与无穷斗，则物之胜人，不啻千万，奈之何不病且死也。

吕新吾曰：愚爱谈医，久则厌之。客有言及者，告之曰：以寡欲为四物，以食淡为二陈，以清心省事为四君子，无价之药，不名之医，取之身而已。

《知足箴》曰：人生尽受福，人苦不知足。思量事累苦，闲着便是福。思量疾厄苦，健着便是福。思量饥寒苦，饱暖便是福。思量危难苦，平安便是福。思量监禁苦，放着便是福。思量死来苦，活着便是福。也不必高官积玉，不必高官禄厚，看起来一日三餐，有须多自然之福。夏季是人脱精神之时，心旺肾衰，液化为水，不问老幼，皆宜食暖物，独宿养阴。

邝子元有疾，真空寺老僧教之曰：相公之恙，起于烦恼。烦恼生于妄想，妄想之来，其几有三：或追忆数十年荣辱恩仇，悲欢离合，种种闲情，此是过去妄想；或事到眼前，可以顺应，却乃畏首畏尾，三番四覆，犹豫不决，此是现在妄想；或期望日后富贵荣华，皆如其愿，或期望功成名遂，告老归山，或期望子孙显贵，以继书香，与夫一切不可必成，不可必得之事，此是未来妄想。三者忽然而生，忽然而灭，禅家谓之幻心，能照见其妄而斩断念头，禅家谓之觉心，故曰不患念起，惟患觉迟。此心若同太虚，烦恼何处安脚？至若思索文字，忘其寝食，禅家谓之理障，经论职业，不恤劳苦，禅家谓之事障，二者虽人欲，亦损灵性。若能遣之，则心火不至上炎，可以下交于肾。子元如其言，独处一室，扫空万缘，静坐数月，疾遂愈。

病者所由适于死之路也，欲者所由适于病之路也，迩声色者，所由适于欲之路也，塞此三路，可以延生。

精神太用者，无何而竭矣；恩意太浓者，无何而绝矣；势焰太熏灼者，无何而灭矣；受用太丰美者，无何而歇矣；进取太捷疾者，无何而跆矣。

唐人诗云：一团芽草乱蓬蓬，蓦然烧天蓦然空，争如满炉煨榾柮，漫腾腾地暖烘烘。此即浅水长流之说也。

人要有转念，转念早，则愁烦中可觅潇洒境界；人要有余地，余地留，则驰骤中可存从容趣味。

热不可除，而热闹可除，秋在清凉台上；穷不可遣，而穷愁可遣，春生安乐窝中。奈何思其力之所不及，忧其智之所不能，宜其渥然丹者为槁木，黟然黑者为星星，旨哉言乎。

思虑之害，甚于酒色。思虑多则心火上炎，心火上炎，则肾水下涸，心神不交,生理绝矣。吾人身家之累,思前虑后,有许多未了,此须以不了了之。随家有无,随缘顺应,一毫不起非妄之想,分外之求,则身家之事,一时俱了。若求完全称意,日出事生,终身更无了期。人能受一命荣,沾升斗禄,便当谓足于官阶;敝裘短褐,粝食菜根,便当谓足于衣食;竹篱茅舍,草窦蓬窗,便当谓足于安居;藤杖芒鞋,蹇驴短棹,便当谓足于骑乘;有山可樵,有水可渔,便当谓足于庄田;残卷盈床,图画四壁,便当谓足于珍宝;门无剥啄,心有余闲,便当谓足于荣华;布衾六尺,高枕三竿,便当谓足于安享;看花酌酒,对月高歌,便当谓足于欢娱;诗酒充肠,词赋盈编,便当谓足于货财。故曰能自足于穷通者,是得浮云富贵之夷犹;能自足于取舍者,是得江山风月之受用;能自足于眼界者,是得天空海阔之襟怀;自足于贫困者,是得箪瓢陋巷之恬淡;能自足于辞受者,是得茹芝采蕨之清高;能自足于燕闲者,是得衡门泌水之静逸,能自足于行藏者,是得归云倦鸟之舒迟;能自足于唱酬者,是得一咏一觞之旷逸;能自足于居处者,是得五柳三径之幽闲;能自足于嬉游者,是得浴沂舞雩之潇洒。随遇而安,无日不足,人我无竞,身世两忘。有无穷妙处,奈何舍心地有余之足,抱意外无妄之贪哉?

戒色有神方,惟聋耳瞎眼死心三味;养生无别法,只寡言少食息怒数般。

处苦况而尚能甘,才是真修之士;常乐境而不知享,毕竟薄福之人。

《坐忘铭》曰:常默元气不伤,少思慧烛内光,不怒百神和畅,不恼心地清凉,不求无谄无媚,不执可圆可方,不贪便是富贵,不苟何惧公堂。

陆清献日记曰:浴前不可小便,此养生之道。头宜多洗,发宜多梳,齿宜常叩,液宜常咽,气宜常炼,手宜在面。此五者所谓子欲不死修昆仑也。

事未至而多方逆忆则神伤,事已过而多方懊恼则气伤。戕贼神气,莫此为甚。

邵伯扬曰:余性喜动,又多疑忌,心猿意马,朝夕纷纭,方寸间无一泰然气象,梦泄怔忡心悸诸症,因之丛起。自后宜加静摄,片尘不染,万虑俱空,方是真自在处。

古人云:安是药,更无方,又愿体集,求医药不如养性情。又云:能外形骸者,天不能病。玩此数语,实堪铭佩。

陈眉公云:日月如惊丸,可谓浮生矣,惟静卧是小延年。人事如飞尘,可

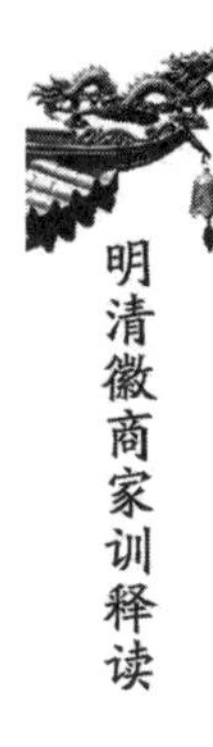

谓劳生矣,惟静卧是小自在。朝鱼暮肉,可谓腥秽矣,惟静卧是小斋戒。智战力争,可谓险恶矣,惟静卧是小三代。至于寝梦之中,见闻新,游览广,无足而行,不翼而飞,又是小冲举。

君不见地上土,皆是古人肉腐。又不见地下金,皆是古人埋到今。今人得之用不尽,身已黄泉伴蝼蚓。何须窃笑古人愚,毕竟后人还尔晒。

贫儿无一钱,有时乞食终天年。富儿米万斛,谁能一餐五斗谷。他时相遇九原中,赤手交看彼此同。苞苴难入阿旁手,关节不到阎罗宫。岂知我富不在己,衣无求华食无旨。人间山水尽园林,天上云霞皆锦绮。东家红腐粟,西家朽贯钱,主守何妨暂劳彼,平生况有翰墨娱。寇盗不剽藏书橱,黔娄猗顿任来往。以我视之初无殊,持此语人人大笑。谁识此言旨且妙?试看山下土馒头,不葬金银髑髅。

仁者寿,取其静而不动也。试以不动之物而论,如珍赏家藏置古玩书画,爱惜保护,虽秦汉之物,犹有存者。人生心血,亦能藏而不用,时时摄养,未必尽享大年,吾知其夭折者鲜矣。

甘受人欺,有子忽然大发;当思退步,一生终得安闲。

无病之身,不知其乐也,病生始知无病之乐;无事之家,不知其福也,事至始知无事之福。

人生世间,如意之事常少,不如意之事常多。虽大富贵人,天下所仰羡以为神仙,而其不如意事,各自有之,与贫贱者无异,特所忧患之事异耳。从无有足心满意者,故谓之缺陷世界,能达此理而顺受之,则虽处患难中,无异于乐境矣。

总论第十一

安详是处事第一法,谦退是保身第一法,洒脱是养心第一法。

接人要和中有介,处事要精中有果,认理要正中有通。

言情拟之圣贤,则德业日进;名利付之天命,则妄想自消;报应念及子孙,则作事自厚;受享虑及疾病,则存心自淡。

多言以招尤,不若简默以怡情;广交以延誉,不若索居以自全;厚费以多营,不若省事以守俭;逞能以诲妒,不若韬情以示拙。

安乐即是福,功德即是寿,知足即是富,无求即是贵,正直即是神,仁厚即是圣,清闲即是仙,明觉即是佛。

守本分就是中国良民,明人伦就是圣门弟子,保精神就是道教修炼,存慈悲就是佛氏心肠。粒谷必珍,富之本也;只字必惜,贵之源也;小过必惩,德之根也;微命必护,寿之基也。贤者教人一生谨慎,在非礼勿视四句。教人一生保养,在戒之在色三句。教人一生安闲,在君子素其位而行一章。教人一生受用,在居天下之广居一节。

幼儿曹,听教诲。勤读书,要孝悌。学谦恭,循礼义。节饮食,戒游戏。毋说谎,毋贪利。毋任性,毋斗气。毋责人,但自治。能下人,是有志。能容人,是大器。凡做人,在心地。心地好,是良士。心地恶,是凶类。譬树果,心是蒂。蒂若坏,果必坠。吾教尔,全在是。尔谛听,勿轻弃。

明旦之事,薄暮不可必;薄暮之事,晡时不可必。许鲁斋先生有箴曰:花谢花开,时来时去。福方慰眠,祸已成胎。得未足慕,失何可哀。得失在彼,听之天裁。

闲居慎勿说无妨,才说无妨便有妨。

争先径路机关恶,退后言语滋味长。爽口物多须作疾,快心事过必为殃。与其病后能求药,不若病前能自防。万事由天莫强求,何须苦苦用机谋。饱三餐饭常知足,得一帆风便可收。生事事生何日了,害人人害几时休。冤家宜解不宜结,各自回头省后头。

堪叹人心毒如蛇,谁知天眼转如车。去年妄取东邻物,今日还归西舍家。无义钱财汤泼雪,淌来田地水堆沙。若将狡狯为生计,恰如朝开暮落花。

佛印与东坡柬,子瞻中大科,登金门,上玉堂,远放寂莫之滨,权臣忌子瞻为宰相耳。人生世间,如白驹之过隙,三二十年,功名富贵,转盼成空。何不一笔勾断,寻取本来面目。子赡胸中万卷书,笔下无一点尘,到这地位,不知性命所在,一世聪明,要做什么三世佛,只是个有血性的汉子。子赡善能承当,把三十年功名富贵,贱如泥土,努力向前,珍重珍重。

憨山大师《警世歌》:红尘白浪两茫茫,忍辱柔和是妙方。到处随缘延岁月，终身安分度时光。休将自己心田昧，莫把他人过失扬。谨慎应酬无懊悔，耐烦作事好商量。从来硬弩弦先断，每见刚刀刃易伤。惹怨尽从闲口舌，招愆多为热心肠。是非不必争人我，彼此何须论短长。世界自来称缺陷，幻身到底属无常。吃些亏处原无拟，让几分时亦不妨。春日才逢杨柳绿，秋风又见菊花黄。荣华总是三更梦，富贵远同九月霜。老病生死谁替得，酸咸苦辣自承当。人徒巧诈夸伶俐，天自从容定主张。谄曲贪嗔真地狱，公平正直即天堂。麝因脐腹身先丧，蚕为丝多命早亡。一服养神平胃散，两煎顺气太和汤。休斗胜，莫争强，百年浑如戏文场。戒浩饮，浩饮伤神。戒贪色，贪色灭神。戒厚味，厚味昏神。戒饱食，饱食闷神。戒多动，多动乱神。戒多言，多言损神。戒多忧，多忧郁神。戒多思，多思扰神。戒久睡，久睡倦神。戒久读，久读苦神。

度量如海涵春育，如流水行云，操存如清天白日，威仪如丹凤祥麟，言论如敲金戛石，持身如玉洁冰清，襟抱如光风霁月，气概如乔岳泰山，海阔从跃，天高任鸟飞，非大丈夫不能有此度量。振衣千仞冈，濯足万里流，非大丈夫不能有此气节。珠藏泽自媚，玉韫山含辉，非大丈夫不能有此蕴藉。月到梧桐上，风来杨柳边，非大丈夫不能有此襟怀。

心不妄念，身不妄动，口不妄言，君子所以存诚；内不欺己，外不欺人，上不欺天，君子所以慎独；不愧父母，不愧妻子，不愧兄弟，君子所以宜家；不负国家，不负生民，不负所学，君子所以用世。

心志要苦，意趣要乐，气度要宏，言动要谨。心术以光明笃实为第一，容貌以正大老气为第一，言语以简重直切为第一。

以媚字奉亲，以淡字交友，以苟字省费，以拙字免劳，以聋字止谤，以盲字远色，以吝字防口，以病字医淫，以贪字读书，以疑字穷理，以刻字责己，以迂字守礼，以狠字立志，以傲字植骨，以痴字救贫，以空字解忧，以弱字御侮，以悔字改过，以懒字抑奔竞风，以惰字屏尘俗事。静坐然后知平日之气浮，守默然后知平日之言躁，省事然后知平日之心忙，闭户然后知平日之交滥，寡欲然后知平日之病多，近情然后知平日之念刻。

难消之味休食，难得之物休蓄，难报之恩休受，难久之友休交，难再之时休失，难守之财休积，难雪之谤休辨，难释之忿休较。

凡事留不尽之意则机圆，凡物留不尽之意则用裕，凡情留不尽之意则味深，凡言留不尽之意则致远，凡兴留不尽之意则趣多，凡才留不尽之意则神满。

勿藏险心，勿动妄想，勿记仇不释，勿受恩不知，勿见利而起谋，勿见才而起嫉。

仁厚刻薄，是修短关；谦抑盈满，是祸福关；勤俭奢惰，是贫富关；保养纵欲，是人鬼关。

以积货财之心积学问，以求功名之心求道德，以爱妻子之心爱父母，以保爵位之心保国家。

静以修身，俭以养德，入则笃敬，出则友贤。

一时劝人以口，百世劝人以书。

省费医贫，弹琴医躁，独卧医淫，随缘医愁，读书医俗。

肆傲者纳侮，讳过者长恶，贪利者害己，纵欲者戕生。

毋执去来之势而为权，毋固得丧之位而为宠，毋恃聚散之财而为利，毋认离合之形而为我。多事为读书第一病，多欲为养生第一病，多言为涉世第一病，多智为立心第一病，多费为作家第一病。

除岩积雨之奇险，可以想为文章，不可设为心境；华林映日之丽绮，可以假为文情，不可依为世情。

读书为身上之用，而人以为纸上之用；做官乃造福之地，而人以为享福之地；壮年正勤学之日，而人以为养安之日。

持身如泰山九鼎，凝然不动，则衍尤自少；应事如流水落花，悠然而逝，则趣味常多。

物莫大于天地日月，而子美云：日月笼中鸟，乾坤水上浮。事莫大于揖让征诛，而康节云：唐虞揖让三杯酒，汤武征诛一局棋。人能以此胸襟眼界，吞吐六合上下千古，事来如沤生大海，事去如影灭长空，自经纶万变，而不动一尘矣。

琴书诗画，达人以之养性灵，而庸夫徒赏其迹象；山云川物，高人以之助学识，而俗子徒玩其光华。可见事物无定品，随人识见以为高下。故读书穷理，要以识趣为先。廉官多无后，以其太清也；痴人每多福，以其近厚也。故君子虽重介廉,不可无忍垢纳污之雅量,虽戒痴顽,亦不必自察渊洗垢之精明。

密则神气拘逼,疏则天真烂漫。此岂独诗文之工拙从此分哉?吾见周密之人,纯用机巧,疏狂之士,独任性真,人之生死,亦于此判也。贪心胜者,逐兽而不见泰山在前,弹雀而不知深井在后。疑心胜者见弓影而惊杯中之蛇,听人言而信市上之虎。人心一偏,遂视有为无,造无作有如此,心可妄动乎哉?

花开花谢春不管,拂意事休对人言;水寒水暖鱼自知,会心处还期独赏。

人之生也,如太仓之粒米,如灼目之电光,如悬崖之朽木,如逝海之流波,知此者如何不悲,如何不乐,如何看他不破,而怀贪生之虑,如何看他不重,而贻虚生之羞。

天地尚无停息,日月且有盈亏,况区区人世,能事事圆满,而时时暇逸乎?只是向忙里偷闲,遇缺处知足,则操纵在我,作息自如,即造物不得与之论劳逸、较盈亏矣。

作人无甚高远的事业,摆脱得俗情,便入名流;为学无甚增益的工夫,减除得物累,便臻圣艳。

宠利无居人前,德业毋落人后,受享毋逾分外,修持毋减分中。

气象要高旷而不可疏狂,心思要缜密而不可琐屑,趣味要冲淡而不可偏枯,操守要严明而不可激烈。

风来疏竹,风过而竹不留声;雁渡寒潭,雁去而潭不留影。故君子来而心始现,事去而心随空。

清能有容,仁能善断,明不伤察,直不过矫,才是懿德。

居官有二语曰:惟公则生明,惟廉则生威。居家有二语:惟恕则平情,惟俭则用少。

少年之情,欲收敛不欲豪畅,可以进德;老年之情,欲豪畅不欲收敛,可以养生。

士君子之偶聚也,不言身心性命,则言天下国家,不言人情物理,则言风俗世道,不规目前过失,则问生平德业。傍花随柳之间,吟风弄月之际,都无鄙俗媟嫚之谈,谓此心不可一时流于邪僻,此身不可一日令之偷惰也。若一相逢,不是亵狎,便是乱讲,此与仆岳下人何异,只多了这衣冠耳。

吕新吾曰:往见明镜止水以澄心,泰山乔岳以立身,清天白日以应事,霁月光风以待人。四语甚爱之,疑有未尽,因推广为男儿八景云:泰山乔岳之身,海阔天空之腹,和风甘雨之色,日照月临之目,旋乾转坤之手,磐石砥柱之足,临深履薄之心,玉洁冰清之骨。

奋始怠终,修业之贼也;缓前急后,应事之贼也;躁心浮气,畜德之贼也;疾言厉色,处众之贼也。

世有十二态,君子免焉:无武人之态,粗豪;无妇人之态,柔懦;无儿女之态,妇穉;无市井之态,贪鄙;无俗子之态,庸陋;无荡子之态,儇佻;无优伶之态,滑稽;无闾阎之态,村野;无堂下之态,局迫;无婢子之态,卑谗;无侦倮之态,诡暗;无商贾之态,炫售。

谨言慎动,省事清心。与世无碍,与人无求。身要严重,意要安定。身要温雅,气要和平。语要简切,心要慈祥。志要果毅,机要缜密。

圆融者无诡随之态,精细者无苛察之心,方正者无乘拂之失,沉默者无阴险之术,诚笃者无椎鲁之累,光明者无浅露之病,劲直者无径情之偏,执持者无拘泥之迹,敏练者无轻浮之状,此是全才。有所长而矫其长之所失,此是善学。

从容而不后事,急燎而不失容,脱略而不疏忽,简静而不凉薄,直率而不鄙俚,温润而不脂韦,光明而不浅露,沉静而不阴险,严毅而不苛刻,周匝而不烦碎,权变而不谲诈,精明而不猜察,亦可以为成人矣。

朝廷法纪,做不得人情;天下名分,做不得人情;圣贤道理,做不得人情;他人事做不得人情;我无力量,做不得人情。以此五者徇人皆妄也,君子慎之。

人事减省一分,便超脱一分。如交游减,便免纷扰;言语减,便寡愆尤;思虑减,则精神不耗。彼不求日减而求日增者,桎梏此生者也。

汪龙庄楹联云:用百倍功,行成名立;退一步想,心平气和。

静养怒中气,提防顺口言,留神忙里错,爱惜有时钱。

一生在父母恩中,问何报称;凡事看儿孙分上,劝且从容。

悟恩是仇种,情是怨根,则往日之爱河得渡。知无学为贫,无骨为贱,则

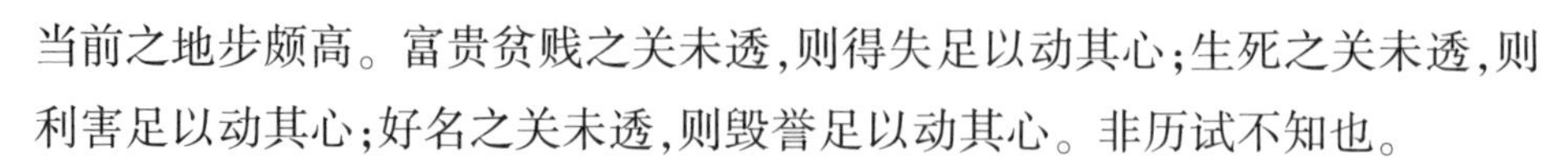

当前之地步颇高。富贵贫贱之关未透,则得失足以动其心;生死之关未透,则利害足以动其心;好名之关未透,则毁誉足以动其心。非历试不知也。

择善人而交,择善书而读,择善言而听,择善行而从,是初学切要工夫。造乎精微,总不外择善二字。

桐城张文端公"聪训斋"语有云:读书者不贱,守田者不饥,积德者不倾,择交者不败。四语可括诸家训词,千百万言。

一生有可惜四:幼无名师,长无良友,壮然事善,老无令名。贫穷人可惜者二:面承吐为求利,膝生胝为求荣。富贵人可惜者二:临大义,沮于吝;荷重任,败于贪。聪明人可惜者三:妄讥评,谓之薄;自炫奖,谓之骄;怀谲激,谓之躁。豪侠人可惜者三:助凶人,得暴名;挥泛财,得败名;纳庸客,得滥名。

王澹园曰:士有可鄙者:口惠腹诽,妪态夸言,佯诘阴乞,刻论僻侮,亵宠忘故,饰高赧下。

人生常系恋者过去,最冀望者未来,最悠忽者现在。夫过去已成逝水,勿容系也。未来茫如捕风,勿容冀也。独此现在之顷,或穷或通,时行时止,有当然之道,应尽之心。乃悠悠忽忽,姑俟异日,诿责他人,日月虚掷,良可浩叹。

以著述为文绣,以诵读为菑畲,以记问为居积,以前言往行为师友,以忠信笃敬为修持,以作善降祥为因果,以乐天知命为西方。

心无妄思,足无妄走,人无妄交,物无妄受。不因善庆方修德,岂为科名始读书。

竭忠尽孝谓之人,治国经邦谓之学,安危定变谓之才,经天纬地谓之文,霁月光风谓之度,万物一体谓之仁。以心术为根本,以伦理为桢干,以学问为菑畲,以文章为花萼,以事业为结实。

怀闲居以体独,卜动以知几。谨威仪以定命,敦伦以凝道。备百行以考祥,迁改过以作圣。

山之高峻处无本,而溪谷回环,则丛草生;水之湍急处无鱼,而渊潭停蓄,则鱼鳖丛集。此高绝之行,偏急之衷,君子重有戒焉。

磨砺当如百炼之金,急就者非邃养;施为宜似千钧之弩,轻发者无宏功。

近年士大夫多修佛学,往往作为偈颂,以发明禅理,独司马温公患之,尝为解禅偈六首云：文中子以佛为西方圣人，信如文中子之言，则佛之心可知矣。今之言禅者，好为隐语以相迷，大言以相胜，使之者怅怅然益入于迷妄，故予广文中子之言，作解偈六首，若其果然，虽中国可行，何必西方。若其不然，则非予所知也。

忿怒如烈火，利欲如铦锋，终朝长戚戚，是名阿鼻狱。

颜回甘陋巷，孟轲安自然，富贵如浮云，是名极乐国。

孝悌通神明，忠信行蛮貊，积善来百祥，是名作因果。

仁人之安宅，义人之正路，行之诚且久，是名不坏身。

道德修一身，功德被万物，为贤无大圣，是名菩萨佛。

言为百世师，行为天下法，久久不可揜，是名光明藏。

昼坐当惜阴，夜坐当惜灯，遇言当惜口，遇事当惜心。闲时忙得一刻，则忙时闲得一刻。

处大事不辞劳怨，堪为梁栋之材；遇小过趣避嫌疑，岂是腹心之寄？魏环溪先生曰：昔人言愿识尽世间好人，读尽世间好书，看尽世间好山水。余谓识好人，先自贫贱愚拙始；读好书，先自学庸论孟始；看好山水，先自祠墓田庐始。

高宗宪云：言语最要谨慎，交游最要审察。多说一句，不如少说一句，多识一人，不如少识一人，是贤友愈多愈好。

经一番折挫，长一番见识，增一分享用；减一分福泽，加一分体贴，知一分物情。

王荆石本箴云：孝悌为立身之本，忠恕为存心之本，立志为进修之本，严肃为正家之本，勤俭为成家之本，寡欲为养生之本，节欲为远害之本，节欲为却病之本，清谨为当官之本，谨厚为待人之本，择友为取益之本，虚心为受教之本，自修为止谤之本，凝重为受福之本，一经为教子之本，积善为裕后之本，方便为处事之本，权变为应变之本，胆略为任事之本，实胜为得名之本，圣贤以心地为本，君子专力于务本。

右（上）节录休宁陈研楼《传家格言》，系家君所手定。按原书自笃伦常至安义命凡十章，而殿之以总论，每章都数千言，家君亦曾钞有全本，此之所录即就钞本中而节取之，以视原书殆未及半，然其章目次序一仍其旧，固未失

原书面目也。惟是书家君自束发时即笃嗜之,尝谓立身处世道具于是,故数十年来恒置其钞本于座右而讽诵之。近则心体力行,益觉其语语有着,而视之遂如至宝。继思是书,□来坊间殊少刊行,恐其久也将成不传之宝,于是就钞本中择其易于了解、切于实用者,审慎而简录之,颜之曰《传家之宝》,克期付印,俾与当世爱读是书者共宝用之。录概竟命中详加校雠,且曰是书一字一珠。即其片语只词,能服膺弗失,一生亦受用不尽。今之所录虽非全璧,固已希世之宝矣。中不敏,既敬谨校对讫,乃附数语于后,非敢僭也。聊以申述家君所以刊印是书之意云尔。

伦中谨识

(休宁陈研楼先生撰集:《传家格言》,上海三友实业社印行,中华民国二十八年十一月三版)

后　记

六年前，我编了一本小册子《徽商家风》，出版后社会反响还不错，我也感到十分欣慰。现在安徽师范大学出版社希望在此基础上修订改版为徽商家训类的图书，家风本身就是家训的一种外在体现，家训亦是家风的一种内在基础，二者相辅相成，我欣然应允。近几年，我在读书过程中，积累了不少关于徽商家训方面的资料，如能公诸于世，对大家不无启发教育作用。于是，乘这次修订改版之机，我又增补了近十万字的内容，书名也改为《明清徽商家训释读》。

六百年徽商给我们留下了很多宝贵的财富，值得我们好好发掘和继承。家训就是其中重要内容之一。当然这本小书呈现的远非全貌，这份遗产还需今后继续整理和研究。

囿于编者水平，其中可能会有些不当甚至错误之处，祈请大家不吝批评指正。

此书在出版过程中，安徽师范大学出版社社长张奇才教授非常重视，并给予了极大支持，总编辑戴兆国教授亲自审读此书，并提出诸多宝贵意见，责任编辑孙新文、翟自成，责任校对牛佳在编校过程中亦付出了大量的劳动，特此一并致谢！

王世华

二〇二一年一月十六日